中国城市科学研究系列报告
Serial Reports of China Urban Studies

中国绿色建筑2018

China Green Building

中国城市科学研究会　主编
China Society for Urban Studies（Ed.）

中国建筑工业出版社
China Architecture & Building Press

图书在版编目（CIP）数据

中国绿色建筑 2018/中国城市科学研究会主编. —北京：中国建筑工业出版社，2018.3

（中国城市科学研究系列报告）

ISBN 978-7-112-21908-7

Ⅰ.①中… Ⅱ.①中… Ⅲ.①生态建筑-研究报告-中国-2018 Ⅳ.①TU18

中国版本图书馆 CIP 数据核字(2018)第 043175 号

本书是中国绿色建筑委员会组织编撰的第十一本绿色建筑年度发展报告，旨在全面系统总结我国绿色建筑的研究成果与实践经验，指导我国绿色建筑的规划、设计、建设、评价、使用及维护，在更大范围内推动绿色建筑发展与实践。本书包括综合篇、标准篇、科研篇、交流篇、实践篇和附录篇，力求全面系统地展现我国绿色建筑在 2017 年度的发展全景。

本书可供从事绿色建筑领域技术研究、开发和规划、设计、施工、运营管理等专业人员、政府管理部门工作人员及大专院校师生参考使用。

责任编辑：刘婷婷　王　梅

责任校对：王　瑞

中国城市科学研究系列报告

中国绿色建筑2018

中国城市科学研究会　主编

*

中国建筑工业出版社出版、发行（北京海淀三里河路 9 号）

各地新华书店、建筑书店经销

北京红光制版公司制版

北京市密东印刷有限公司印刷

*

开本：787×1092 毫米　1/16　印张：24¾　字数：494 千字

2018 年 3 月第一版　　2018 年 3 月第一次印刷

定价：**68.00** 元

ISBN 978-7-112-21908-7

（31829）

《中国绿色建筑2018》编委会

代　序

体现人文精神的绿色建筑
——立体园林

仇保兴　国务院参事　中国城市科学研究会理事长　博士

Preface

3D garden
——green building embodied humanistic spirit

讲立体园林建筑，不得不提钱学森先生于 1993 年给城科会写的一封很有远见的信。钱先生预计 21 世纪将步入信息社会，住地也将成为工作地，城市由园林、建筑构成。钱学森老先生陆续写了 100 多封信与城科会交流，并提出"山水城市是城市发展的终极目标"这样的观点。

1 "立体园林"之渊源

"我想中国城市科学研究会不但要研究今天中国的城市，而且要考虑到 21 世纪的中国城市该是什么样的城市。

所谓 21 世纪，那是信息革命的时代了，由于信息技术、机器人技术，以及多媒体技术、灵境技术和遥作（belescience）的发展，人可以坐在居室通过信息电子网络工作。这样住地也是工作地，因此，城市的组织结构将会大变：一家人可以生活、工作、购物，让孩子上学等都在一座摩天大厦，不用坐车跑了。在一座座容有上万人的大楼之间，则建成大片园林，供人们散步游息。这不也是"山水城市"吗？"

钱学森

1993 年 10 月 6 日

渊源，就是重视山水自然与现代城市的结合。比方说，在现如今由钢筋混凝土构成的都市森林中，若能有十分之一的建筑披上绿色，就会一定程度上改善整个城市的面貌。像意大利的建筑规划师就已在米兰建成了两处森林建筑（图 1），获得了不错的社会反响。

图 1　"垂直森林"（the project in Milan by Stefano Boeri）

当然他们在实际操作过程中也遇到许多问题，我们对此也进行了深入研究，并结合我国实际提出了适合我们自己的蓝本。众所周知，中国古代的园林建筑风格与西方迥异，中国文人始终有一个桃源梦。所以中国的名画基本上都是以山水画为主，而且山水画中山水、人及建筑的比例是恰到好处的（图 2）。古代山水画中人都很小，但西方那些名画中人都占比很大。钱学森曾说人离开自然又回到自然，这是一种必然的轮回，城市也该如此。

图 2　《姑苏繁华图》节选（［清］徐扬）

与西方园林不同，中国园林最奥妙的地方在于园林与建筑阴阳抱和，师法自然，宛如天成（图 3）。换句话说，中国的园林和建筑是平等地融合在一起，而西方的园林和建筑是一种主仆关系，园林是奴仆，建筑是主人。所以在这点上中西方是完全不同的，中国的"山水城市"是缩小了的"天人合一"的概念。

这样一来，在中国城镇化进程中，对于如何改善紧凑型城市的生态，如何丰

图 3　苏州拙政园

富它的生物多样性，以及如何增强紧凑型城市的弹性，有很多可以改进的地方（图 4）。立体园林城市就是一个非常好的解决办法。实际上过去人们为了登上月球、登上火星，做了许许多多类似的事情，即在一个微小的空间里创造出一个能够不断自我循环的世界。这为园林建筑提供了非常丰富的理论基础和实践技术。如今基于这种理念的城市叫作自给自足型城市，这是一种在食物、能源、水资源依赖方面都充满弹性的城市。

图 4　Vincent Callebaut 建筑事务所"2050 巴黎智能城市"方案

同时，中国人讲"山水城市"是最高的境界，比如现在保留下来的桂林老城，在城市与山水之间的关系上就处理得非常好（图 5）。但图 6 其实是海口的一个人造的山水，所以说，在雄安进行景观建设的时候大可不必进行堆山，可以人造一个建筑的山水。像挖山填海、大挖大填这样的模式是没有必要的。在黄山太平湖边的山上就有一组建筑，与山峦一点都不冲突，恰当地融合在一起。

图 5　桂林山水老城　　　　　　　　图 6　海口人造山水建筑

2　"立体园林"之结构

这样的建筑构造很有意思，可以用现在各种各样的方法完成。

比如说混凝土整体方案，实际上就是意大利的做法（图 7）；再比如说钢结构整体方法（图 8）。

图 7　意大利"垂直森林"　　　　　图 8　2050 巴黎智慧结构

还有装配式，装配式非常有意思，这种工厂化生产的积木式结构，每一个积木功能都可以经常变化，每几年可以对它进行重新组合。比如今年出现在中间，明年就可以转换到顶层，可以按需求调整。而且它每个模块的功能都不一样（图 9）。

对于山水城市、园林城市必不可少的植物，我们委托若干位院士在浙江进行了大量的试验。我们对植物的选取非常严格。具体来说，植物要能给人以愉悦舒适的感觉，它的病虫害要很少，又要有多样性，而且它的根系又不能非常发达。这些在实现上是非常困难的，有很多问题需要考虑。像新加坡这样的建筑非常受欢迎（图 10）。

建筑的窗户结构非常重要，要保证在风吹雨打的时候窗户能够很好地开闭（图 11）。在这个过程中我们还注意到能源的多样性，因为国内的城市有很多高

图 9　加拿大蒙特利尔 Habitat67

图 10　新加坡案例——绿色植被栽种在建筑内

楼，高楼怎么样能够做到园林化，同时还要能把能源的多样性结合在一起。这样需要创造一个微能源结构。一幢大楼，从单纯的耗能到产能，它里面有很多不同类型的能源。比如说光伏，比如说屋顶上的风能，甚至电梯下降的势能都可以用来发电。这样的电梯十年前就已经出现，成本只比一般电梯高5%。还有就是高楼周边的园林及其内部的树木，可以利用其中的有机质、生物质进行发电，然后与电动汽车形成储能系统。这个储能系统其实就是一个微电网，一个立体园林建筑或者一个园林建筑的小区实际上就是一个发电单位和用电单位，有多余的电可以卖给电网，不够的话就向电网购电（图12）。在将来这样的设想是完全可以实现的。

 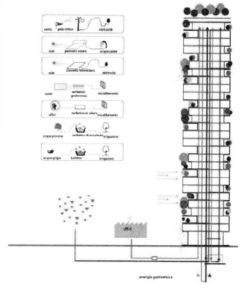

图11　新型窗结构（Rue Des Suisses 公寓）　　　图12　能源多样化结构

更重要的是，在这样的建筑里能够实现绿化、饲养鱼类的一体化（图13）。其中最理想的植物培育方法是水培，因为如使用土壤将很难控制昆虫病害。而且在功能上，水培能够在不占用土地的情况下就实现城市的绿化，从而大大增加绿地面积。

3　"立体园林"之功能

立体园林能让古典园林拥抱现代化高楼。中国的古典园林是阴阳组合的；园林与建筑是平等的、相融的。这比国外的园林建筑只是建筑外包上一层绿色的"皮"要合理得多。联合国人居署亚洲总部建筑（图14），是日本人建好后赠予联合国使用的。该建筑给充斥着钢筋混凝土的城市增添了一抹绿色，很好地改善了城市中心的景观。当地民众都非常喜欢、愿意到这里来。这里就像是个立体的

图 13　绿化、饲养鱼类一体化结构

园林，市民可以上去参观体验。如果再进一步做一些修改，它就能成为整个城市的中心。国内有不少城市中心都开始呈现衰败之势，实际上城市中心只要能存在几个诸如此类的建筑就可以非常有效地抵抗城市的衰败，这对城市紧凑性来讲至关重要。

图 14　联合国人居署亚太区办事处（日本福冈）

立体园林可以削减空气的污染，因为这样可以增加负氧离子的浓度。负氧离子对 PM2.5 有抑制作用，负氧离子升高，PM2.5 就会降低。如果一部分的建筑中有非常丰富的绿叶，绿叶如果在空中大量分布并且面积足够大，那相应的负氧离子的浓度就会上升。当负氧离子浓度上升到一定程度以后，比如说达到郊外田野的水平，那都市哮喘病的患病概率就会大幅度地下降。

立体园林还可以创造四季景观变化的新地标（图 15）。一年四季呈现的景观各异，鉴于中国的城市多是大陆性气候，这点就更为重要。这种动态的城市景观变化能够给人一种愉悦的感觉，而且四季分明。

立体园林能够构建"职住平衡"的新生态系统，能够创造出非常好的社会生态平衡，因为园林单元和工作单元相互包含，你中有我，我中有你。所以钱学森先生过去所提出的"山水城市"的设想现在已能成为现实。

图 15　立体园林的四季景观变化

　　立体园林还是实践微循环的新载体。这种微循环是通过水培来实现。水培有个好处就是它非常容易控制，而且它非常节水，室内和室外节水相差 7 倍。而且我们还使用微型中水系统，该系统就是在卫生间里面设有一个装置，它能把日常的洗脸水、洗澡水进行处理，然后用于冲洗马桶。就这样一个小装置就能节水35％，效果非常显著。

　　立体园林能够增加城市生物多样性，有了立体的园林建筑，生物多样性能够大大提高。根据国际有关组织的研究，只要有十分之一这样的园林生态建筑，多样性就可以提高 50％甚至 100％。图 16 是美国国家地理杂志的一个封面，是新加坡的一种建筑，能够极大地提高生物多样性。

　　如果说在北方能够用一种现代化的玻璃把植物隔离起来，那么即使是在冬季也能够欣赏到满眼绿色（图 17）。特别是像在盐碱地，无法种出庄稼和花草，但是在建筑里面就可以实现。这样就意味着城市里的人也可以很容易的享受到田园之乐，这对老龄化来说意义非凡。老人都希望能实现类似渔樵耕读这样的桃源梦，而这在中国可能就能实现。甚至国外的意大利有更简单的办法，在老建筑上做一个框架，然后把各种元素都应用上去。老年人就可以自娱自乐，生活过得非常充实。

　　一般来说室外的植物一年中会遭受 20～25 次的灾害，而微农场可以避免这些问题，并能节约 85％的能源和缩短 50％的植物成长周期，因为它是用 LED 灯

图 16　立体园林建筑案例（新加坡）

图 17　用玻璃隔离的立体园林

持续照射植物，植物每天至少有 22 小时都处于生长状态。用它培育出的蔬菜从采摘到厨房里烹调只需 15 分钟。我们应用了现代的技术，实际上它不仅有生物智慧而且也是一种类人脑的智慧，使得整个大楼处在一种类人脑智慧的控制之下，然后它的水循环、能源循环、物质循环和各种循环都能够发挥作用（图18）。这就像我国古代的那种回归自然、山水城市、渔樵耕读的状态，文人心中的目标就可以实现。

4　小结

立体园林的建筑实际上体现了国人的人文精神，同时它本质上是把微中水、微能源、微交通、微农场、微降解有机地结合在一起。它是一个载体，建筑本身就是一个载体。所以我们经常讲绿色，建筑所需要的绿色是其最基础的构成细胞。首先，如果把城市一部分的楼宇改造成为立体园林建筑，那里宜居性、景观

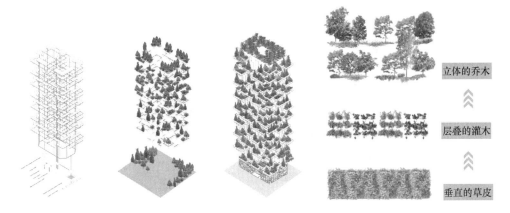

图 18　具有生物智慧的现代楼宇

性都可以得到改善，所以城市"双修"本身就是一个主要的途径。其次，由众多这样的建筑构成的城市具有一种生物上的自主性，它具有自动演化及自我优化的生态特征，所以这样的绿色生态城市是我们努力的方向。再者，立体园林城市能将传统的污水、垃圾处理做得微小化、分布式。这样一种自给自足的城市模式，对区域、对整个世界、对整个国家来说，能够提供一种充满弹性的安全保障。

前　言

党的十九大报告提出"坚持新发展理念，坚持人与自然和谐共生"等新时代坚持和发展中国特色社会主义的基本方略，提出"加快生态文明体制改革，建设美丽中国"，要求"要牢固树立社会主义生态文明观，推动形成人与自然和谐发展现代化建设新格局，为保护生态环境做出我们这代人的努力"。我国生态文明建设和绿色可持续发展进入新时代，将进一步推动我国绿色建筑向高质量、实效性和深层次方向发展。

2017年，住房和城乡建设部发布《建筑节能与绿色建筑发展"十三五"规划》，提出"到2020年，我国将实现城镇新建建筑能效水平比2015年提升20％，城镇新建建筑中绿色建筑面积比重超过50％，绿色建材应用比重超过40％"。为落实绿色发展理念，国家标准《绿色生态城区评价标准》GB/T 51255—2017正式发布，为我国进一步推动绿色建筑规模化发展提供技术支撑；为了进一步提升科技对绿色建筑发展的支撑作用，国家在"十三五"国家重点研发计划"绿色建筑及建筑工业化"重点专项组织立项项目42项，着力突破绿色建筑关键技术瓶颈，提升我国绿色建筑核心竞争力。

在新的阶段，绿色建筑被赋予了"以人为本"的属性，以人民日益增长的美好生活需求为出发点，以建筑使用者的满意体验为视角，建筑从之前的功能本位、资源节约转变到同时重视建筑的人居品质、健康性能。

本书是中国绿色建筑委员会组织编撰的第11本绿色建筑年度发展报告，旨在全面系统总结我国绿色建筑的研究成果与实践经验，指导我国绿色建筑的规划、设计、建设、评价、使用及维护，在更大范围内推动绿色建筑发展与实践。本书在编排结构上延续了以往年度报告的风格，共分为6篇，包括综合篇、标准篇、科研篇、交流篇、实践篇和附录篇，力求全面系统地展现我国绿色建筑在2017年度的发展全景。

本书以国务院参事、中国城市科学研究会理事长仇保兴博士的文章"体现人文精神的绿色建筑——立体园林"作为代序。文章从立体园林渊源、立体园林结构和立体园林功能三个方面阐述了绿色建筑的人文精神，并强调"立体园林城市这样一种自给自足的城市模式，对区域、对整个世界、对整个国家来说，能够提供一种充满弹性的安全保障。"

第一篇是综合篇，主要介绍了《绿色生态城区评价标准》的形成与特点，阐述了健康建筑、建筑信息模型、绿色建造、绿色运营、绿色校园等推动绿色建筑高质量发展的举措，提出绿色建筑实效化发展的建议。

第二篇是标准篇，本篇选取 1 个国家标准、3 个协会标准和 1 个地方标准，分别从标准编制背景、编制工作、主要技术内容和主要特点等方面进行介绍。

第三篇是科研篇，主要介绍了"十三五"国家重点研发计划"绿色建筑及建筑工业化"重点专项 2017 年度项目立项情况，包括项目的研究背景、研究目标、研究内容、预期效益等方面内容。

第四篇是交流篇，主要介绍了北京、天津、河北等 10 个省市开展绿色建筑相关工作情况，包括地方发展绿色建筑的政策法规情况、绿色建筑标准和科研情况等内容。

第五篇是实践篇，本篇从 2017 年获得绿色建筑运行标识、绿色建筑设计标识、健康建筑设计标识项目以及绿色生态城区项目中，遴选了 10 个代表性案例，分别从项目背景、主要技术措施、实施效果、社会经济效益等方面进行介绍。

附录篇介绍了中国绿色建筑委员会、中国城市科学研究会绿色建筑研究中心、绿色建筑联盟，收录了 2017 年度全国绿色建筑创新奖获奖项目，并对 2017 年度中国绿色建筑的研究、实践和重要活动进行总结，以大事记的方式进行了展示。

本书可供从事绿色建筑领域技术研究、规划、设计、施工、运营管理等专业技术人员、政府管理部门、大专院校师生参考。

本书是中国绿色建筑委员会专家团队和绿色建筑地方机构、专业学组的专家共同辛勤劳动的成果。虽在编写过程中多次修改，但由于编写周期短、任务重，文稿中不足之处恳请广大读者朋友批评指正。

本书编委会
2018 年 2 月 23 日

Preface

The report of the 19th CPC National Congress puts forward the basic strategies of adhering to and developing socialism with Chinese characteristics in the new era such as "adhering to the concept of new development and the principle of harmonious coexistence between man and nature", and puts forward the idea of "speeding up the reform of ecological civilization and building a beautiful China," which requires that we should "firmly establish the concept of socialist ecological civilization, promote the formation of a new pattern of harmonious development and modernization of man and nature and make the efforts of our generation for the protection of the ecological environment. " China's ecological civilization construction and green sustainable development have entered a new era and will further promote the green building of our country to develop in a high-quality, practical and in-depth direction.

In 2017, MOHURD released the "13th Five-year Plan for Building Energy Efficiency and Green Building Development", requiring that "by 2020 China will achieve an increase of 20% in energy efficiency of new buildings in urban areas compared to 2015, the area of green building in new urban construction will take up over 50%, and green building materials will take up over 40%. " To implement the concept of green development, the national standard *Assessment Standard for Green Eco-district* (GB/T 51255—2017) was officially released, which provides technical support for further large-scale development of green building. To further enhance the supporting role of science and technology in the development of green buildings, 42 key projects of "green building and building industrialization"(National Key R & D Program of the 13th Five-Year Plan) were approved to break through the bottlenecks of key technologies in green buildings and enhance the green building core competitiveness.

In the new phase, green buildings have been given the "people-oriented" attributes, focusing on people's growing demand for a better life and the satisfaction of building users. From emphasis on functions and resources-saving, more attention is paid to quality, health and performance of buildings.

This book is the 11th annual development report of green building compiled by China Green Building Council, aiming to systematically summarize the research achievements and practice experiences of green building in China, guide the planning, design, construction, evaluation, utilization and maintenance of green building nationwide and further promote the development and practice of green building. The book continues to use the structure of the former annual reports, and covers six parts including general overview, standards, scientific research, experiences, engineering practice and appendix. It aims to demonstrate a full view of China green building development in 2017.

The book uses the article of Dr. Qiu Baoxing, counselor of the State Council and Chairman of Chinese Society for Urban Studies, as its preface, which is titled "Green buildings with humanistic spirit: three-dimensional gardens". The article elaborates the humanistic spirit of green building from the origins, structures and functions of the three-dimensional gardens, and emphasizes that "a three-dimensional garden city is a kind of self-sufficient urban model, which provides a flexible security guarantee to the region, the world and the country."

The first part is a general overview, introducing the development and features of *Assessment Standard for Green Eco-district*, presenting measures for the high-quality development of green buildings such as healthy building, building information model, green building, green operation, and green campus. It also puts forward suggestions for the efficient development f green building.

The second part is about standards. Itintroduces one national standard, three association standards and one local standard from such aspects as development background, compilation work, main technical contents and characteristics.

The third part is about scientific research and introduces2017 project approval work of the national key R & D Plan of the 13th Five-year period "green building and building industrialization", covering research background, research goals, research contents, and expected benefits.

The fourth part is about experience exchanges, mainly describing green building work in 10 provinces and cities including Beijing, Tianjin, and Hebei from aspects like local policies, standards and research for the promotion of green building.

The fifth part introduces engineering practice of 10 typical projects with green building operation label, green building design label, healthy building design label and green eco-districts from aspects like project background, main technical measures, implementation results, and economic benefits.

The appendix introduces China Green Building Council, CSUS Green Building Research Center, Green Building Alliance, provides a list of projects of 2017 National Green Building Innovation Award. It also summarizes research, practice and important activities of green building in China in a chronicle way.

This book should be of interest to professional technicians engaged in technical research, planning, design, construction and operation management of green building, government administrative departments, and college teachers and students.

This book is jointly completed by experts from China Green Building Council, local organizations and professional associations of green building. Any constructive suggestions and comments from readers are greatly appreciated.

Editorial Committee
Feb. 23th, 2018

目　录

Contents

第一篇 | 综 合 篇

　　我国生态文明建设、"创新、协调、绿色、开放、共享"的发展理念、"适用、经济、绿色、美观"的建筑八字方针，以及我国的应对气候变化承诺，都对绿色建筑发展提出了更新、更高的要求。近些年来，在国家技术政策和绿色建筑标准的引领下，绿色建筑一方面在外延上向健康、装配式、智慧、超低能耗等方向拓展延伸，另一方面其自身也在朝着更高性能、更高指标发展提升，助推了行业转型升级和跨越发展。

　　本篇针对绿色建筑当前发展热点进行了探讨，主要包括：介绍了《绿色生态城区评价标准》的形成与特点，为绿色建筑规模化发展提供技术支撑；介绍了绿色校园推广情况，以学生为抓手传播可持续发展理念；阐述了健康建筑的发展背景、标准、评价及发展平台，推动绿色建筑的深层次发展；剖析了 BIM 技术与绿色建筑可持续发展关系；探索了绿色建造、绿色运营等推动绿色建筑高质量发展的措施，提出绿色建筑实效化发展的建议；介绍了国内外 Active House 理论与实践情况。

　　希望读者通过本篇内容，能够对中国绿色建筑发展状况有一个概括性的了解。

Part Ⅰ | General Overview

China is devoted to ecological civilization development and the development concept of "innovation, coordination, green, open and sharing," the policies of "suitable, economical, green and elegant" and makes the commitment to tackle climate change. All these initiatives have put forward new and higher requirements for green buildings. In recent years, under the guidance of national technical policies and green building standards, green buildings extend outwardly in the direction of health, prefabrication, intelligence and ultra-low energy consumption, and on the other hand, move towards higher performance and higher-target development, which enhances the restructuring and leapfrog development of the industry.

This part discusses the hot topics of green building development: development and features of *Assessment Standard for Green Eco-district*, providing technical support for the large-scale development of green building; the promotion of green campus, disseminating sustainable development concept among students; background, standards, assessment and platform for healthy building development, promoting in-depth development of green building; relationship between BIM technology and sustainable development of green building; measures to push forward high-quality development of green building such as green construction and green operation; proposals for the efficient development of green building; Active House theories and practice at home and abroad.

Through this part, readers will have a general overview of the green building development in China.

1 落实绿色发展理念 推动绿色建筑规模化发展
——绿色生态城区评价标准的形成与特点

1 Implement green development concept to advance the large-scale development of green building
——development and features of Assessment Standard for Green Eco-district

1.1 背　　景

1.1.1 中国绿色发展的态势

随着资源能源危机、生态环境恶化、全球气候变暖，人类发展的危机日益凸显，探索低碳、生态、绿色转型发展道路已逐步成为世界各国的共识，并陆续转变为诸多领域的公共政策。

在我国可持续发展、科学发展观、生态文明等宏观战略引导下，国家各部委陆续出台各种政策来促进我国城市向低碳、生态、绿色方向发展。财政部和住建部联合印发了《关于加快推动我国绿色建筑发展的实施意见》（财建〔2012〕167号），明确提出推进绿色生态城区建设，规模化发展绿色建筑。鼓励城市新建城区按照绿色、生态、低碳理念进行规划设计，以体现资源节约和环境保护的要求，集中连片发展绿色建筑。

多年来的工程实践证明，孤立的绿色建筑受到技术、管理与经济的制约，如可再生能源的集约化利用、废弃物质的综合利用、道路交通的规划管理、能源综合监测管理等，都是节能、环保与减排的重要组成部分，但这些设施只能是城市的基础设施。要实现可持续发展目标，尤其是在城市化快速推进的中国，需要从城区的角度来审视建设行为，走向绿色生态城区才是绿色建筑的必然趋势。

我国各地都开展了大规模的生态城建设，但由于城市开发建设涵盖城市规划、土地布局、交通组织、基础设施建设、生态保护、绿色建筑、水系统、社区建设、固体废弃物处理等诸多专业领域，涉及政府、企业、个人等各种主体，需要从法律、法规、政策、技术、管理、投融资等各个层面推进。但我国当前仍未

3

建立完整的目标体系、技术体系、政策体系和可借鉴的实践示范工程。

随着各级政府的推动和市场的不断成熟，中国逐渐将成为未来世界绿色生态城区建设的核心区域之一，遍布中国的绿色生态城区建设将成为全球绿色技术、绿色产品竞争和角逐的主战场。截至 2014 年，全国已有一百多个名目繁多、规模不等的新建绿色生态城区项目，我国正在成为世界上绿色生态城区建设数量最多、建设规模最大、发展速度最快的国家。

1.1.2　绿色生态城区评价标准

绿色生态城区作为一种追求最大限度地减少资源与能源消耗、保护生态环境，建设人居环境的可持续发展模式，已经逐渐成为世界建设的主流方向，并在欧洲、北美、亚洲等地开展了实质性建设实践。

我国 2005 年启动的上海东滩生态城项目是最早一批开始尝试生态低碳理念的区域规划项目。生态城建设的评价指标体系还处于初步探索阶段，比较典型的有《重庆市绿色低碳生态城区评价指标体系》《上海崇明生态岛指标体系》《曹妃甸生态城指标体系》《中新天津生态城指标体系》等。这些指标体系的研究主要是针对具体的项目，参照国内外标准和生态城案例对确定指标进行取值，对指标是否能准确反映绿色生态理念的研究和指标取值分析比较少。虽然我国提出了节能减排、科学发展、和谐社会、生态文明等发展战略，开展全国生态城项目试点工程，但指导生态城建设的标准化、规范化的生态指标评价体系和技术应用体系还有待深入研究。

生态城区作为城市最基本的组成单元，是衔接宏观生态城市层面和微观绿色建筑层面的中观层面人类聚居地。目前世界各地生态城市指标体系和绿色建筑评价体系均已日渐成熟，但中观层面的生态社区评价指标体系研究，尚在探索之中。

国外对绿色生态城区评价体系的研究，一般是在绿色建筑评价体系的基础上，将评价对象从绿色建筑延伸到社区。较具代表性的指标体系有英国的 BREEAM-C、美国的 LEED-ND、日本的 CASBEE-UD、德国的 DGNB 等住区或社区尺度的评估工具。这些评价体系较好地结合了绿色建筑单体设计与可持续的区域规划要求，在具体实践和发展中被证明是积极有效的，并成为诸多国家制定评价体系的基础，对我国绿色生态城区评价体系的制定具有一定的借鉴意义。

国外绿色建筑评价体系在不断完善和发展，从单体建筑评估到城市街区尺度，甚至到更大范围的城市设计、区域开发评价是可持续性视角下的必然趋势。尽管城市街区尺度的评价体系大多处于发展和测试阶段，还没有像绿色建筑评价体系那样完善，但都体现了总体发展趋势和社会需求。

1.1.3 中国绿色生态城区建设实践的情况

党的十八大报告明确指出，生态文明建设的定位是中国特色社会主义理论体系和中国特色社会主义事业"五位一体"总体布局的重要组成部分。生态文明上升为国家战略，对我国城市建设提出了低碳、生态、绿色的发展要求，目前快速城镇化的趋势要求大规模推进低碳生态城市。然而，我国低碳生态城市发展尚处于起步阶段，绿色建筑也多以独栋建筑为主要形式，少有绿色建筑集中连片的大面积建设，这种发展形式功能单一、影响力小且难以推广。绿色建筑发展现状就与低碳生态城市的建设需求出现了一定的脱节，需要以中观尺度的绿色生态城区建设作为探索、实践的过渡阶段。

绿色生态城区是指在空间布局、基础设施、建筑、交通、产业配套等方面，按照资源节约环境友好的要求进行规划、建设、运营的城市开发区、功能区、新城区等。为了倡导在城市的新建城区中因地制宜利用当地可再生能源和资源，推进绿色建筑规模化发展，我国提出了绿色生态示范城区的建设要求。2012 年 4 月《关于加快推动我国绿色建筑发展的实施意见》提出"推进绿色生态城区建设，规模化发展绿色建筑"之后，同年 9 月开展了第一批绿色生态示范城区的申报工作。2013 年 1 月 1 日，《绿色建筑行动方案》经国务院同意转发各个政府部门正式实施，提出到"十二五"期末，新建绿色建筑 10 亿 m^2，实施 100 个绿色生态城区示范建设。全国的绿色生态城区建设如火如荼，住建部正式批复的绿色生态示范城区共计 16 个，其中包括会同财政部给予财政支持的有 8 个绿色生态示范城区：中新天津生态城、无锡市太无新城、深圳光明新区、长沙梅溪湖新城、唐山湾生态城、重庆市悦来绿色生态城区、贵阳市中天未来方舟生态新区、昆明市呈贡新区。除住房和城乡建设部批复的国家级绿色生态城区外，各省也都在积极推进省级绿色生态城区的建设。

2014 年 3 月 16 日，中共中央、国务院印发了《国家新型城镇化规划（2014—2020 年）》，这是指导全国城镇化健康发展的宏观性、战略性、基础性规划。城镇化是现代化的必由之路，是解决农业农村农民问题的重要途径，是推动区域协调发展的有力支撑，是扩大内需和促进产业升级的重要抓手。实施《规划》走以人为本、四化同步、优化布局、生态文明、文化传承的中国特色新型城镇化道路，对全面建成小康社会、加快推进社会主义现代化具有重大现实意义和深远历史意义。《规划》第十八章"推动新型城市建设"提出：顺应现代城市发展新理念新趋势，推动城市绿色发展，提高智能化水平，增强历史文化魅力，全面提升城市内在品质。明确要求加快绿色城市建设、推进智慧城市建设和注重人文城市建设。这就使得绿色生态城区的建设更与国家的发展战略具有高度的一致性。

1.2 编 制 过 程

1.2.1 编制任务来源

中国绿色建筑委员会对绿色生态城区的建设始终给予高度关注，并在 2012 年启动编制学会的《绿色生态城区评价标准》。2013 年住房和城乡建设部发布《2014 年工程建设标准规范制订修订计划》（建标［2013］169 号），《绿色生态城区评价标准》（以下简称《标准》）正式列入国家工程建设标准，主编单位为中国城市科学研究会。

1.2.2 编制组组成

《标准》编制组的成员大多来自绿色建筑领域和绿色生态城区建设第一线，具有较为丰富的绿色建筑理论知识和绿色生态城区建设经验。除了主编单位外，还有中国建筑科学研究院、中国城市规划设计研究院、天津市建筑设计院、华东建筑集团股份有限公司、同济大学、中国城市建设研究院有限公司、北京城建设计发展集团股份有限公司、南京工业大学、浙江大学、香港大学、中新城镇化（北京）科技有限责任公司、中国中建设计集团有限公司、深圳市越众绿色建筑科技发展有限公司、深圳市建筑科学研究院股份有限公司、能源基金会（美国）北京办事处、上海维固工程顾问有限公司等单位参编。编制组成员的专业范围涵盖了建筑、规划、结构、暖通、给水排水、电气、环境、材料等多个专业，来自于科研、设计、高校、施工、评定、产品与服务等多个单位。

1.2.3 《标准》编制原则与关注重点

《标准》编制组在认真学习中央有关部委相关文件的基础上确立了指导思想：遵循我国经济社会发展中的绿色、生态、低碳三大要素，结合本土条件因地制宜地以保护生态为基础，发展绿色为主旋律，低碳为最终目标，使我国的新型城镇化步入可持续发展的轨道。标准内容设置的基本原则为：软硬结合、虚实结合、宽严结合、远近结合。

《标准》编制组主要关注的有 5 大问题：

（1）绿色生态城区定义，规定申报绿色生态城区对象应具备的基本条件。

（2）绿色生态城区评价方法，结合国内外的相关评价方法的适应性研究，建立我国绿色生态城区的评价方法和评价框架。标准涵盖了规划设计、实施运营等两个阶段，同时更多考虑生态、社会和人文等众多因素，注重空间形态、产业发展和文化传承。

（3）绿色生态城区评价指标体系和权重体系，综合研究国外绿色生态城区的评价指标，设置适合我国的绿色生态城区评价指标；通过评价指标的相关性分析，建立我国绿色生态城区的评价指标体系；通过权重体系确定方法研究、确定我国绿色生态城区权重体系设置方法，建立权重体系。

（4）体现以人为本的和谐发展理念。尽最大可能考虑并融合城区产业经济、人文等因素，实现生产、生态和生态的平衡与和谐。

（5）创新问题。条文中侧重鼓励新技术、新材料和新产品的应用。

1.2.4 以10个专项研究奠定标准编制的科学基础

在《标准》编制过程中，编制组成员深入各类绿色生态城区现场调研获取了大量的数据，并开展专题科学研究。完成了10项研究报告：绿色生态城区的管理信息化专题报告、城区绿色交通专题报告、绿色生态城区水资源综合利用研究报告、绿色生态城区产业经济部分专题报告、绿色生态城区热岛效应专题报告、绿色生态城区碳排放指标体系专题报告、城市风道专题报告、城区绿地防治PM2.5环境污染专题报告、绿色生态城区的人文专题报告、国内外绿色生态城区的标准及相关案例调研报告。

这些专题研究工作，为科学合理编制《标准》奠定了良好的基础。

1.2.5 通过12次《标准》编制组工作会议深入推进

《标准》编制组成立暨第一次工作会议于2014年3月3日在北京召开。住房和城乡建设部标准定额司、城乡规划司和标准定额研究所的领导，住建部城乡规划标准化技术委员会王静霞主任，主编单位中国城市科学研究会李迅秘书长，中国绿建委王有为主任，以及《标准》编制组专家和秘书组成员共26人参加了会议。

《标准》编制过程中，共召开了12次工作会，逐步解决《标准》的科学性、前瞻性、因地制宜和可操作性等问题，从而达到引导绿色生态城区建设的目的。编制组工作会议就标准的定位、适用范围、评价阶段、评价指标体系、技术重点和难点等进行研究和讨论。并明确各类指标要处理好与本专业相关标准的衔接，参照国家标准《绿色建筑评价标准》GB/T 50378（修订版）评价打分方式。各章指标量化应充分考虑"资源消耗上限、环境质量底线、生态保护红线"。《标准》中指标体系应着眼于近期国家或各部委公布的文件及工作重点，各章条文应适当考虑"城市设计"、"海绵城市"、"分布式能源"、"综合管廊"等内容。某些评价指标在城区范围内实现较为不易，评价时可参照城市范围或大区域内的指标参数，给予评分，相应的条文说明中增加："在城区无对应管辖行政机构时，可使用上级城市的×××资料，但城区应有对应的实施细则，以证明该条达标。"

1.2.6　广泛汇聚全国专家的智慧

除了编制工作会议外，主编单位还组织召开了多次小型会议，针对标准中的专项问题进行研讨，并通过信函、电子邮件、传真、电话等方式与相关专家探讨绿色生态城区评价的相关问题，力求使标准更加科学、合理。

在编制过程中，《标准》编制组调研了近年来我国绿色生态城区实践经验和研究成果，借鉴了有关国际和国外先进标准，开展了多项专题研究，广泛征求了有关方面的意见，对具体内容进行了反复讨论、协调和修改。

《标准》征求意见稿定稿后，编制组于 2015 年 7 月向全国城市规划、建筑设计、施工、科研、检测、高校等相关的单位和专家广泛征求意见。征求意见受到业界广泛关注，共收到来自 46 家单位的 64 位不同专业专家的 528 条意见。《标准》送审稿定稿后，住建部城乡规划标准化技术委员会还通过函审形式，先后征求专家意见共计 94 条。

编制组对返回的这些珍贵意见逐条细分，分专业进行讨论和处理，并修改了送审稿中的部分内容。以全国专家的智慧进一步完善了我国的《绿色生态城区评价标准》。

1.2.7　《标准》试评

编制组共对标准进行了 3 次项目试评。试评选取综合考虑了国内绿色生态实践较早、经验较丰富，以及多气候区覆盖、多城区类型等综合因素，共选取了 14 个绿色生态城区项目，覆盖了全国寒冷、夏热冬冷和夏热冬暖等各个区域。通过项目试评使标准在编制过程中能够联系实际工程，及时发现条文与指标的适用性问题并做修改，以臻更为科学、合理。

1.3　内　容　与　特　点

《标准》在充分考虑绿色生态城区特点及绿色生态城区今后发展方向的基础上，将绿色生态城区评价指标体系分为土地利用、生态环境、绿色建筑、资源与碳排放、绿色交通、信息化管理、产业与经济、人文八类指标，从多个方面与角度进行创新和有机综合，体现绿色生态城区可持续发展理念。标准的主要技术内容为绿色生态城区评价指标体系、大类指标权重、具体指标分值以及综合评分方法。

1.3.1　《标准》的框架与评价体系

《标准》的目录框架如下：总则、术语、基本规定、土地利用、生态环境、绿色建筑、资源与碳排放、绿色交通、信息化管理、产业与经济、人文、技术创新。本标准为推荐性国家标准，不设置强制性条文。

整个体系有八大指标，城区的绿色生态等级由八大指标的分值乘以权重系数后得到的总分值确定。权重系数基本按照权重系数法先由数十位专家按照经验赋值后得到较有代表性的数据，其次按此系数对国内数十个项目进行试评，试评过程暴露了若干矛盾。编制组再根据试评专家提出的建议，进行反复调整，形成目前两个阶段的权重系数（表1-1-1）。

两阶段的权重系数表 表 1-1-1

项目	土地利用 W_1	生态环境 W_2	绿色建筑 W_3	资源与碳排放 W_4	绿色交通 W_5	信息化管理 W_6	产业与经济 W_7	人文 W_8
规划设计	0.15	0.15	0.15	0.17	0.12	0.10	0.08	0.08
实施运管	0.1	0.1	0.1	0.15	0.15	0.15	0.15	0.1

按体系表评分的结果必然有个等级给定。国际上对绿色的评定一般划分为3个到4个等级，如美国LEED标准就划分为白金、金、银、铜四个等级。碍于我国基础研究的广度和深度的不足，量化数据有限，所以中国的绿色系列标准基本上均划分为一星、二星和三星3个等级。3个等级的绿色生态城区均应满足本标准所有控制项的要求。

如同《绿色建筑评价标准》评价分为规划设计评价、实施运管评价两个阶段，这是中国特色的评价，不同于其他国家的评价。两个阶段的内涵及分值权重是不一样的。三个等级的门槛为50分、65分、80分，如此设定的指导思想是绿色生态城区一般情况下基本能划到一星级，二星级需做出一定的努力才能达到，三星级则是最高级，比较难取得。

1.3.2 创新点

（1）生态文明导向

本标准编制过程中正逢《中共中央、国务院关于加快推进生态文明建设的意见》文件下达，习近平主席提出"要像保护眼睛一样保护生态环境，像对待生命一样对待生态环境"。

标准考虑了"生态"及"文明"。所谓生态是指自然生态系统和环境保护，涉及森林、湖泊、湿地、草原植被、沙漠、生态安全屏障、生态安全战略格局、重大生态修复工程等重大事项，环保是指大气污染防治、水污染防治、土壤污染防治及农业面污染防治等重大事项。根据资源环境承载能力，构建科学合理的城镇化布局，尊重自然格局，依托现有山水脉络、气象条件等合理布局城镇各类空间，尽量减少对自然的干扰和损害；保护自然景观，传承历史文化，提倡城镇形态多样化，保持特色风貌，防止"千城一面"；科学确定城镇开发强度，提高城镇土地利用效率、建成区人口密度、划定城镇开发边界，从严供给城市建设用地。强化城镇化过程中的节能理念，大力发展绿色建筑和低碳、便捷的交通体系，推进绿色生态城区建设，提高城镇供排水、防涝、雨水收集利用、供热、供气、环境等基础设施建设水平。

本标准编制过程基本遵循上述要点设置章节，大部分内容都隐含在各章节中。为突出生态理念，专门设置了"生态环境"一章，彰显生态特点。"生态环境"章节基本涵盖了上述内容。正面引导生态环境的保护，从而实现可持续发展。按环境四要素（大气、地表水、地下水、土壤）及生物三要素（植物、动物、微生物）编写，强调了空气质量、PM2.5、地表水的类别与民生健康休戚相关的量化指标。如"年空气质量优良日达到 240 天、270 天、300 天，分三档""PM2.5 达标天数 200 天、220 天、280 天"。标准在水环境保护方面明确了要实行雨污分流排水体制，推行绿色雨水基础设施，建设海绵城市。其目标是提升城市水环境质量，并按城区地表水水质达到我国《地表水环境质量标准》GB 3838 的Ⅲ类和Ⅳ类分别给出评价分值。多维角度丰富了"生态"的内容，如实施生物多样性保护（综合物种指数、本地木本植物指数）；城区实施立体绿化、合理规划节约型绿地建设率；注重湿地保护；城区建设场地土壤安全；实行垃圾分类收集、密闭运输。标准还根据人口密度、土地使用强度强调了城市热岛效应强度不大于 3℃、2.5℃，以及区域环境噪声质量。

生态文明首次在技术标准中体现是本标准的一个亮点，生态和文明是相辅相成的组合体，是软硬兼备的体现。生态基本上是通过技术和硬指标来实现的；文明是软指标，通过理念、教育等手段来实现。若没有一个民众理念的更新升华，是难以实现可持续发展的。因此在生态文明的实施中，必须生态与文明两手抓，提高全民生态文明意识，使生态文明成为全社会主流价值观，充分发挥新闻媒体作用，树立理性、积极的舆论导向，提高公众节约意识、环保意识和生态意识。政府需在培育绿色生活方式、鼓励公众积极参与等方面制定有效的措施。

标准设置人文的章节，从以人为本、绿色生活、绿色教育和历史文化四个角度，展现生态文明的内涵，这是在技术性标准中的首次尝试。针对生态文明在我国实践中的经验、体会及发展需求，从软硬两个层面来编写标准，有了正确的理念才能更有利于对各类技术指标的实施。标准规范不应局限于工程技术人员的认知，政府管理人员、企业领导、普通民众都要熟悉法规，执行法规。在人文章节中，为彰显城市文化传承，要求保护城区内历史文化街区和历史建筑；城区规划设计与建设阶段公众参与的组织形式和参与机构多样化；城区公共设施免费开放使用；设置完善的社区养老服务设施和体系，针对失业和残障人士的就业介绍、技能培训服务体系；设置人性化和无障碍的过街设施，增强城区各类设施和公共空间的可达性；开展绿色教育和绿色实践；构建绿色生态城区展示平台；城区城府部门和企业展现绿色社会责任；保护与更新有一定历史文化特色的既有建筑；对城区非物质文化遗产进行保护、传承与传播，保留城区有价值的历史文化记忆。

（2）城市设计落实

改革开放以来，中国的城镇化取得巨大进展，城市在国民经济和社会发展中的作用与地位不断提升，成为国民经济发展的主要载体，以及改革和转型发展的重要引擎。2014年我国的城镇化率为54.7%，有研究报告预测我国的城镇化率将达70%。在此发展态势下，发挥城市规划对城市建设的引领作用，应当有新思路、新常态。以往的城市发展出现了一些问题，如片面追求GDP，盲目扩大城市规模，未能统筹经济、政治、文化、社会和生态文明建设多目标协调，各类规划不衔接等等。奇形怪状的建筑层出不穷，"大拆大建"不仅浪费了资源，增加了碳排放，更重要的是丢失了民族文化。

中央领导高度重视城市建筑文化缺失，"千城一面"问题，对此做出重要批示，要求下决心进行治理，处理好传统与现代，继承与发展的关系，让城市建筑更好地体现地域特征、民族特色和时代风貌。近年来，住建部从法规、行政、技术三个层面推动城市设计工作。法规层面：起草完成了《城市设计管理办法》，明确了城市设计的地位、作用、类型和编制、实施管理规定；行政层面：要求各地建立城市设计管理制度，解决城市设计"由谁来编""由谁来管""怎么落地"的问题；技术层面：起草完成《城市设计技术导则》，明确了各类城市设计的编制内容、深度和成果要求。

本标准中的生态环境、绿色交通、产业与经济等内容综合体现了城市设计的理念，对城区的空间形态、色彩风貌、建筑体量、照明规划以及标识系统等符合当地城市设计要求，体现地域文化特征。编制城区重点区域的城市设计文件，建立相应的城市设计专家评审负责机制，城区重点区域城市设计实施监督机制。

《标准》要求城市设计以保护自然山水格局、传承历史文脉、彰显城市文化、塑造风貌特色、提升环境品质为目的，对城市形态、空间品质和景观风貌进行的构思和控制。城市设计不仅要解决城市空间的美学问题，还要对城市功能进行组织。在城市设计中需统筹考虑解决下列"城市病"：环境污染、交通拥堵、房价虚高、管理粗放、应急迟缓、工作与生活功能区隔分明、鬼城睡城频现等具体问题，包括用低影响开发技术缓解市内涝。

（3）产业与经济融入城区可持续发展

绿色生态城区的建设对于加快转变我国经济发展模式，实现节能减排目标、改善民生、深入贯彻落实五大发展理念具有重要的现实意义。因此，绿色生态城区的产业构成和经济状态是体现城市可持续发展的重要组成内容。

　　城区发展需要以全局观来规划其空间、规模和产业的结构,并且系统地考虑规划、建设和管理,从城市全生命期的每个环节明确工作要求。城区必须是宜居的,才能得到发展,所以需要在生产、生活和生态三方面进行平衡;而改革、科技和文化作为动力,推动着城市的持续发展;政府、社会和市民对于绿色生态城区发展的积极性则更为重要。城区发展的基本要素有资源、环境、经济、产业、社会与人口等,每一个要素都与绿色生态城区有着紧密的关系,各项功能性指标都体现在产业、经济和产城融合的数据之中。

　　长期以来,我国城市快速扩张和空间的无序开发、资源高消耗、污染高排放的粗放式发展,使得城市资源能源紧缺状况日趋明显。城市建设方式粗放,交通拥堵,生活垃圾无害化处理率低,而落后的产业布局使得废物排放量剧增,造成二次污染,城市病愈演愈烈。所以,我们必须统筹考虑资源禀赋、环境容量、生态状况等基本国情,根据我国发展的阶段性特征及全面建成小康社会目标的需要,合理设置红线管控指标,构建红线管控体系,健全红线管控制度,保障国家能源资源和生态环境安全,倒逼发展质量和效益提升,构建人与自然和谐发展的现代化建设新格局。

　　绿色生态城区的建设与发展,除了必须并严守资源消耗上限、环境质量底线、生态保护红线,将各类经济社会活动限定在红线管控范围以内外,还应提高资源效率与环境效率,减少工业能耗、民用商业能耗和交通运输能耗,产城融合,均衡发展。

　　党的十八大以后,明确把生态文明建设放在突出地位,融入经济建设、政治建设、文化建设、社会建设的各方面和全过程,努力建设美丽中国,实现中华民族永续发展。

　　绿色生态城区并不是一个独立的区域,它是城市乃至某个区域的一部分,因此,在水系、生态、资源、规划、基础设施、产业布局、人口、行政关系都要受着城市的约束。

　　绿色生态城区的建设目标总是会高于整个城市,在城市规划既有的法定体系和决策过程中,引入新思维、新目的和新手段去建立绿色生态的规划决策,优化城市规划的传统决策程序,实践绿色生态理念,把绿色生态思维全面融入已有的城市体系中去。

　　绿色生态城区是基于绿色生态理念开展建设的城市区域,需要从绿色生态角度出发,综合多系统协同的研究模式,进行专项规划编制,以便更好地满足其建设所需的深层次指导要求。

　　在规划绿色生态城区之前,需要明确其在城市规划体系中的定位和作用。我国城市规划体系由城市规划法规、城市规划行政管理和城市规划运作组成。法规体系中的主干法是 2008 年 1 月发布的《城乡规划法》，其他各类技术规范和管理办法包含了城市规划编制的诸多评价指标，这些指标是规划编制的技术指导，也是城市规划管理审批规划编制成果，以及城市规划实施的重要依据。我国城市规划体系中规划的编制分为区域城镇体系规划、总体规划和详细规划。其中，总体规划（包括分区规划）、控制性详细规划，是专项规划编制的主要依据和重要基础。如何把握"宏观绿色生态理念"与"微观绿色生态技术"的中观层面规划方法，完善绿色生态城区规划编制，将绿色生态理念融入产业与经济的控规成果，是十分重要的。

城市是我国经济、政治、科学、技术、文化、教育的中心，在社会主义现代化建设中起着主导作用。城市建设是形成和完善城市多种功能、发挥城市中心作用的基础性工作。实践证明，城市建设与经济建设相辅相成，互相促进又互相制约。没有经济的发展，就没有城市的发展；而把城市建设好，对生产力的发展，对经济、文化、科技、教育的发展又会起到巨大的推动作用。负责经济工作的人员，必须充分认识城市和城市建设在社会主义现代化建设中的重要作用。在制定经济、社会发展计划时，既要有生产和流通观点，又要有城市和环境观点，做到经济建设、环境建设三者统一规划、协调发展，取得经济效益、社会效益和环境效益的统一，以保证社会主义现代化建设事业稳步前进。

城区建设是城市建设不可分割的一个部分，理所当然地要体现经济、社会和环境的三统一。本标准首次在技术型的评价标准中设置了"产业与经济"的章节，强调重点发展绿色产业，实行新兴产业准入机制，突出产业结构优化，资源利用高效，强调了废气、废水、废弃物的达标率，明确提出职住人数比例。碍于首次将与其他技术章节不是太相匹配的产业与经济列入评价标准，研究深度所限，实践经验较少，基础数据缺乏，产业大多不属建设部门管辖，权重系数相对来说比重不高。

实践证明，城市建设与经济建设相辅相成，互相促进又互相制约。没有经济的发展就没有城市的发展，而把城市建设好，对生产力的发展，对经济、文化、科技、教育的发展又会起到巨大的推动作用。由于城区中的人是第一动态因素，故对面积较大的城区，突出职住平衡比的要求，遏制空城鬼城的出现。标准明确第三产业、高新技术产业或战略新型产业为发展方向，按照它们的增加值占地区生产总值的比值给予不同分值，强调构建绿色循环经济产业链，对三废要求全部无害化处理。

对绿色生态城区的产业与经济评价，需要了解城市与城区相关的体制与机制、获得城市规划、城市产业布局与结构、城市的基础设施系统、城市建设及运营的数据，通过整理、分类和统计，以准确反映城区的状态。

（4）能源和碳排放的管控

中国政府针对全球气候变化议题，向国际社会承诺：到 2020 年，与 2005 年相比实现碳强度降低 40%～45%的目标。2014 年我国单位国内生产总值能耗和二氧化碳排放分别比 2005 年下降 29.9%和 33.8%，"十二五"节能减排约束性指标已经顺利完成。我国已成为世界节能和利用新能源、可再生能源第一大国，为全球应对气候变化做出了巨大的贡献。国际能源署在《世界能源展望 2015》中确认，中国能源强度大幅降低。中国政府在气候变化巴黎会议上提交的报告再次提高目标，通过节能，提高能源的利用效率；调整能源结构和增加森林固碳大量的植树造林来实现。我国已颁布了《碳排放交易管理办法》，在 2017 年全国碳市场开始启动。建筑业的碳排放约占全国总量的 30%～40%，除建材生产、运输、施工和维护外，按联合国环保署的预测，运营的排放约占总排放量的 80%～90%，所以建筑的碳排放将会提到一定的高度来对待。2014 版的《绿色建筑评价标准》创新项中已设置碳排放的有关条文。从单体建筑发展到绿色生态城区，范围更广，环节更多，控制碳排放更有实际意义。

本标准设置了碳排放的条文，要求提交详尽合理的碳排放计算与分析清单，包含城区内产业碳排放、交通碳排放、建筑碳排放、基础设施碳排放、废弃物和污水处理碳排放及城区碳汇等方面，并制定有效的减排策略。以绿色生态城区这样一个大地域，多角度地来控制碳排放，对整个国家而言，是节能减排的一个重要方面。

任何国家目前均按产业、建筑、交通三大板块核算碳排放量。建筑能耗与碳排放的计算，行业已具备共识，并与国际接轨。产业与交通的能耗与碳排放尚需与相关部门协调才能形成城区完整的碳排放量。所以条文规定专设组织机构及人员负责管理减排工作，制定系统，规范的管理制度与有效的减排策略，使节能减排工作常态化。

城镇化必然会增加城镇人口、建筑面积、加大碳排放量，本标准专门针对碳排放设置了管理和控制的目标。能源的利用已从单体建筑扩大为城区用能，主要考虑实行用能分类分项计量（集中供冷、供热计量收费），且纳入能源监管平台；合理利用可再生能源；合理利用余热废热资源；从降低城市管网漏损率、评价城市居民用水量、合理利用再生水等方面提出城市节水管控内容，以期达到水资源可持续利用的目标。

对建筑提出更高更细的节能要求，达到绿色建筑二星级及以上标准的建筑面积比例不低于 30%；新建大型公建（办公、商场、医院、宾馆）达到绿色建筑二星级及以上标准面积比例不低于新建大型公建总面积的 50%；政府投资的公建 100%达到绿色建筑二星级及以上标准；对既有建筑实施绿色改造；新建建筑采用工业化建造技术；提出绿色施工的要求。鼓励新建建筑设计能耗比国家标准再降低 10%，对绿色工业建筑也提出了相应要求。

（5）信息化管理运营管理

智慧城市是中国城镇化、工业化、信息化等国家战略的重要载体，是实现国家战略目标的必由之路。中央和部委两级对信息化的指示明确了编制绿色生态城区信息化章节的思路。2012年5月住建部印发《国家智慧城市试点暂行管理办法》和《国家智慧城市（区、镇）试点指标体系（试行）》，全国已有四百多个示范试点。

住建部《关于加强生态修复城市修补工作的指导意见》提出"2030年，全国城市双修工作要取得显著成效，实现城市向内涵集约发展方式的转变，建成一批和谐宜居、富有活力、各具特色的现代化城市。"2016年11月22日，国家发改委办公厅、中央网信办秘书局和国家标准委办公室颁布了《新型智慧城市评价指标（2016年）》，并指出"新型智慧城市是以创新引领城市发展转型，全面推进新一代信息通信技术与新型城镇化发展战略深度融合，提高城市治理能力现代化水平，实现城市可持续发展的新路径、新模式、新形态，也是落实国家新型城镇化发展战略，提升人民群众幸福感和满意度，促进城市发展方式转型升级的系统工程。"

绿色生态城区的评价工作将在这两个文件指导下进行。由于城区的改造、建设期较长，通常可达8～20年，在规划设计阶段只是确定城区在绿色生态领域的总体目标，明确绿色生态城区的城市基础设施和各类建筑物的适用技术及系统。信息化管理章所涉及的是在运营期具有功能的信息管理系统，在新建绿色生态城区的规划设计阶段仅有初步的技术方案，甚至不齐全。而在建设阶段也未必能够全部完成。目前积极要求评价的项目，大多处于规划或建设初期，就评审资料的获得来看，需要合理地确定评价的时间节点。

本标准涉及的系统建设与运行分属众多不同的行业及主管单位，运营管理的体制不一，信息管理系统往往难以按绿色生态城区要求来调整。需要处理好城市和城区的关系。当绿色生态城区范围小于城市时，运营管理信息化系统应不需重复建设，可制定引入城市运营信息化系统构成下级子系统的方案，共享信息。因此，在中央相关文件中都强调了体制与机制同步建设的重要性。

绿色生态城区应规划、建设并运行城区能源与碳排放信息管理系统和城区绿色建筑建设信息管理系统。城区能源与碳排放信息管理系统能有效掌控能源供应情况和能源消耗情况，积累运行数据，分析城区的能源态势，为能源调度提供依据，保证城区的能源安全。城区绿色建筑建设信息管理系统实行绿色建筑建设的信息化管理城。城区能源与碳排放信息管理系统应与城市能源信息管理系统和城市经济管理系统对接，形成城区单位GDP碳排放量、人均碳排放量和单位面积碳排放量等减碳数据。当城区规模不大时，可以通过与城市能源与碳排放信息管理系统的对接，获得城区的相关数据，以实行管理。在绿色生态城区范围与行政管辖区一致时，可直接使用行政管辖机构的系统。如绿色生态城区不具有独立的行政管辖权限时，可以利用上级系统获得相关数据。

本标准设置了信息化管理的章节，分城区管理和信息服务两块。前者包含公共安全、环境监测、水务信息、道路监控与交通管理、停车管理、市容卫生、园林绿地、地下管网；后者包括信息通信服务、市民信息服务、道路与景观照明节能控制。城区的公共安全系统、环境监测系统、水务信息管理系统、道路监控与交通管理信息系统、停车管理信息系统、市容卫生管理信息系统、园林绿地管理信息系统和地下管网信息管理系统都是绿色生态城区运行的重要技术支持手段，任何一个系统的缺失或失常，都将危害绿色生态目标的实现。

大数据应用是从宏观和微观两个层面上把握各类事态的发展规律和动向，面对着一个城区的建设，用信息化来管理规划、设计、施工、运营、维修、拆除直至废弃物处理的整个生命期的每个环节，只有用数据才能客观反映绿色城区建设和运行的效果。同时，信息化管理不仅是现代社会发展的需要，还是绿色生态城区各项创新内涵统筹协调管理的重要手段。

1.3.3 《绿色生态城区评价标准》查新报告

国家科学技术部西南信息中心查新中心于 2015 年 12 月 4 日出具的查新报告，对《绿色生态城区评价标准》的结论是："本项目所述绿色生态城区评价标准研究，在所检文献范围及时限内，国内外未见文献报道。"

1.4 应用的几个问题

我国地域辽阔，各地的气候与地理各异，社会与经济发展各有特点，所以应用《标准》时可能在某些条文的处理上出现问题。以下给出一些分析思路和建议。

1.4.1 城区的规模

城区的规模曾是评价工作考量的定量指标，编制过程中对此一直有不同的意见。早期根据城市规划专家的经验，将下限设为 $3km^2$，在推广过程中还真遇上了接近 $3km^2$ 的几个城区。在南方一些土地资源紧张的大城市，绿色生态城区建设方往往希望放宽标准，如上海甚至提出过下限为 $0.5\ km^2$，而评审专家则希望提高城区面积的下限。

然而，实施过程中，对于交通、市政设施、能源系统、生态环境等内容当区域面积过小时不可能具有独立性，难以做出科学合理的规划。编制组曾提出将下限改为 $3\sim5km^2$，既保持原来 $3km^2$ 的初衷，又带有引导性地期望尽可能向 $5km^2$

范围考虑。

由于目前国内较多地区的情况是在 10～20km² 的范围内实施新型城镇化，即使不设上下限的界定范围，往往也是分期逐步实施，起步的核心区一般还是在 3～5 km² 的范围内，建设期也要 5 年左右。如果是上百平方千米的新城区，一步到位全面开花兴建，那也是不科学的行为。

综合考虑全国的实践情况，故本标准不对城区的范围设定下限。

1.4.2　两阶段评价

本标准分为规划设计和实施运管两个阶段进行评价。无论是单体建筑还是城区建设，周期较长，所以当规划与设计完成后，先进行第一阶段评价，目的不仅是肯定及鼓励，更重要的是可以发现问题及时整改，有效指导建设。第二阶段评价是由于城区的建设期长达 5 年以上，因资金到位、领导与管理机构变动、建设单位变化、材料产品与施工质量以及运营组织的协调会在过程中发生不尽如人意的情况，影响绿色生态城区的建成。所以设置实施运管评价阶段是必要的。

规划设计阶段评价应具备的条件，原则上是按中央文件的规定要求。在征求意见中普遍认为开工建设规模不小于 200 万 m² 的条件太苛刻，难以做到，所以在条文说明中适当放宽，增加了"制定规划设计评价后 3 年的实施方案"，就是为实施运管评价提供背景依据，也意味着两阶段评价的时间差至少要 3 年以上。

《标准》是注重建设效果的评价，具有中国特色，两个阶段的内涵及分值权重稍有差异。其他国家对城区的评价往往局限于规划设计，缺乏对建设效果的评判。

1.4.3　旧城区的改造

《标准》编制之初是因国家新型城镇化的形势而定的，所以城区的对象明确为新城新区。在中央召开了城市工作会议、经济工作会议后有去库存的新要求，房地产转型已经提到议事日程，新建建筑要严格控制，既有建筑绿色化改造力度逐步加重加大。旧城区的改造不仅对盘活房地产市场起到一定的推动作用，而且对节能减排也占有一定的份额。既然旧建筑改造已迈出大步，为何旧城改造不能与时俱进呢，有些城市已启动此项工作，如天津的解放南区街道城区已投入人力财力进行旧城改造，取得了一定的经验。所以本标准的评价对象从原定的新城新区扩展到既有城区的范畴。增加了"既有城区的改造及评价可参照执行"，这对国家的节能减排起到一定的推动作用。

1.4.4　试评

有 14 个绿色生态城区项目参与试评，其中 7 个项目达到二星级，2 个项目达到三星级，其余 5 个项目则满足了一星级的要求。所有项目都较好地按照绿色生态理念进行了规划设计，一星和二星级项目比例为 86%，三星级项目比例为 14%，表明要达到绿色生态城区的基本星级较容易，但是三星级较难。但由于目前试评项目均还未完成建成，仅一个项目按照实施运营评价，其他均为规划设计评价，实际的绿色生态建设落实情况及运行效果则有待进一步考察。参与试评的案例均达到了绿色生态城区星级要求，从试评结果来看，符合我国目前绿色生态城区的整体发展特征。

《标准》在章节的设置上，土地利用、生态环境、资源与碳排放、人文和技术创新整体较合理；绿色建筑、绿色交通、信息化管理、产业与经济等要求较高。其中也有一些问题如：绿色建筑、产业与经济目前条文数量较少；绿色交通定量指标少，以定性指标为主，评价时灵活度较高；信息化管理涉及城区所在城市的信息化建设，以定性为主，且考核要求难以把控。有些条文存在计算方法尚不够明确、表述不够清晰和计算量较大无法统计等情况，还需要在条文说明或细则中明确指标定义、计算方法，以梳理出重点内容为考核要点，单独设置考核分项，并加强相关数据收集措施的引导。标准出台后，建议加强《标准》的培训和宣贯，便于相关单位与使用人准确理解相关要求。

1.4.5　混合用地

发达国家绿色评价标准有社区评定，如美国 LEED 标准中的 ND 就是社区标准。我国近几十年来，建的住区与小区，以居住建筑为主，适当配以会所、幼儿园或中小学，与城区的性质全然不同。城区应全面反映城市的特性，除居住建筑外，尚有配套的公共建筑（商店、宾馆、医院、学校、剧场、展览馆、图书馆、车站、码头、机场等）和工业建筑。本标准强调了混合开发，对居住用地（R类）、公共管理与公共服务设施用地（A 类）及商业服务业用地（B 类）的用地面积比例都有规定，体现常规的城区建设，涉及更多的建筑门类。

这也是中国《标准》的特色，有别于国外的社区标准，也有别于国内的绿色住区标准，《标准》强调城区内的建筑都需达到绿色建筑的标准，增加了规划设计的难度。

1.4.6　人口密度

人口密度是城区规划中的关键数据，它不仅涉及土地利用、还与资源供给、环境承载、碳排放等因素有关。中央明确 18 亿亩耕地的底线不能突破，就意味着土地利用要精打细算，所以住建系统一直有不能小于 1 万人/km² 的下限指标。在新型城镇化的国策下，人口密度是城市规划中必须直面及科学回答的指标。在其他条件不变的情况下，城市规模（人口规模或产业规模）越大，知识外溢、劳动力池、专业化等集聚效应更强，因此城市的产生率应更高。集聚经济理论成为支持高密度、大规模城市的主张的重要理由。在土地约束的条件下，只能提高人口密度。

天津市内六区平均常住人口密度为 23896 人/km²，最高的河北区达到 28235 人/km²；上海市内九区平均人口密度为 26929 人/km²，原黄浦区达到 42869 人/km²，长宁、虹口和静安三个区都超过 30000 人/km²。日本大阪府核心的大阪市人口密度（2010 年）平均为 11981 人/km²，密度最大的城东区 19695 人/km²，东京人口密度仅仅是上海的 53.35%。

研究表明，人口和经济的集聚超过一定程度，将带来种种问题。

如等候时间代价：乘坐公交车、火车的额外等候时间，医院看病、学校食堂的额外等候时间，城市生活中商场、超市结账付款、银行存、取款、汽车加油、邮局寄发邮件包裹乃至办理房屋买卖等，都要付出相当的时间成本。按全社会劳动生产率计算，损失财富不下几千亿，而我国一些行业的职工工资总和都不足千亿。如交通拥堵产生的经济损失：京、穗、沪三市按照全部常住人口计算，合计拥堵成本高达 1696.7 亿。因人口密集而致使道路面积上交通量过大造成交通事故的发生率，中国一直是世界最高。引发热岛效应等一系列问题。

因土地制度，城市规划制度的高度集散性，我国城市建成区人口密度超过 3 万不是少数情况。所以人口密度只设下限，不考虑上限是不全面的。包括绿地率仅设 30%的下限，大于 50%的现象时有发生，当大于 35%后它的生态效益不甚明显，也应设上限控制。

本标准编制中，由于中国人口众多，但分布现象极不均匀，与经济基础密切相关，加上国家新型城镇化的人口问题是开放的，同时生育政策的变化，较难设定人口密度的上限。但希望对此问题要引起重视，过大的人口密度会带来众多的社会弊端。

1.4.7 城区承载力

《中共中央、国务院关于加快推进生态文明建设的意见》中指出，根据资源环境承载能力，构建科学合理的城镇化宏观布局，严格控制特大城市规模，增强中小城市承载能力，促进大中小城市和小城镇协调发展。这里所指的资源环境承载能力指什么内容，有无量化指标？编制组在制定评价指标体系时，对很多参数，是否要给出定量指标，难以确定。我们认识到资源应该是土地资源、能源、水资源、材料资源，但涉及生态标准，马上联想到生态资源，如阳光资源（太阳辐射强度、日照时间）、风资源（风速、风力、风向）地热资源，还有河流水系、湿地、降雨量（时空分布）、自然形态（地形地貌）天然绿化等也都是资源；过去我们熟悉的污水与垃圾也可视为资源。现在文件所指的生态环境要素为大气、地表水、地下水、土壤，生物要素为植物、动物、微生物。这么多的参数的承载能力又是与人口密度、产业性质、产业强度休戚相关的。没有大量的基础性工作是无法做出科学规划的。

美国将全国分为 11 个区域，花巨资对 11 个区域的风能、水能、生物质能、地热能、太阳能聚光能、太阳能 PV 能进行摸底调查、根据 GDP 的发展预测人口密度，确定了各区域的各种能源使用比例，最终才得出结论，要求 2050 年全国可再生能源比例达到 80%。

城区是城市的一个部分，要对环境做一评判是可行的，要对资源进行分析，就有一定的难度，再上升到城区的承载能力，在资源不清晰的背景下，那更是困难了。目前，国家对城市承载能力，还未给出框架定义，城区对自己的资源家底都不清晰，就无法说清城区承载力。由于我国基础工作的缺失，所以本标准最终未对城区的承载能力下定义，未能建立起城区承载能力的理念。

1.5 结 语

目前我国的绿色生态城区大多还在建设过程中，规划设计应为其长期运营提供良好基础。绿色生态城区的交通、电力、能源、通信、绿化、水务、垃圾处理等都是城市系统的子系统，其系统与技术受到上级城市总体的制约。这些城市系统的建设与运行分属众多不同的行业及主管单位，运营管理的体制不一，经营模式各异，往往不太可能完全按绿色生态城区要求来调整，这就需要处理好城市和城区的关系。

绿色生态城区的建设目标，基础设施和运营管理应以政府为主体，牵头组织专业规划、监管城区的建设与运营，建立长效保障机制。由于至今尚无完全建成的绿色生态城区，所以目前我们对于绿色生态城区缺少全面的运营经验。城区的建设过程可长达 8～20 年，在工程实践中，往往是建成的部分核心区域先投入使用，整个城区长期处于边建设边运行状态。因此，要保证绿色生态城区的建设目标得到实现，除了技术的规范标准外，还必须在机制、体制和制度上同步完成设计和建设。

作者：王有为[1] 李迅[2]（1. 中国绿色建筑委员会；2. 中国城市规划设计研究院）

参考文献

[1] 张志勇，姜涌. 从生态设计的角度解读绿色建筑评估体系——以 CASBEE、LEED、GOBAS 为例[A]. 重庆建筑大学学报，2006，28(4)：29-33

[2] 李迅，曹广忠，徐文珍，杨春志，宋峰. 中国低碳生态城市发展战略[J]. 城市发展研究，2010，1(1)：32-39

[3] 石铁矛，王大嵩，李绥. 低碳可持续性评价：从单体建筑到街区尺度——德国 DGNB-NS 新建城市街区评价体系对我国的启示[A]. 沈阳建筑大学学报，2015，17(3)：

217-224

[4] 李王鸣,刘吉平.精明、健康、绿色的可持续住区规划愿景——美国 LEED-ND 评估体系 研究[A].国际城市规划,2011,26(5):66-70

[5] 计永毅,张寅.可持续建筑的评价工具——CASBEE 及其应用分析[A].建筑节能,2011,(6):62-67

[6] 于一凡,田达睿.生态住区评估体系国际经验比较研究——以 BREEAM-ECOHOMES 和 LEED-ND 为例[A].城市规划,2009:59-62

[7] 倪轶兰.以德国为例居住区评价体系初探[B].中外建筑,2011,11(11):57-59

[8] 李巍,叶青,赵强.英国 BREEAMCommunities 可持续社区评价体系研究[A].动感:生态城市 与绿色建筑,2014,1(1):90-96

[9] 徐子苹,刘少瑜.英国建筑研究所环境评估法引介[B].新建筑,2002,1(1):55-58

[10] 杨敏行,白钰,曾辉.中国生态住区评价体系优化策略——基于 LEED-ND 体系、BREEAM—Communities 体系的对比研究[A].城市发展研究,2011,18(12):27-31

[11] 高月霞,吕占志.绿色生态城区规划建设实践——以青岛中德生态园为例[J].建设科技.2015(7)

[12] 张良.绿色生态城区指标体系与管控办法[D].青海师范大学.2013

2 为了世界共同的未来——绿色校园

2 For the joint future of the world
——Green Campus

学校作为接受教育的场所，是人类文化传承的纽带，目前教育的内涵由注重学术技能的传授与教导，转变为重视学生的综合素质和能力的提高。绿色校园不单单要为学生创造舒适健康高效的室内环境，降低能源和资源的消耗，也要作为可持续发展理念传播的基地，通过学校本身向学生、教师和全社会传播绿色生态观。

校园快速发展的外部环境是国内社会的急速变迁的现状，如教育需求大潮对校园的冲击、教育管制体制改革与中国经济快速发展的制约和矛盾等。根据中国教育部2016年教育事业发展统计公报，全国现有普通小学为17.76万所、初中阶段学校5.21万所、普通高中学校1.34万所、中等职业教育学校1.09万所、普通高等学校2596所，全国中小学校舍建筑面积总量超过70964.49万 m^2，各级各类学历教育在校生及教职员工约为22415万人。随着"普遍二胎"政策实施带来的千万新生儿，未来十年内将对教育资源产生巨大的需求。目前校园建筑数量惊人，设施多样、人口稠密、能源与资源消耗量大，是社会能耗的大户，严重制约着低碳校园工作深入持久地开展。学校作为教育和生活的机构和场所，需承担起社会的模范和先导作用。世界范围内许多中小学及高校加入了构建绿色校园的行列。

2010年5月21日，中国绿色建筑与节能专业委员会绿色校园学组在上海世博会瑞典馆成立。学组由华南理工大学建筑学院何镜堂院士、西安建筑科技大学刘加平院士担任顾问，并拥有36位教授、政府专家担任委员，4名学组助理。学组根本目的就是为了更好地推广和规范绿色学校的建设和发展，推动我国的可持续发展事业的发展。

绿色校园学组工作对象从中小学拓展到职业学校、高等学校层面，从单纯的校园物质空间建设拓展到"绿色校园"相关的"实践、教育、研究"的广阔领域。通过开展课题研究、举办具有影响力的国际、国内研讨会、制定中国绿色校园评价标准业、组织建立中国绿色校园学组数据库等活动，聚集研究热点、焦点，并大力开展国际合作，学习不同国家的绿色校园建设的先进经验。

学组建立了中国绿色校园网站，并每年举办多次主题论坛，开展中小学、职业学校、大学的绿色校园的技术、管理、教育和行动的行业及国家标准《绿色校园评价标准》的编制工作，逐步开展北欧、中欧、南欧、东亚和北美等五个国际交流，并进行大量的绿色校园案例整理工作。

绿色校园是生态文明的示范基地，它让孩子们率先在绿色环境中学习善待生态之道，成为具有可持续发展意识的未来主人和领导者。

2.1 《绿色校园评价标准》概述

校园建筑设施量大面广，能源管理水平低，从规划、设计到运行都亟需全面系统的可持续发展建设标准，来指导和规范环保、节能、舒适的绿色校园建设。国内标准缺乏针对校园特征类型的专项标准，而国外标准在某些方面内容不符合我国国情，缺乏一定的合理性。编制组 2011 年开始行业标准《绿色校园评价标准》的编写工作，并于 2013 年颁布（编号：CSUS/GBC 04—2013），自 2013 年4 月 1 日起实施，作为中国进行绿色校园建设的评价依据。2014 年起，根据住房和城乡建设部《关于印发 2014 年工程建设标准规范制订修订计划的通知》（建标〔2013〕169 号）要求，开展国家标准《绿色校园评价标准》的编写工作，并于2016 年 10 月完成，该标准在住房和城乡建设部标准定额司的标准审查中被评为国际先进（图 1-2-1）。

图 1-2-1 国家标准《绿色校园评价标准》审查会

国家标准《绿色校园评价标准》可用于中小学校、职业学校及高等学校新建校区的规划评价，新建、改建、扩建以及既有校区的设计、建设和运行评价。通过综合考核评价学校在绿色校园建设、运行及社会服务过程中的举措及成效，促进绿色校园建设工作更加深入的开展和长效机制的形成。《标准》契合学校自身特点，在满足学校建筑功能需求和节能需求的同时，重点突出绿色人文教育的特殊性与适用性。《标准》分为中小学校、职业学校、高等学校三大部分，并包含5类评价内容：规划与生态、能源与资源、环境与健康、运行与管理、教育与推广。

《标准》注重人与自然的和谐，强调生态可持续观念是当今校园规划发展的大方向。校园建设是百年大计，其建设不仅需要考虑现实要求，同时要兼顾未来的可持续发展。进行校园用地划分、规划设计时要注重形成校园生命周期的生长脉络，使学校规划建设结构与整体校园布局的发展前景相吻合，并考虑校园作为城市重要元素如何纳入城市的整体发展格局和城市形态肌理中去。校园应强调合理规划，以尊重自然生态为优先，巧妙利用地形、地貌，注重学校建筑自然通风、自然采光、被动式节约能源与资源、减少和避免污染物的排放等多方面内容。

《标准》绿色校园的评价以单个校园或学校整体作为评价对象。绿色校园的评价应以既有校园的实际运行情况为依据。对于处于规划设计阶段的校园，可根据本标准进行预评价。重点在评价绿色校园方方面面采取的"绿色措施"的预期效果。《标准》以评促建，促进绿色校园运营及维护阶段需要给予足够的重视，考虑到我国校园建设的实际情况，量大面广的既有校园作为评价对象时，应更偏重考虑"运行评价"，评价相关"绿色措施"所产生的实际效果。

2.2　中国首部绿色校园与绿色建筑知识普及专题教材概述

绿色学校其内涵和意义在于通过学校的绿色建设，培养学生的环境保护意识，并由此向全社会辐射，提高全民的环境素养。

同济大学吴志强教授会同国内外多个知名大中小学校长、一线教师与绿色建筑专家共同编制《绿色校园与未来》（1～5册），是我国首部绿色校园与绿色建筑知识普及专题教材、首部一套贯穿基础教育到高等教育的系列教材。教材针对不同学段的知识结构和教学特点设置基准主题，通过全学段知识点的层层递进辅以经典案例和主题活动，培养学生绿色可持续发展的核心价值观、绿色生态知识体系的建构以及绿色生活习惯的养成。系列教材的编制历时3年，经历多次会议讨论及编审修改，于2015年由中国建筑工业出版社正式出版，并已在上海等地开办示范课程（图1-2-2）。

本系列教材一套分为5本，分别针对不同的学段设置了基准主题，体现不同层次的核心价值，并建议教学外延（表1-2-1）。

图 1-2-2 《绿色校园与未来》1~5 册系列教材

《绿色校园与未来》1~5 册系列教材构架　　　　　　　表 1-2-1

编号	1	2	3	4	5
适用学段	小学初龄段	小学高龄段	初中起始段	高中起始段	大学全学段
基准主题	感受环境	认识环境	探究环境	思辨中探索环境	公民环境责任
核心价值	职业角色体验	大爱与行动	责任与发现	聚焦与思辨	专业理解与贡献
校园外延	个人与校园	社区与城市	国家与地球	人生规划与未来	人类共同的未来

　　教育与推广内容致力于在校园满足前述"硬性"指标外，强调评价学校的绿色课程、绿色活动、创新研究和低碳基地建设等内容，将校园文化的建设与物质空间建设结合。"软质"与"硬质"相结合。提倡将绿色教育的思想纳入学生的学习和生活中去，构建有宣传绿色校园与生态环保知识的科普教育学校基地，鼓励学生结合可持续知识开展节能、节水、环境保护、资源利用等方面的科技发明和实践活动。

2.3　绿色校园的教育推广活动

　　普及绿色科技和倡导低碳生活方式是实现我国生态文明建设的重要途径，从青少年抓起具有重要意义。自 2015 年开始，组织来自知名科研院校、知名企业的资深绿色建筑专家组成的绿色校园志愿者团队，以学期选修课的形式在国内多所中小学开展了"绿色科技与低碳生活"系列讲座。该活动作为"上海市市民低碳行动——绿色建筑进校园系列活动"之一。授课形式多种多样，有 PPT 讲授、影片视频播放、板书绘画交流、开放故事启发互动等，课程生动有趣。学生们表现出极大的兴趣和好奇心，认真听课，积极互动，从中接受了绿色建筑与低碳生活息息相关的信息（图 1-2-3）。

　　通过系统地给各位同学介绍绿色建筑的理念、特点及相关技术原理及应用情况，并结合多个中小学、大学的绿色校园建设经验，讲解如何在校园学习生活中

图 1-2-3 多所学校中的绿色校园教育推广活动

实践节能行为、低碳生活的方式。例如在生态城市与健康环境相关主题方面，和学生们讨论遇到的城市内涝、交通拥堵、垃圾围城、雾霾、短命建筑、城市空气质量等问题引出城市发展的危机和思考，请学生们提出未来绿色生态城市的建设理念与愿景模式。

绿色校园应注重营造开放的学习环境，与社会各部门密切联系，建立产、学、研一体化合作机制，并在学习知识机构上注重可持续发展人才培养方式，注重学生主动获取和应用可持续知识的能力、独立思考能力和创新能力。

2.4 展 望

绿色校园，让少年儿童率先享受安全绿色健康的环境，是生态文明的示范基地，让孩子率先在绿色环境中学习善待生态，成为具有可持续发展意识的未来主人和领导者。

"绿色校园建设"是不断对学校的建设者、管理者、使用者提出了倡导"绿色"行为和建立"绿色"观念引导性的建议，并希望以绿色教育向学生宣传绿色生态知识与绿色生活习惯，通过学生带动整个社会的可持续良性发展，建立全民的可持续价值观。绿色校园的建设与发展，是我国现阶段国情和社会进步的需要，其根本目的就是为了更好地推广和规范绿色学校的建设和发展，让学生乃至全社会对绿色发展理念有一个更深刻的了解，并在两者之间产生良性互动，从而推动我国的绿色发展事业迈向一个更高的台阶。

作者：吴志强 汪滋淞（中国绿色建筑节能专业委员会绿色校园学组）

3 健康建筑的发展背景、标准、评价及发展平台

3 Development background, standard, assessment and promotion platform of healthy building

建筑是人们工作、生活、交流、休憩的重要场所，但由于建筑环境污染使人身心受到伤害的病例逐渐增多，已引起国内、外环境卫生专家们的广泛重视，此种症状被称为病态建筑综合症（SBS, Sick Building Syndrome），受病态建筑综合症感染人群的临床表现，主要有呼吸道的炎症、头痛、疲乏、注意力不集中、黏膜或皮肤炎症等。据世界卫生组织（WHO）估计，目前世界上有将近30%的新建和整修的建筑物受到病态建筑综合症的影响，大约有20%～30%的办公室人员常被病态建筑综合症所困扰[1]。人类超过80%的时间在室内度过，建筑与每个人的生活息息相关，建筑的健康性能对人的健康有着重要影响。

3.1 健康建筑发展回顾

健康建筑始于人们对居住健康的重视和关注。十九大报告指出"我国社会主要矛盾已经转化为人民日益增长的美好生活需要和不平衡不充分的发展之间的矛盾"，可见随着经济水平发展，人们越来越注重生活质量和向往美好生活，而建筑室内空气污染、建筑环境舒适度差、适老性差、交流与运动场地不足等等由建筑带来的不健康因素日益凸显，雾霾天气、饮用水安全、食品安全等等一系列问题，严重影响了人们的生活，甚至威胁健康安全[2]。

健康建筑是绿色建筑的深层次发展。我国近10年在绿色建筑领域的发展成效显著，绿色建筑政策有力、绿色建筑数量和面积逐年上升，标准体系日益完善，特别是江苏省、浙江省和贵州省等地通过立法的方式强制绿色建筑的发展，绿色建筑由推荐性、引领性、示范性在向强制性方向转变。绿色建筑实现的是在建筑全寿命期内最大限度地节约资源（节能、节地、节水、节材）、保护环境、减少污染，为人们提供健康、适用和高效的使用空间，与自然和谐共生的建筑，由其可知，绿色建筑的目的之一就是为人们提供健康的使用空间。然而，绿色建筑更多侧重建筑与环境之间的关系，对健康方面的要求并不全面[2]。因此，为实

现绿色建筑为人们提供健康使用空间这一目的，必然需要在健康方面有更深层次的发展。

健康建筑是响应"健康中国"战略的方式。中共中央、国务院于 2016 年 10 月 25 日印发了《"健康中国 2030"规划纲要》，明确提出推进健康中国建设，"十九大"报告中再次果断而响亮地提出了"实施健康中国战略"的号召。在城镇化建设相关领域，全国爱国卫生运动委员会《关于开展健康城市健康村镇建设的指导意见》（爱卫发〔2016〕5 号）提出建设健康城市和健康村镇是推进以人为核心的新型城镇化的重要目标，是推进健康中国建设、全面建成小康社会的重要内容，并确定了 38 个全国健康城市建设首批试点城市；住房和城乡建设部《建筑节能与绿色建筑发展"十三五"规划》提出了坚持以人为本，满足人民群众对建筑健康性不断提高的要求；科技部等六部委《"十三五"卫生与健康科技创新专项规划》提出引领健康产业发展迫切需要加强科技创新，并提出加强健康危险因素、科学健身、环境与健康等研究方向。所以，健康建筑是城镇化建设领域响应健康中国建设的重要构成单元。

3.2 《健康建筑评价标准》T/ASC 02—2016

健康，不仅是我国现阶段社会发展所面临的重大问题，也是世界性的话题。早在联合国世界卫生组织（WHO）成立时，就在其章程中开宗明义地指出"健康是身体、精神和社会适应上的完美状态，而不仅是没有疾病或是身体不虚弱。"1978 年 9 月《阿拉木图宣言》中也指出"大会兹坚定重申健康不仅是疾病与体虚的匿迹，而是身心健康社会幸福的总体状态。"1989 年，WHO 深化了健康的概念，认为健康应包括躯体健康、心理健康、社会适应良好和道德健康。影响健康的因素是多方面的，健康是相互作用的动态多维度结构，目前，关于健康的维度已发展到包括躯体、情绪、理智、社会、心灵、职业、环境等多个维度，并且随着人们认识的深化，可能还会扩展[3]。根据上述对健康的定义和要求可知，健康建筑需要考虑的健康性能应涵盖生理、心理、社会三方面所需的要素，这也是《健康建筑评价标准》T/ASC 02—2016（简称《标准》）编制的最基本原则[4]。

《标准》从空气、水、舒适、健身、人文、服务 6 个方面、23 个小节、102 项条文全面规定了健康建筑的健康性能[5-11]，对较为重要且民众关注度较高的 PM2.5、甲醛等空气质量指标，饮用水等水质指标，环境噪声限值等舒适指标，健身场地面积等健身设施指标，无障碍电梯设置等人文指标，食品标识要求等服务指标等均进行了要求或引导。同时，考虑了设计和运行两个阶段的建筑健康性能评价，根据不同建筑类型（公共建筑和居住建筑）的特点分别设置了评价指标权重，并根据总得分划分了健康建筑的健康性能等级。《标准》章节及指标体系如图 1-3-1 所示。

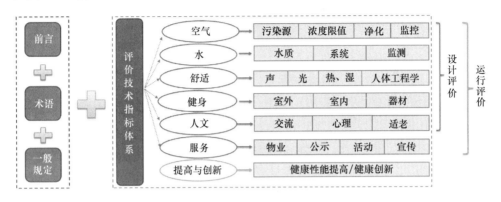

图 1-3-1 《健康建筑评价标准》章节及指标体系

3.3 健康建筑标识的评价

健康建筑评价，是鼓励建造健康建筑、规范健康建筑建设的重要手段，也是带有激励性质、以市场为导向的促进健康建筑行业可持续发展的有效途径，最终目的是通过评价和认证确保建筑的健康性能。

3.3.1 评价的流程

为规范健康建筑的评价，中国城市科学研究会（简称"城科会"）制定了《健康建筑评价管理办法》，指出健康建筑的评价是依据中国建筑学会标准《健康建筑评价标准》T/ASC 02—2016 对申请健康建筑等级评定的项目进行评定的活动。健康建筑的评价分为设计评价和运行评价 2 个阶段，申报的项目首先应达到绿色建筑的要求，并且要求建筑应全装修设计。城科会组织健康建筑的评价工作，评价包括形式初查、技术初查、专家评审 3 个环节，专家评审采取现场会议评价的方式完成，运行评价还需在评价之前进行现场核验。为保证健康建筑评价的科学性、公开性和公平公正性，项目评价专家由国内建筑、医学等相关领域具有扎实专业基础和丰富工作经验的知名专家组成，根据申报材料并对照标准，对申报项目各项数据逐条进行核实、测算，评估各项技术方案的科学性、合理性，综合平衡论证，最终给出评价结论；同时，城科会对通过评价的项目进行公示、公布和颁发证书、标牌，并建立评价档案，接受行业社会监督。

截至 2017 年 9 月，我国已产生 2 批共 17 个健康建筑标识项目（表 1-3-1），其中：运行标识 1 项，设计标识 16 项；公共建筑 4 项，住宅建筑 13 项；二星级 12 项，三星级 5 项。

截至 2017 年 12 月我国健康建筑标识项目　　　　　　表 1-3-1

序号	项目名称	地区	建筑类型	阶段	星级
1	中国石油大厦（北京）	北京	公建	运行	★★★
2	深圳南海意库 3 号楼	广东	公建	设计	
3	北京市海淀区中关村壹号地项目 B2 号楼	北京	公建	设计	★★
4	中关村集成电路设计园 9 号楼项目	北京	公建	设计	★★
5	杭州朗诗熙华府住宅小区	浙江	居建	设计	★★★
6	杭州朗诗乐府住宅小区	浙江	居建	设计	★★★
7	建发央玺（上海）27～28、30～36 号楼	上海	居建	设计	★★★
8	佛山当代万国府 MOMA 4 号楼	广东	居建	设计	★★★
9	中冶北京德贤公馆（8～10 号楼）	北京	居建	设计	★★★
10	朝阳区小红门乡肖村公共租赁住房（配建商品房）项目 1～4 号楼	北京	居建	设计	★★★
11	南京君颐东方厚泽园	江苏	居建	设计	★★★
12	南京君颐东方芳泽园	江苏	居建	设计	★★★
13	生态城中部片区 03-05-01A（57A）亿利住宅项目（颐湖居）二期工程 10～13 号、15～18 号、23 号、24 号、31 号、32 号楼	天津	居建	设计	★★
14	天津生态城南部片区 11b 地块住宅项目	天津	居建	设计	★★
15	合肥万锦花园 A-01～A-03 号、A-05～A-06 号楼	安徽	居建	设计	★★
16	杭州中南·紫樾府 6 号楼	浙江	居建	设计	★★
17	无锡蠡湖金茂府 B 地块住宅项目	江苏	居建	设计	★★

3.3.2　评价的内涵

健康建筑来源于绿色建筑，在"四节一环保"的基础上更加注重建筑使用者的健康，是"以人为本"理念的集中体现。健康建筑标识评价工作，指依据健康建筑评价标准的技术要求，按照相应评价程序，对申请健康建筑标识认证的项目进行评价，确认其等级并进行信息性标识的活动。健康建筑评价，旨在保障实现建筑健康性能提升的各类环境、服务、设施的落地，其评价工作具有以下多个层次的内涵：

首先，健康建筑评价并非保障人的绝对健康，而是评价建筑项目在影响使用者健康的建筑类因素指标方面的控制能力。这里的控制能力包括控制不利于人体健康的负面影响的能力，以及积极提升有利于身心健康的正面影响的能力。因此，值得注意的是，人的健康状况是受多种复杂因素综合影响的结果，建筑类因素只是其中一个方面，健康建筑评价并非保障居住、生活其中的使用者绝对健康，而是通过有效的技术措施，尽可能降低风险。

其次，健康建筑评价在绿色建筑要求的基础上，更加关注建筑项目对使用者生理、心理和社会三个维度健康的影响。健康建筑评价的"健康"指标，不仅仅简单的指代影响人身体健康的指标，而是包括从生理、心理和社会三个维度上影响使用者健康的涉及建筑的综合性因素指标。根据医学上的相关定义，"生理健康"不仅指的是身体形态发育良好、体形均匀、体内各系统具有良好的生理功能、有较强的身体活动能力和劳动能力，也包括能够快速地适应环境变化、各种生理刺激以及致病因素对身体的作用。"心理健康"指的是人的心理处于完好状态，包括正确认识自我、正确认识环境和及时适应环境。"社会适应"能力则包括三个方面，即每个人的能力应在社会系统内得到充分的发挥；作为健康的个体应有效地扮演与其身份相适应的角色；每个人的行为与社会规范相一致[9]。反映在建筑中，可以是通过降低有害物质等技术措施对生理健康的负面影响，设置具有人文关怀、陶冶情操作用的设施、小品等技术措施促进对心理健康的积极影响，设置音体室、图书室、健身场所功能性房间等技术措施提升人们的社会适应能力。健康建筑评价就是对这一系列指标进行综合评判，反映项目在提升使用者生理、心理和社会三个层面健康指数的能力。

3.3.3 评价的意义

（1）应对目前新出现的一系列大气污染、水质污染、噪声污染等环境问题，以及老龄化、食品安全、慢性病、心理疾病等社会问题，健康建筑标识评价工作可以有效地规范、改善建筑的健康性能，引导群众选择有益于改善健康的生活方式，满足人们的健康生活的需求。

（2）《"健康中国 2030"规划纲要》《建筑节能与绿色建筑发展"十三五"规划》《中国防治慢性病中长期规划（2017—2025 年)》等"健康中国"建设相关政策文件相继发布，健康建筑标识评价为这些政策在建筑行业的落地实施提供了有力抓手。

（3）健康建筑的评价工作有利于整合健康建筑相关产业，包括：设计、施工、咨询、运营、建材、设备等，打通全行业产业链，引导健康建筑技术、健康建筑相关产品性能的提升，促进行业进步、规范行业发展。

3.3.4 评价的特点

我国的健康建筑评价工作基于多年来绿色建筑评价工作的实践基础，在程序设定、评价方法等方面具有先进性，具体体现在以下几点：

（1）体系全面。围绕健康的定义，所依据的评价标准在绿色建筑的基础上以人的全面健康为出发点，构建了较为全面的健康建筑评价体系。健康建筑评价遵循多学科融合性的原则，按照人的健康涉及因素进行指标分解，将影响健康的主要控制因素，集中体现在一百多条技术要求当中，实现了建筑、设备、声学、光学、公共卫生、心理、医学、建材、给排水、食品多学科的有机融合。

（2）起点较高。健康建筑的评价要求首先满足绿色建筑的要求，包括获得绿色建筑标识或通过绿色建筑施工图审查两种类型。健康建筑以绿色建筑为起点，在性能均衡的基础上突出健康，实现了优中选优。

（3）指标先进。健康建筑的评价，通过指标创新、学科交叉以及提高要求等手段，保障了评价指标的先进性。比如：引入室内空气质量表观指数的概念，选择具有代表性和指示性的室内空气污染物指标，进行监测、计算与发布，当所监测的空气质量偏离理想阈值时，系统做出警示，建筑管理方对可能影响这些指标的系统做出及时的调试或调整。

（4）方法科学。健康建筑的评价针对不同的建筑类型、不同的评价阶段综合使用现场检测、实验室检测、抽样检查、效果预测、数值模拟、专项计算、专家论证等方法，软硬兼施，从而保障了评价方法的科学性。

（5）国情适应。健康建筑的评价评价紧贴我国社会、环境、经济发展的具体情况，做到指标严格，执行有力，特色鲜明。比如：应对我国老龄化趋势，健康建筑提出人性化适老设计的要求；针对大气污染及装修污染的问题，健康建筑提出室内空气质量、建材、家具及装修辅料的严格要求；针对我国建筑密度高的问题，健康建筑提出噪声、光污染的系列要求，见缝插针的健身场地设置；针对我国中式餐饮的污染问题，健康建筑提出厨房污染控制的要求；针对人的体感特性，健康建筑提出热湿环境控制及自然通风要求；针对建筑总成本控制的问题，健康建筑鼓励因地制宜及技术适用等。

（6）模式成熟。健康建筑的评价参照绿色建筑评价的成熟模式，划分不同阶段、专业、层级，程序严谨，保障了评价的科学性、权威性和公正性。分为设计和运行两个阶段，涵盖了综合、建筑、建材、给水排水、暖通、物理、公共卫生等不同专业，划分为形式、技术初查、专家评价三大层级，通过编制评价标准、制定管理办法、设计标识证书、编制评价材料、建立专家委员会等措施建立了扎实的工作基础，各项程序规范严谨。

3.4 健康建筑产业发展平台

《标准》的编制及健康建筑的评价，对于助力"健康中国2030"及促进健康建筑行业发展具有重要意义。但由于健康建筑刚刚起步，以《标准》带动健康建筑产业发展之路，仍需要多领域相关机构（科研机构、高校、地产商、相关产品商、物业管理单位、医疗服务行业等等）共同努力推动，所以构建健康建筑产业发展平台是促进行业发展、引导市场方向的重要手段。

3.4.1 健康建筑产业技术创新战略联盟

由中国建筑科学研究院发起成立的"健康建筑产业技术创新战略联盟（CH-BA）"于 2017 年 4 月 18 日召开了成立大会。健康建筑联盟是由积极投身于建筑业技术进步、从事健康建筑相关工作的科研单位、高校、设计院、地产开发商、医院、设备厂商、物业服务单位、施工单位或其他组织机构自愿组成，在专业化合理分工的基础上，以健康建筑的技术创新需求为导向，以形成产业核心竞争力为目标，将多样化、多层次的自主研发与开放合作创新相结合，建立产学研用相结合的技术创新组织，来推动健康建筑产业向前发展。初始联盟理事会成员由22 个单位组成。

联盟的宗旨是推动健康人居产业汇集，促进健康建筑产业相关技术交流合作，助力健康建筑科技创新，营造良好发展环境，引领中国健康建筑产业发展。联盟的任务是建立以企业为主体、产学研用紧密结合、市场化和促进成果转化的有效机制，大力促进健康建筑技术进步，推进健康建筑有效推广，使其成为国家技术创新体系的重要组成部分、健康建筑关键技术的研发基地、产学研用紧密结合的纽带和载体、技术创新资源的集成与共享通道。

3.4.2 Construction21（中国）

2017 年 3 月 23 日，"Construction21（中国）"工作启动会在中国建筑科学研究院召开，标志着"Construction21（中国）"（http：//www.construction21.org/china/）正式上线及相关工作正式启动。

"Construction21（中国）"是"Construction21 国际"的重要国家级分支平台。"Construction21 国际"是以应对气候变化为宗旨、以推进建筑行业信息共享及促进行业经济发展为出发点的国际平台，通过建立国际化与专业化的创新性综合信息交流平台、举办年度国际"绿色解决方案奖"评选，倡导绿色健康、智慧低碳建筑和生态城区理念，推广优秀项目实施经验，推动建筑可持续发展。"Construction21 国际"开展的"绿色行动"受到了法国能源、环境和海洋部，卢森堡环保部、摩洛哥环保部、法国环境和能源管理署 ADEME、国际区域气候行动组织 R20、全球建筑联盟 GABC、法国建筑科学技术中心 CSTB、德国可持续建筑委员会 DGNB、德国被动房研究所 PHI、欧洲建筑性能研究院 BPIE，以及致力于可持续发展领域的全球知名企业埃法日集团 Eiffage、派丽集团 Parex Group、法国巴黎银行房地产公司 BNP PARBAS REAL ESTATE 等政府机构、国际组织和知名企业的支持。目前，"Construction21 国际"已有法国、中国、德国、西班牙、意大利、比利时、卢森堡、摩洛哥、阿尔及利亚、罗马尼亚、立陶宛共计 11 个国家平台。"Construction21（中国）"以国家建筑工程技术研究中心为依托（隶属于中国建筑科学研究院），为建筑领域相关的政府部门、科研机构、地产商、设备生产商及专业技术人员搭建国际桥梁，促进绿色健康、智慧低碳建筑和生态城区在国际上的展示与交流，实现优秀解决方案"走出去、引进来"，是中国了解世界发展新动向的重要途径。

"Construction21（中国）"主要工作内容之一是建立国际化信息平台，结合中国实际情况，聚焦于绿色健康、智慧低碳建筑和生态城区相关的政策、标准、科技和优秀项目，全方位为相关机构和企业建立国际化的信息通道，促进建筑可持续发展。工作之二是开展"绿色解决方案奖"评奖，"Construction21（中国）"设置建筑和城市两个层面的奖项，具体为：健康建筑解决方案奖、既有建筑绿色改造解决方案奖、新建建筑绿色解决方案奖、可持续发展城市奖。推选我国优秀的建筑和城区项目参与"Construction21 国际"开展的全球范围评奖。2017 年的国际奖于 11 月 15 日在德国波恩揭晓。

3.5 结 束 语

健康是促进人的全面发展的必然要求，是经济社会发展的基础条件，是民族昌盛和国家富强的重要标志，也是广大人民群众的共同追求。但随着工业化、城镇化、人口老龄化、疾病谱变化、生态环境及生活方式变化等，也给维护和促进健康带来一系列新的挑战，健康服务供给总体不足与需求不断增长之间的矛盾依然突出，健康领域发展与经济社会发展的协调性有待增强。

建筑是人们日常生产、生活、学习等离不开的重要场所，建筑环境的优劣直接影响人们的身心健康。健康建筑的发展，是促进人们身心健康的途径之一，也是行业发展的重要方向。目前我国在健康建筑发展方面，制定了标准、开展了评价、搭建了平台，初步形成了健康建筑发展的基础。健康建筑行业的下一步，在评价标准体系上需要合理地逐步完善，目前《健康社区评价标准》和《健康酒店评价标准》正在编制；在健康建筑关键问题和关键技术方面需要深入研究，健康建筑更加综合且复杂，除建筑领域本身外还涉及公共卫生学、心理学、营养学、人文与社会科学、体育健身等很多交叉学科，各领域与建筑、与健康的交叉关系，需要持续深入的研究。相信健康建筑产业在相关领域单位的共同推动下，会更好地向前发展。

作者：王清勤[1] 孟冲[1,2] 李国柱[1] 何莉莎[2] 刘茂林[1] 盖轶静[2] 韩沐辰[1]（1. 中国建筑科学研究院；2. 中国城市科学研究会）

参考文献

［1］ 耿世彬，杨家宝．室内空气品质及相关研究［J］．建筑热能通风空调，2012，21（27）：39-39

［2］ 王清勤，孟冲，李国柱．健康建筑的发展需求与展望［J］．暖通空调，2017，47（7）：32-35

［3］ 徐斌．从WHO的健康定义到安康（wellness）运动——健康维度的发展［J］．医学与哲学，2001，22（6）：53-55

［4］ 王清勤，孟冲，李国柱．T/ASC 02-2016《健康建筑评价标准》编制介绍［J］．建筑科学，2017，33（2）：163-166

［5］ 王清勤，孟冲，李国柱．中国建筑学会标准《健康建筑评价标准》总述——编制概况、总则、基本规定及提高与创新［J］．建设科技，2017（4）：13-15

［6］ 张寅平，魏静雅，李景广，等．《健康建筑评价标准》解读——空气［J］．建设科技，2017（4）：16-18

［7］ 曾捷，吕石磊．《健康建筑评价标准》解读——水［J］．建设科技，2017（4）：19-21

［8］ 赵建平，闫国军，高雅春，等．《健康建筑评价标准》解读——舒适［J］．建设科技，2017（4）：22-24＋27

［9］ 曾宇，吴小波．《健康建筑评价标准》解读——健身［J］．建设科技，2017（4）：25-27

［10］ 曾宇，孔庚．《健康建筑评价标准》解读——人文［J］．建设科技，2017（4）：28-30

［11］ 肖伟，孙宗科，林波荣，等．《健康建筑评价标准》解读——服务［J］．建设科技，2017（4）：31-34

4 BIM 技术与绿色建筑可持续发展思考

4 Thinking on BIM technology and sustainable development of green building

4.1 背 景 现 状

21 世纪以来，建筑业是我国国民经济的支柱产业。我国建筑业快速发展，建造能力不断增强，产业规模不断扩大，吸纳了大量农村转移劳动力，带动了大量关联产业，对经济社会发展、城乡建设和民生改善做出了重要贡献。但也要看到，建筑行业的迅猛发展，消耗巨大的自然资源，淡水、可耕地、天然材料、不可再生能源等日益枯竭，带来温室气体、污染物等的排放量却大幅增加。在我国，建筑的总能耗已经占到全社会总能耗的 25.5% 左右。同时，建筑造成的恶劣空气质量也危及到了公众日常生活与健康。为应对能源危机、人口增长等问题，绿色、低碳等可持续发展理念逐渐深入人心，而以有效提高建筑物资源利用效率，降低建筑对环境影响为目标的绿色建筑成为全世界的关注重点。环境友好型绿色建筑是世界各国建筑发展的战略目标。

近期，我国《国务院办公厅关于促进建筑业持续健康发展的意见》（国办发〔2017〕19 号）和住房城乡建设部《关于推进建筑信息模型应用的指导意见》等相关工作部署，贯彻实施创新驱动发展战略，培育和发展工程建设领域"新技术、新产业、新模式、新业态"，促进工程建设行业转型升级，为推动绿色城镇化、数字城市和智慧城市建设提供支撑。其中，住房城乡建设部提及的建筑信息模型（Building Information Modeling，以下简称 BIM）技术作为建筑业的新技术、新理念和新手段，在业界已经形成共识，成为受到广泛关注和认可的绿色建筑可持续发展实施的系统性方案，是推进绿色建筑可持续发展——降低建筑业资源消耗、减少建筑垃圾排放、消除环境污染、实现节能减排的重要举措。

BIM 技术是指创建并利用数字化模型和信息化手段，在建设工程项目的决策规划、勘察设计、施工建造和运行维护等全生命周期中，实现项目或其组成部分物理特征和功能特性的信息共享，对项目进行优化、协同与管理的技术与方法。BIM 将会改变工程建设行业的生产方式，改变管理方式，改变消费方式，成为互联网与建设行业相结合的入口。

4.2 BIM 与绿色建筑可持续发展关系

目前，世界上已经有近 30 个国家或地区推出了建筑节能、绿色建筑以及可持续建筑的设计标准，让建造绿色节能的、可持续性的建筑切实落地。例如：英国皇家测量师学会定义有效利用资源、减少污染物排放、提高室内空气及周边环境质量的建筑即为绿色建筑。美国国家环境保护局定义绿色建筑是在全生命周期内（从选址到设计、建设、运营、维护、改造和拆除）始终以环境友好和资源节约为原则的建筑。中国《绿色建筑评价标准》定义绿色建筑为在全生命周期内，最大限度节约资源、保护环境、减少污染，为人们提供健康、适用和高效的使用空间，与自然和谐共生的建筑。

从各国对绿色建筑的定义不难看出，绿色建筑提倡将节能环保的理念贯穿于建筑的全生命周期；主张在提供健康、适用和高效的使用空间的前提条件下节约能源、降低排放，在较低的环境负荷下提供较高的环境质量；提倡在技术与形式上需体现环境保护的相关特点，即合理利用信息化、自动化、新能源、新材料等先进技术。

BIM 技术不仅暗合绿色建筑全生命周期发展理念，并在业界已经形成共识，成为受到广泛关注和认可的绿色建筑可持续发展实施的系统性方案，推进绿色建筑可持续发展——降低建筑业资源消耗、减少建筑垃圾排放、消除环境污染，实现节能减排的重要举措。BIM 技术作为建筑业的新技术、新理念和新手段，势必对绿色建筑的发展起到重要的推动作用；BIM 技术引导建筑业传统思维方式、技术手段和商业模式的全面变革，将引发建筑业全产业链全面整合与再造。目前，英国政府颁布《BIM 执行计划 12 条》，使得英国在全球 BIM 应用、标准和服务中占据主导地位；在中国国内，依据 BIM 技术数字建模与仿真特点，BIM 技术更是成为绿色建筑科学规划和持续发展的基石（图 1-4-1），其作用主要体现在以下几个方面：

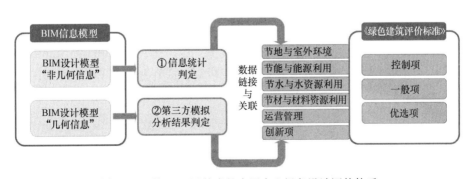

图 1-4-1　基于 BIM 技术的中国本土绿色设计评估体系

一是 **BIM 技术与绿色建筑可持续目标在时间维度的一致性**。BIM 技术致力于实现全生命周期内不同阶段的集成管理；而绿色建筑的开发、管理涵盖建造、使用、拆除、维修等建筑全生命周期。时间维度对应为两者的结合提供了便利。

二是 **BIM 技术与绿色建筑可持续目标在核心功能的互补性**。绿色建筑可持续目标的达成需要全面系统地掌握不同材料、设备的完整信息，在项目全生命周期内协同、优化，从而节约能源，降低排放，BIM 技术为其提供了整体解决方案。

三是 **BIM 技术与绿色建筑可持续目标在应用平台的开放性**。绿色建筑需借助不同软件来实现建筑物的能耗、采光、通风等分析，并要求与其相关的应用平台具备开放性。BIM 平台具备开放性的特点，允许导入相关软件数据进行一系列可视化操作，为其在绿色建筑中的应用创造了条件。

4.2.1　BIM 促进绿色建筑的产业融合与社会化推广

"我国建筑行业是一个庞大的产业，但由于长期的过度竞争，建筑企业，特别是设计与施工企业的科技进步投入不足，建筑行业总体规模虽大但经济效益不高。我国建筑施工企业资本金利润率为 8%～10%，而日本公司的资本金利润率为 20%～35%。与美国、英国等发达国家相比劳动生产率存在巨大差距。据有关部门测算，在我国建筑行业经济效益的增长中不到 30% 是靠技术进步获得的，远低于 40% 的全行业平均水平。建筑业效率低下，粗放型的增长方式没有根本转变，建筑能耗高、能效低是建筑业可持续发展面临的一大问题。"［注：文中数据引自中国建筑股份有限公司总工程师毛志兵《发展建筑信息模型（BIM）技术是推进绿色建造的重要手段》］

从上面的数据不难看出，我国工程项目建设产业链庞大，具有项目类型多、项目数量多、项目规模大、参建方众多等特点，加之绿色施工、节能减排等建设理念，对项目管理工作、产业融合与新技术的社会化推广和应用提出了很大的挑战。建立基于信息技术（创新、协调、绿色、开放、共享）产业链融合与推广途径成为建筑业发展的内因需要与外因动力，深化建筑业"放管服"改革，完善监管体制机制，优化市场环境，提升工程质量安全水平，强化队伍建设，增强企业核心竞争力，促进建筑业持续健康发展，打造"中国建造"品牌。

（1）完善工程建设组织模式，监管体制机制，提升工程质量安全水平

借助 BIM 技术的信息协同模式可以把工程项目（包含建筑工程、市政工程）设计、建造过程中的分散、人工管理的信息集中，用分级、分类的信息安全自动管理方式进行管理，建设相关方协同工作，信息交流通畅，可以保证工程项目管理效率的大幅提高。例如，借助 BIM 信息技术，建设方以及各相关方监管部门可以全面监视、管控工程项目的品质、成本、工期和效率。通过 BIM 精确算量、

算价，实现投资成本的精确控制，实现项目精细化管理。

（2）深化建筑业"放管服"改革，优化市场环境，促进建筑业持续健康发展

建设工程项目的审批、管理与服务过程中，往往与当地政务局办、财政等部门之间存在紧密的业务联系。目前传统工程建设项目审批过程中，缺少以信息技术为基础的多部门协同的流程化、标准化的审批体系，难以满足工程建设项目高强度的审批需求，通过建立"基于 BIM 技术的建设协同管理平台""基于 BIM 技术的城市建设监管与审批平台"对接"基于 CIM 的城市数据平台和运维平台"与政务数据共享、传递与对接，实现"用数据说话、用数据决策、用数据管理、用数据创新"的管理机制，推动政府行政管理理念和模式进步，以基于数据的科学决策实现协同化协作、管理与服务模式，支撑政务精细化管理和服务，为建筑业企业提供公平市场环境。

同时，政府投资工程项目（特大民生项目、市政工程等）信息安全有较高要求，涉及公共利益、公共安全的工程项目必须保证工程建设的信息安全，按照"数、云、网、端"融合创新趋势及电子政务集约化建设需求，依托统一的国家电子政务网络加快建设可持续性政务数据维护系统（安全防护、共享交换、数据分析、更新备份），实现关键城市公共基础设施业务协同和数据共享汇聚。如图1-4-2 所示。

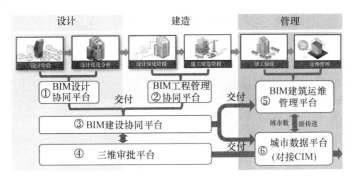

图 1-4-2　BIM 促进绿色建筑的产业融合

此外，建立完善全国建筑市场监管公共服务平台，加快实现与全国信用信息共享平台和国家企业信用信息公示系统的数据共享交换。建立建筑市场主体黑名单制度，依法依规全面公开企业和个人信用记录，接受社会监督。

4.2.2 BIM 技术促进绿色建筑生产方式的改变，促进建筑行业的工业化发展

建设项目本质上都是工业化制造和现场施工安装结合的产物，提高工业化制造在建设项目中的比例是建筑行业工业化的发展方向和目标，同时也是实现可持续绿色建筑生产方式的有效途径。

基于 BIM 技术可以实现建筑工程项目在规划、勘察、设计、施工和运营维护全过程的集成应用，实现工程建设项目全生命周期数据共享和信息化管理，通过虚拟建造与仿真模拟功能，易于为项目方案优化和科学决策提供依据，促进建筑业提质增效，从而减少建筑全生命期的资源消耗与浪费，带来巨大的经济和社会效益。

前期规划设计、建造阶段，合理利用 BIM 技术，对建筑周围环境及建筑物空间进行仿真模拟分析，得出最合理的场地规划、交通物流组织、建筑物及大型设备布局等方案。利用虚拟施工建造，避免建造过程中碰撞或冲突导致的管网漏损；提升建筑使用功能及节能、节水、节地、节材和环保等要求；后期运管阶段，借助 BIM 信息模型整合建筑相关设备设施的使用情况及性能进行实时跟踪和监测，在动态数据库中，做到全方位、无盲区基于 BIM 进行能耗分析与管理。为使用者提供功能适用、经济合理、安全可靠、技术先进、环境协调的建筑设计产品。如图 1-4-3 所示。

图 1-4-3　基于 BIM 技术的绿色可持续设计

同时，BIM 技术的产业化应用将大大推动和加快建筑行业工业化进程，坚持标准化设计、工厂化生产、装配化施工、一体化装修、信息化管理、智能化应用，推动建造方式创新，大力发展装配式混凝土和钢结构建筑，不断提高装配式建筑在新建建筑中的比例。建筑的工业化实施必将助力推进绿色建筑可持续发展进程，减少工程建设行业的污染排放与能源粗放式消耗（图 1-4-4）。

此外，我们更应在新建建筑和既有建筑改造中推广普及智能化应用，完善智能化系统运行维护机制，实现建筑舒适安全、节能高效。

4.2.3　BIM、GIS 技术融合促进绿色园区、区域级绿色城市、社会化互动的建立

如果将绿色建筑延伸至绿色建筑群，即绿色园区或绿色区域城市，在建立孪

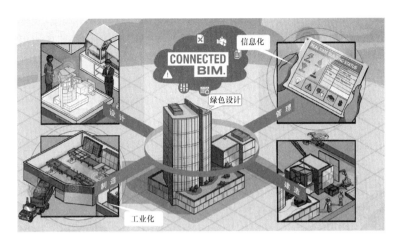

图 1-4-4　BIM 技术的产业化应用与建筑工业化进程

生数字园区、孪生数字区域级城市方面，需要应用到建筑信息模型（Building Information Modeling，BIM）和地理信息系统（Geographic Information System，GIS）。BIM 技术通过建筑信息模型去开展各项虚拟建造、模拟工作，将绿色仿真功能应用于建筑工程、市政工程设计、建造、管理，不仅可以使建筑工程、市政工程在其整个进程中得出最合理的场地规划、交通组织、建筑物及大型设备布局等方案，科学化、数据化提质增效，并通过虚拟建造功能在真实施工过程前发现"错、漏、碰、缺"等错误和遗漏，减少建筑全生命期的资源消耗与浪费。GIS 技术已经由以往单一的导航工具，逐渐通过与多种智能化技术的融合，实现区域级、城市级的时空仿真数字孪生园区与区域级城市信息模型（CIM），可提取园区、区域级城市的地物类型信息，包括城市建筑物、道路、绿地、水体等，还可以借助城市数字孪生模型（CIM）推演城市的生态环境特征进行分析，包括城市的热岛情况（图 1-4-5）、地表不透水条件等。区域级城市信息模型（CIM）是以结构性城市空间数据为核心的城市资产，对于涵盖规划、设计、建造、交付、运营、管理的各个阶段，演化生长，无论在建设过程中，还是运营过程中成为社会级绿色节能，共享资源，科学管理的重要创新抓手，结构化程度越高，管

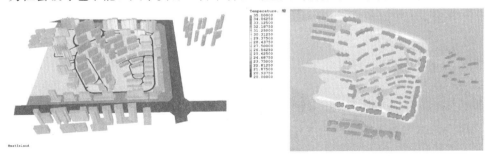

图 1-4-5　某园区热岛模型与热岛强度分析

理效率及对绿色节约型社会的贡献越大，这也是我们整个行业面临的问题。

这两项技术结合就能够生成含有丰富孪生数字信息的园区或区域城市三维信息模型（图1-4-6），实现绿色园区、绿色区域城市的三维规划、场景的优化与系统集成，进而为绿色园区、绿色区域级城市规划、设计、施工建造与运营管理工作始终同周边环境紧密地结合，可使用户从微观和宏观多个空间尺度充分考虑任一设计单元自身特点及与周边环境的相互关系，并结合大数据技术进行科学的模拟和分析，从而实现绿色园区、绿色区域级城市科学规划。此外，BIM与GIS技术的结合更为绿色区域级城市制定防灾规划、建立预警机制以及制定紧急应对措施尽量避免灾害发生、降低灾害造成的损失提供帮助。例如气象监控，目前我国已有2600多个气象站台，有覆盖全国的新一代气象雷达网，又成功发射的7颗气象卫星，可对我国境内进行全天候的实时监控。科学技术的不断进步，为随时监控灾害的形成和发展提供了越来越大的可能。因此，BIM技术与GIS技术的融合应用与发展，为绿色园区、绿色区域级城市走向数据化、信息化带来契机，是未来的发展方向。

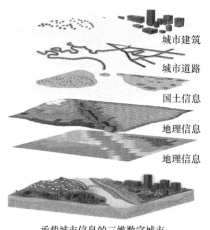
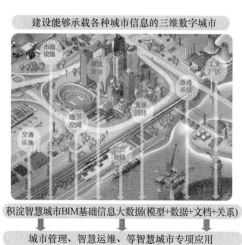

图1-4-6　区域级、城市级的数字孪生园区与区域级城市信息模型

随着物联网和移动通信技术的发展，日益丰富数据源为研究园区、区域级城市空间特征提供了新的视角和方法，利用这些数据不仅可以对城市物质空间特征信息进行提取，还可以分析绿色建筑、绿色园区、绿色区域级城市使用者在城市空间中活动的时空特征。例如利用手机信令数据模拟人群的时空动态分布，提取居住地、就业地等各种人群活动的特征空间，分析各类型人群空间的分布特征，平衡区域级的绿色规划体系等。区域级的城市孪生数字模型（CIM）在城市规划、环境仿真模拟等领域有巨大潜在价值，为揭示动态城市生态演变系统带来未来遐想。

4.3 结　　语

随着经济的快速发展，我国的城镇化水平正在以每年接近 1‰的速度发展，2010 年底已达 47.5％，2013 年底城镇年化率为 53.73％。据统计，我国每年在建工程约 70 多万个，房屋建筑施工面积 70 多亿 ㎡，竣工面积接近 30 亿 ㎡，2013 年施工企业完成的建筑行业总产值高达 15.93 万亿元，中国的建筑市场已经成为世界上最大的建筑市场。另有数据预测，按照城镇化发展数度估算，在未来的十年到二十年间，我国还要新建 400 亿 ㎡ 的建筑和大量的基础设施，这等于整个瑞士的国土面积，等于纽约市现有的所有建筑物的 40 倍。这为我国建筑行业的持续发展提供了很好机遇。[注：文中数据引自中国建筑股份有限公司总工程师 毛志兵《发展建筑信息模型（BIM）技术是推进绿色建造的重要手段》]

但是，从过去几年的绿色建筑可持续发展实践来看，强调更多的是实现绿色建筑可持续发展的技术手段，忽略了绿色建筑可持续发展的本质是绿色建筑建造、运维管理的本质，忽略了城市群的绿色建筑低能耗运维管理带来的更大利益，忽略了建筑工业化、建筑信息化、绿色建筑与使用者、管理者之间，乃至整个园区、整个区域级城市的互动关系。同时在推进过程中，由于缺乏基于城市整体考虑与可持续发展的顶层设计体系，导致现有的绿色建设可持续实践更像是单个的绿色化项目（例如某项目绿色认证等级评选等），未能全面有效地解决城市发展所面临的各类问题，对城市居民生活的改善也效果甚微。

相信随着物联网、云计算、下一代互联网、无线宽带等新一轮信息技术发展，信息技术智能化、集成化特征凸显，信息网络也进一步向宽带、融合方向迈进。同时，信息技术与其他产业技术的融合会不断加深，并且将进一步培育和促进新兴产业发展，形成了新的经济增长点，为信息时代的到来奠定了技术基础。BIM 技术的研究和应用对于实现绿色建筑生命期可持续发展与管理，甚至从城市群（CIM）的发展与应用角度，推进建筑业"两化（工业化＋信息化）融合"进程，具有巨大的应用价值和广阔的应用前景，是一个肇始于大数据的故事，我们应把握信息技术发展新机遇，加快推进绿色建筑，抢占先发优势，确保在城市新一轮发展中，把握主动权。

作者：修龙　于洁（中国建设科技集团股份有限公司）

5 绿色建造是实现建筑业高质量发展的根本保障

5 Green construction is the fundamental guarantee of the chinese construction sector's high-quality development

绿色建造是在绿色建筑和绿色施工等基础上提出来的一种新型建造方式，是实现绿色建筑产品的工程活动过程，主要包括绿色设计、绿色施工等内容[1]。绿色建造代表了建筑业转型升级的根本方向，将拉动建造产业链及产业要素的全面升级，推动工程建造向更高的产品及过程质量水平、更高的建造技术水平及建造效率、更高的资源利用效率、更为友好的生态环境影响全面迈进[2]。推进绿色建造是实现建筑业高质量健康发展的根本保障，是建筑产业贯彻落实"十九大"要求的切实行动。

5.1 绿色建造是建筑业高质量发展的根本保障

绿色建造的内涵十分丰富，影响面非常广泛，必将引发建筑业生产方式的深刻变革。一是绿色建造追求产品及过程的高质量水平与生态代价的协调，不断推动建筑产品向高性能建筑升级[3]，以更好地满足人民群众的生活需求，并尽可能高效地利用资源、保护环境。二是绿色建造强调要不断推动工程建造绿色度的提升，推动从浅绿的环境无害建筑到更深绿的生态意识建造，在未来不仅要关注项目本身的绿色，还要追求对一定范围的生态系统产生积极影响。三是绿色建造从建筑产品的全生命周期视角出发，以全面可持续发展理念为指导，统筹考虑项目的安全、质量、功能、成本、进度、环境等目标，对建造活动进行系统化的策划与实施，从而实现建造效果整体最优。四是绿色建造带动全产业链建造水平提升，包括绿色设计、绿色施工、绿色建材、绿色工装等产业链环节，涵盖人、机、料、法、环等全部产业链要素，有机融合工业化建造技术等硬手段、智慧建造技术等软手段和绿色建材等物质基础，并推动工程建造方式向一体化建造方式升级，将引发工程建造领域的深刻变革。可见，绿色建造牵涉到建设行业的方方面面，触及建筑业生产方式的根本问题，必将推动建筑业高质量健康发展，是在现代科技及管理快速发展大背景下建筑领域生产方式的一次重大变革。

5.2　推进绿色建造的误区剖析

当前，绿色建造的理念、技术、模式等还在不断发展，尚未完全成熟，还存在不少的区域及制约。一是对绿色建造的目标认识不够清晰。绿色建造不仅要求建筑全生命周期的资源高效利用和环境友好，还要尽可能协调生命周期成本、社区繁荣、文化传承发展等经济与社会目标，其目的是促进全面可持续发展。二是对绿色建造的理解还存在误区，与相关概念混淆。如绿色建造提出以来，许多业界人士还将绿色建造与绿色建筑或绿色施工等同，忽视了绿色建造的本质是工程建造方式的根本变革。绿色建造是在可持续发展理念的指引下，基于建造过程并着眼产品全生命周期，对工程建造方式的变革与升级。只有推动了工程建造方式向绿色建造升级，才能真正打造更高品质的绿色建筑产品，才能真正促进可持续发展。三是绿色建筑发展受到重视，相对忽略绿色施工。在我国建筑业中无论经济贡献还是产业队伍，施工行业都占据主导地位，绿色施工的重要性不言而喻。此外，绿色施工是建筑业本身的生产过程，只有大力推进绿色施工，才能真正保证建筑业的清洁生产[4]。

5.3　我国建筑业绿色建造经验总结

近年来，绿色建造在高校、科研院所，特别是大型建筑企业的倡导与推动下，立足中国特点开展研究与实践，并取得了一定的成绩与经验。

一是立足我国特点，开展了绿色社区规划设计技术的研究与工程实践。如中建设计集团开展了绿色社区的街道空间研究，提出街道与公共服务设施的关系、街道与绿地的关系、街道与住宅的关系、街道与居民出行交通选择的关系等，并开始将理论与实际项目相结合，用于实际项目的规划技术。如中海地产开展了绿色居住区环境营造及技术措施的研究，建立住宅产品绿色居住区环境标准体系，为建成绿色舒适的环境小区及项目快速开发提供了设计指导。

二是针对典型气候区，开展了绿色建筑与建筑节能技术的研究。如中建西南设计院开发了覆盖我国全部区县的建筑节能设计气象参数数据库系统；建立了青藏高原建筑可持续发展与节能技术的理论体系，并开展了工程实践，保护了青藏高原脆弱的生态系统。再如，中海地产牵头研究了《绿色建筑评价标准》冬冷夏热地区住宅建筑指标优选问题，形成了功能优先和成本优先两种情形下绿色建造技术方案选择策略及技术清单，能有效指导企业采用综合性能优、建造成本低的绿色建筑技术。中建西北设计院开展太阳能相变蓄热技术及毛细管网低温辐射采暖研究，解决制约太阳能相变蓄热采暖技术的低温相变材料及其蓄热、释热过程的技术难点，为太阳能相变蓄热采暖提供切实可行的技术方案[5]。

三是面向各类工程和各产业链环节，推动绿色施工技术研究及应用。近年来，我国在中国建筑等大型企业的推动下，针对主体结构安装研发形成了绿色施工集成技术体系，对传统的非绿色施工技术进行绿色化改造，开发新工艺技术，开发集成房屋和标准化临建设施，推动绿色施工技术进步，推动了 100 多项绿色施工技术的普及与推广。在超高层建造领域，以中建三局等为代表，迭代研发了超高层建筑施工的多项核心技术与装备，目前已研发形成了智能化超高层建筑施工装备集成平台，实现了塔机模架一体化、各类装备设施集成化和施工电梯单导轨多梯笼循环运行，成功应用于中国尊、武汉绿地中心等十余个超高层建筑施工，提升工效 30％以上，减少了预留预埋，节约了成本，更好地保障了安全。中建水务环保、中建三局等单位开展了海绵城市、建筑垃圾资源化利用、渣山生态修复、河湖淤泥资源化利用等技术的研发，形成了一批新型环保领域的特色技术。再如中建五局、中建三局等针对地铁、管廊、桥梁等大型土木工程开展绿色施工技术研究，形成绿色施工成套技术，推动绿色施工从房建领域向基础设施领域发展。此外，中建技术中心和中建西部建设等单位开展预拌混凝土绿色生产体系、节材型模架、塑料模板、绿色脱模剂等研发，为绿色建造提供物质基础。又如中建三局、中建机械、中建安装等开展了基于 BIM 的钢筋自动化加工技术、可周转预埋件、搅拌站废渣废水收回利用、单元幕墙快速安装装备等研发，从产业链各个相关环节促进绿色施工技术发展。

四是智慧建造与建筑工业化技术对绿色建造发展的支撑作用得到进一步强化[6-8]。在设计与施工的各个环节加大 BIM 技术的研发与应用，运用互联网、物联网等信息技术，促进了智慧工地与绿色工地的有机融合。如雄安市民服务中心项目采用超低能耗建筑技术打造"被动式房屋"，运用景观湿地、雨污水零排放技术践行海绵城市理念，依托基于雄安云的 SOP-BIM 运维管理平台实现全过程智慧建造，利用装配式钢结构集成化建筑体系实现高装配率和高精度安装的快速建造，体现了"绿色、现代、智慧"理念，为我国新一代绿色建造提供了范例。中建技术中心、中建地下空间等单位研发了土木工程全生命周期智慧监测平台、中建云桩机、管廊巡检机器人等装备与平台，推动了智慧建造技术在超高、大跨等房屋建筑和地铁、管廊等基础设施工程的广泛应用。再如中建科技有限公司研发了装配式建筑智能建造平台，融合云筑网的互联网＋采购、全景和 VR 技术实现了全生命周期数字化建造和客户个性化定制，应用于实际工程项目效果显著，有效提升了装配式建筑协同设计和全生命周期数字化建造水平。当前，绿色建造与建筑工业化、智慧建造等技术的深度融合已成为必然趋势，将为打造更高品质的、更符合人们需求的未来建筑提供技术支撑。

5.4 绿色建造发展趋势展望

一是通过推动绿色建造发展，打造高品质的建筑产品。在国外提到绿色建筑，往往首先提绿色建筑是高性能建筑、零碳建筑、健康建筑、智能建筑等。与发达国家相比，我国的建筑产品品质还相对较低，特别在建筑环境及室内品质、建筑智能化水平等方面差距就更为明显。未来我国将把绿色建造作为提升建筑品质的重要抓手，合理提高工程建造的品质标准，倒逼设计、施工、建材等产业链升级，促进行业集中度提高与企业优胜劣汰，建造更符合人民需要的建筑产品。

二是在技术层面绿色建造与其实现手段——智慧建造和建筑工业化技术将深度融合，逐步探索形成新型工程建设方式，更好地满足工程建设"两提两保"即"提升品质、提升效率、保障安全、保护资源与环境"的要求。在可持续发展作为时代主题的今天，面对产业工人短缺的压力，我们必须不断提高工程建造的工业化水平和信息化水平，用科技的力量更好地支撑与应对"两提两保"带来的挑战。

三是绿色建造应用范围将不断拓展，更好地满足各领域工程建造的绿色化要求。当前绿色建造还更多地应用于工业与民用建筑领域，对基础设施领域的拓展还远远不够。基础设施领域涵盖的工程类型众多，其特点各异，又往往与施工环境密切相关，因此迫切需要针对各类工程生命周期的主要资源和环境影响，建立地铁、管廊、隧道、桥梁、地下空间等各类工程的绿色建造标准，研发相应的成套绿色建造技术，推动各领域工程建造绿色化水平的提升。

四是绿色建造产业链将全面升级。绿色建造水平的提升，需要从产业链视角系统、有序推进。一方面要抓住制约绿色设计、绿色施工、绿色建材、绿色装备等领域的短板切实提升，从而提高全产业链建造技术水平的整体提升，不断提高建筑品质和技术水平；另一方面要从物质流、能量流等大循环理念入手，补齐和提升物质与能量循环中的"断路"环节与低效率环节，提高资源利用效率，更好地保护生态环境。

五是更加适应绿色建造的项目管理模式将不断探索，走向成熟。实施一体化建造方式是实现绿色建造对管理模式的要求，因此绿色建造发展必将推动工程总承包的应用与推广，从阶段衔接的角度要进一步促进设计与施工的紧密结合，从专业协同的角度要进一步促进各相关专业的协同设计与协同施工。

六是绿色建造实施的政策环境将不断优化。当前，我国建设体制与政策环境还存在法律法规不够健全、强制性措施缺乏、政策针对性和持续性不强等问题。因此，对绿色建造发展政策的研究将更为迫切，需要在系统梳理的基础上逐步健全法律法规，增强强制性措施，加大激励力度，健全相关技术标准体系，为绿色建造的深入推进提供更为有力的政策环境保障。

作者：毛志兵（中国建筑股份有限公司）

参考文献

［1］ 毛志兵，于震平．关于推进我国绿色建造发展若干问题的思考［J］．施工技术，2014，43
（1）：14-16

［2］ 住房和城乡建设部课题．建筑工程新型建造方式技术政策研究报告［R］．2017

［3］ Kibert C. J. Sustainable construction：green building design and delivery(third edition)，2011

［4］ 毛志兵，于震平．绿色施工研究方向［J］．施工技术，2006，35(12)：108-111

［5］ 毛志兵．中国建筑推进绿色建筑最新进展［J］．施工技术，2013，42(1)：7-11

［6］ 毛志兵．推广 BIM 技术是推进绿色建造的重要手段［J］．建筑，2015，16：31-32

［7］ 毛志兵．推进智慧工地建设助力建筑业的持续健康发展［J］．工程管理学报，2017，31
（5）：80-84

［8］ 毛志兵．推进绿色建造的掣肘因素［J］．施工企业管理，2016，8：72-73

6 绿色运维是落实绿色建筑运行实效的重要保障

6 Green operation and maintenance is the important guarantee for the implementation of effective operation of green building

6.1 绿色理念高度普及

绿色建筑经过十年的践行,实现了绿色理念的高度普及,绝大部分建筑都会按照绿色建筑评价标准或设计标准进行设计。2017 年住房城乡建设部印发的"建筑节能与绿色建筑发展'十三五'规划"提出到 2020 年,城镇新建建筑中绿色建筑面积比重超过 50%。

据不完全统计,截至 2016 年底,全国累计有 7235 个绿色建筑评价标识项目,建筑面积超过 8 亿 m^2,目前绿色建筑运行标识项目约占建筑项目总量的 5%。然而设计的绿色建筑是否实现真正的绿色建筑? 建筑的绿色设计落实如何、实效如何? 缺乏充实的数据说明。

6.2 绿色设计与绿色运维的关系

6.2.1 绿色设计不等于绿色建筑

(1)绿色设计可为绿色建筑创造条件

绿色设计能够为绿色建筑创造良好的基础条件,确保绿色建筑在某些状况下具备良好的性能或更优的自适应特性。图 1-6-1 显示导风墙、底层架空、拔风井等组合通风设计措施为建筑过渡季节创造了良好的通风条件。

(2)绿色设计一般为假定状态下的设计

绿色设计可为绿色建筑创造条件,但绿色设计只是在假定状态下的设计,不能保障建筑长期保持高效绿色,目前的绿色设计是尚未明确建筑物实际管理者条件下进行的建筑设计,是根据一般建筑的传统需求而开展的,因此设计的前提是不充分的,就建筑的全生命周期而言,建筑设计是针对某一时期使用功能进行

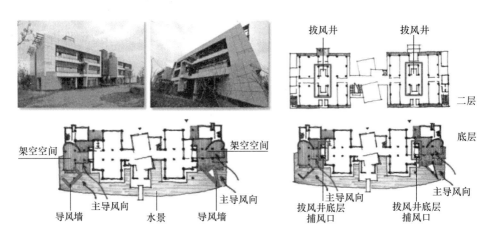

图 1-6-1 崇明陈家镇生态办公楼的自然通风设计

的，不能反映不同时期的不同功能，图 1-6-2 显示了新风热回收装置的室内温度
设计工况与实际运行工况的差异。绿色建筑必定是绿色设计，但绿色设计不等于
绿色建筑。

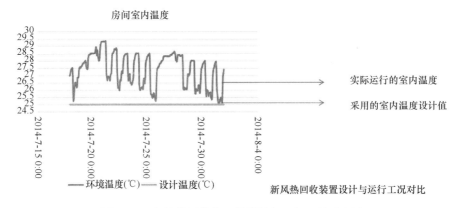

图 1-6-2 新风热回收装置的设计与运行工况对比图

6.2.2 绿色运维是绿色设计不断完善的阶段

绿色建筑终究是运行中绿色，不仅仅是设计中的绿色，因此只有绿色运维才
是绿色建筑，绿色运维在更长的时间周期发挥作用，绿色建筑出现的问题需要运
维阶段进行调整。据不完全统计，运行成本占到建筑全生命期成本的 70%～
80%（图 1-6-3）。

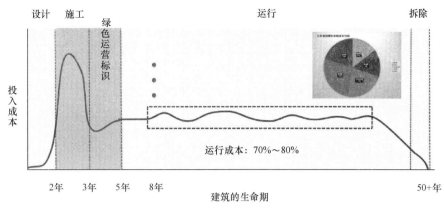

图 1-6-3 建筑的全生命期成本

6.3 绿色运维为何难以推行

6.3.1 狭义地追求星级评价的目标阻碍了绿色建筑发展

设计的绿色建筑为何不能成为真正的绿色建筑？狭义地追求星级评价的目标阻碍了绿色建筑发展，真正的绿色建筑应是在更长周期内表现出"四节一环保"特性的建筑，它需要的是更长时间的绿色运维。绿色技术实施情况调研数据说明部分绿色技术具体实施过程中并不理想，如图 1-6-4。

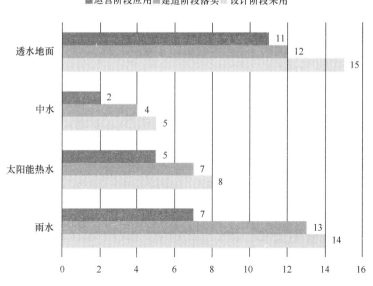

图 1-6-4 部分绿色技术的实施调研情况

绿色设计要围绕建筑长寿命周期性能最佳的转变，要摒弃维护成本高、节约效果差、使用寿命短的绿色技术，更加注重实效而不仅仅是星级和得分。图1-6-5显示具备维护成本低、节约效果好、使用寿命长的绿色技术将给绿色建筑带来长时间的绿色效应。

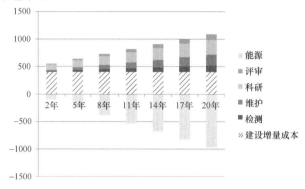

图 1-6-5 绿色建筑绿色技术应用的投入产出比

6.3.2 绿色运维需要更加专业的基础平台

绿色运维较一般物业管理需要更加专业的分析和管理能力，需要更加专业的基础平台，包括用于采购、施工阶段的质量控制和运维阶段指导的技术规格书；用于实时、定期能耗数据采集、分析和控制的能耗管理平台；用于远程动态运维管理、维护数据的采集和分析、实时跟踪设备的维护状态、性能变化、运行状态的 FM 设施管理平台等。如图 1-6-6 所示。

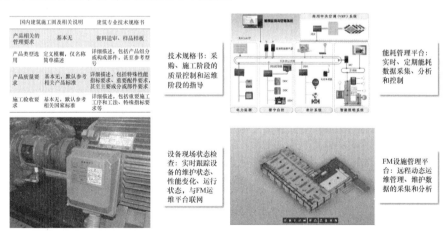

图 1-6-6 绿色建筑绿色运维的专业平台

数据积累和分析是绿色运维的关键核心。用户的使用状况常常会发生变化，设备设施的运行状态也会随着使用时间发生改变，掌握设备设施的特性，时刻利用能效管理平台收集运行数据并进行大数据关联分析，才能够清楚了解建筑的状态并做出有效的再调适和维护，长期保障建筑的绿色性能。

绿色设施设备的长期有效是绿色建筑的保障。一些绿色设施设备的弃用或不好用成为某些建筑无法绿色运维的因素。绿色设施设备的长寿命是保障绿色建筑绿色品质的必要条件，绿色设施设备的长寿命需要建筑技术规格书（SPEC）有效控制和绿色运维的长期保障。

6.3.3　绿色运维需要专业的持续调适和资金投入

绿色运维需要专业的持续调适和资金投入，专业的设备调适需要持续积累运行数据并加以分析，绿色运维摒弃表面上的运行记录，需要更加严格执行绿色物业管理系统，绿色运维需要一定的资金保障。如图 1-6-7 所示。

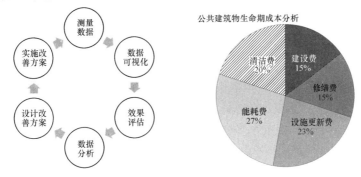

图 1-6-7　绿色运维的工作流程

6.3.4　缺乏行之有效的商业模式

绿色建筑的绿色运维尚处于起步阶段，楼宇持有方、物业管理公司、第三方维保公司以及第三方咨询机构等主要责任各方之间缺少行之有效的商业模式使之可靠地运作。如图 1-6-8 所示。

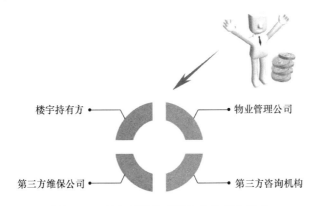

图 1-6-8　绿色运维的责任各方及商业模式

6.4 绿色运维的主要内容

6.4.1 绿色运维是对于绿色设计的检验

绿色运维可以对绿色设计进行检验，图 1-6-9 所示案例是对中庭自然通风的设计验证，测试结果分析可见：中庭自然通风所产生的拔风效果平均达到 5.26 次换气次数，满足设计要求，但是 1 层大厅冬季温度偏低。设计改进建议：①增强立转门的冬季密封性；②立转门的数量可以适当减少（至少可以减少一半）或者可以增大立转门与屋顶开窗之间的间距；③多层建筑可以仅考虑风压影响；排风口的位置和尺寸设计作为自然通风设计的重点。

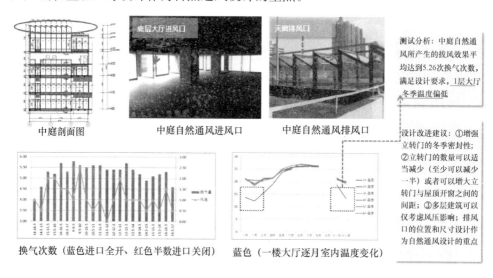

图 1-6-9 中庭自然通风设计验证

图 1-6-10 所示案例是对太阳能光伏发电系统的设计验证，测试结果分析可见：全年发电量为 12233kWh，单位装机容量发电量为 0.96kWh/Wp，接近设计值 1.04kWh/Wp。太阳能光伏系统的逐月发电量与逐月总辐照量基本线性相关，系统平均光伏转换效率达到了 14%，达到了《可再生能源建筑应用工程评价标准》GB/T 50801—2013 的 1 级水平。最低用电负荷出现在春节期间，变压器进线最低负荷为 8kW，未出 0kW 的情况，即此项目光伏系统容量设置较合理，实现了自发自用的设计要求。

图 1-6-11 所示案例是对配电系统的设计验证，测试结果分析可见：从变压器配置来看，变压配置过大，宜改为两台 200kVA（或以下），即一台的使用负载率可以长期处于 40% 以上。

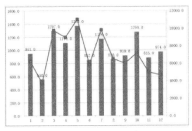

测试分析：全年发电量为12233kWh,单位装机容量发电量为0.96kWh/Wp,接近设计值1.04kWh/Wp。

太阳能光伏系统的逐月发电量与逐月总辐照量基本线性相关，系统平均光伏转换效率达到了14%,达到了《可再生能源建筑应用工程评价标准》(GBT 50801—2013)的1级水平。

光伏发电量与辐照量的关系图

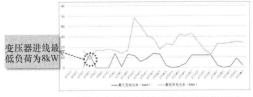

结论：最低用电负荷出现在春节期间，变压器进线最低负荷为8kW,未出0kW的情况，即此项目光伏系统容量设置较合理，实现了自发自用的设计要求。

光伏发电量与建筑最低用电量的关系图

图 1-6-10　光伏发电系统设计验证

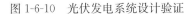

测试分析：从变压器配置来看，变压配置过大，宜改为两台200kVA(或以下)，即一台的使用负载率可以长期处于40%以上

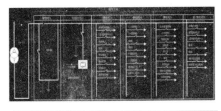

变压器最大负载逐月变化规律曲线

变压器平均负载逐月变化规律曲线

图 1-6-11　配电系统设计验证

6.4.2　绿色运维是对于绿色设计的调整

绿色运维是对于绿色设计的调整，图 1-6-12 所示案例是对雨水系统补水水位控制的修正，运行问题分析可见，原设计雨水补水和自来水补水水位差过近仅0.1m，当过滤器存在堵塞时，影响雨水补水流速，造成大量的自来水补水。通过调整，原设计雨水补水和自来水补水水位差调整为 0.4m，并重新清洗过滤器。调整效果显示：自来水补水量由 246m³ 减少至 29m³，提升 88%。

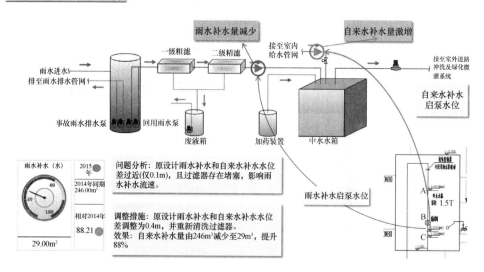

图 1-6-12　雨水系统的补水水位控制修正

6.4.3　绿色运维是对具体运维问题的解决

绿色运维也是对具体运维问题的解决，图 1-6-13 所示案例是对于太阳能热水系统过热问题的具体解决，运行问题分析可见，造成夏季太阳能热水系统易过热的原因是设计用水量远大于实际用水量，造成集热器配置过大导致水箱过热。调

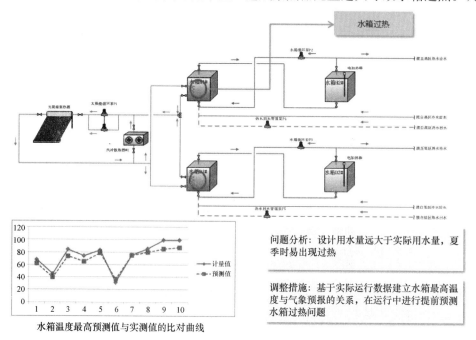

图 1-6-13　太阳能热水系统的过热预测

整措施基于实际运行数据建立水箱最高温度与气象预报的关系，在运行中进行提前预测水箱过热问题，提醒运行人员提前采取预警措施，从而防止水箱过热。

图 1-6-14 所示案例是解决垂直绿化长势变差的具体问题，运行问题分析可见，造成垂直绿化生长状态变差的核心原因是因浇灌水量变少所致。调整措施基于实际运行数据找到垂直绿化的合理用水量范围，并在预警系统中进行跟踪监测提醒，保障垂直绿化的用水量需求。

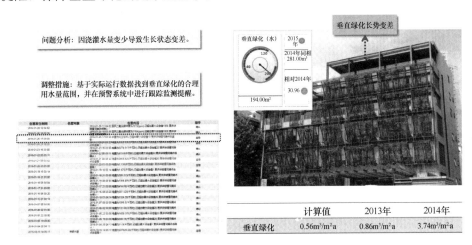

	计算值	2013年	2014年
垂直绿化	0.56m³/m²a	0.86m³/m²a	3.74m³/m²a

图 1-6-14　垂直绿化系统用水量与生长状况的匹配

图 1-6-15 所示案例是解决空调系统能源浪费问题，运行问题分析可见，空调系统存在未关机的能源浪费和机组待机能耗的问题，通过管控对策做好日常巡检，减少下班时间空调室内机、新风机房内机组未关闭时的能耗；过渡季节关闭空调主机的电源开关，减少待机能耗浪费。通过以上措施年空调能耗减少 23%。

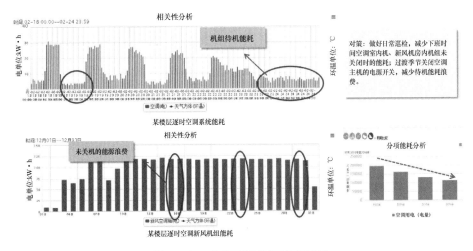

图 1-6-15　空调系统能源浪费问题

6.5 结　语

绿色建筑更加强调设计以绿色运维为基础，绿色设计要围绕建筑长寿命周期性能最佳的转变，要摒弃维护成本高、节约效果差、使用寿命短的绿色技术，更加注重实效而不仅仅是星级和得分；绿色设计要从围绕最不利工况的保障设计转变，要兼顾实际工况的变化，要从运维工况出发，提出更加灵活的可变工况设计。

绿色设计工具需要融入运维工况下的分析和设计功能创新；设备专业需要在维护设计上进行设计技术创新，如光伏或光热板的清洗等；具备多功能的智能监测、分析和控制设备方面的技术创新；技术升级突出还表现在智能物业管理平台、信息化技术、大数据挖掘技术等方面。

绿色运维是绿色建筑不断完善的重要阶段，绿色运维是完善绿色设计重要的实践依据。

作者：张桦　田炜　夏麟（华东建筑集团股份有限公司）

7 量质齐升的绿色建筑实效化发展

7 Effective development of green building in quantity and quality

绿色建筑是近三十年来全球建筑领域的热门理念和话题。我国以 2006 年《绿色建筑评价标准》GB/T 50378 的发布为起点，"十一五"以来，绿色建筑技术研发和工程示范的积极性被释放开始，全国范围内形成了国家和地方、政策与法规、技术和产业等多个维度齐头并进的发展态势。"十二五"末，无论是中共中央审议通过的《关于加快推进生态文明建设的意见》，还是国务院发布的《关于进一步加强城市规划建设管理工作的若干意见》中，绿色发展的重要性被一再强调，建筑方针也重新定位于"适用、经济、绿色、美观"，绿色建筑成为建筑领域贯彻落实国家战略部署的重要抓手。

进入"十三五"，业界对绿色建筑的实效性关注不断升温。2017 年 3 月，住房和城乡建设部发布了"建筑节能与绿色建筑'十三五'规划"，进一步从提升建筑能效水平、规模化绿色建筑、优化改善既有建筑性能等多个方面，明确了量质齐升的绿色化发展之路。量和质的提升，就是要充分体现效益和效果，而实效不仅仅是建筑的能耗和水耗，还有这行业发展的大背景和进步。本文即希望站在这样的时间节点，对绿色建筑的实效化进行简要分析和展望。

7.1 绿色建筑发展的基本态势

相对于宏观政策、经济发展、产业重点等较为宽泛的内涵和外延，绿色建筑标准规范和工程项目仍是最核心的基本面。

7.1.1 绿色建筑标准体系家族化初步形成

自《绿色建筑评价标准》GB/T 50378—2006 开始，十余年来各类型建筑项目、产业链中各环节、各省市层面对于践行绿色建筑理念的需求也在不断提出，绿色建筑标准体系呈现向广度发展的趋势，国家、行业和地方的绿色建筑标准形成了针对专业基础、建筑类型、实施阶段等多个维度的完善态势。

专业基础性标准包括采暖通风、建筑物理、环境质量、给排水等涵盖建筑常规性能指标的标准，它们被评价性、设计性绿色建筑标准广泛引用。随着这些标准所规定的指标、性能的不断更新,客观上促进了绿色建筑基本性能的提升。建筑类型化的绿色建筑标准包括针对办公建筑、商店建筑、医院建筑的绿色性能评价标准,近些年也陆续补充了绿色校园、绿色养老建筑、绿色工业建筑等类型,也针对改造的特殊性,推出了《既有建筑绿色改造评价标准》,并通过编制相对应的技术规程,使得标准覆盖面日趋完善。所谓实施阶段的绿色标准主要包括针对生态城区的规划、建筑设计、绿色施工、竣工验收等规范,如江苏、北京、上海等地将建筑节能工程的验收规范扩大,推出或者正在编制《绿色建筑工程验收规范》。

尽管不同维度的标准在实施中存在兼容性的挑战,但总体而言,各种多个维度的标准出台,大大补充和完善了绿色建筑标准的家族化体系。尤其近年来针对绿色建筑施工、竣工验收的规范出台,更强调了对绿色建筑技术落实、效果认定的重视,为绿色建筑的实效化发展奠定了规则基础。

7.1.2 我国绿色建筑标识认证工程项目特征

我国当前对工程项目是否达到绿色建筑标准的认定,有国家和地方两个层级,认定方式也包括星级评价标识和施工图审图认定两种。在我国各级政府统计绿色建筑工程总量时,一般也将后者纳入,但业内外对绿色建筑的分析,大多基于前者。根据住房和城乡建设部建筑节能与绿色建筑综合信息管理平台统计,截至 2016 年第一季度,我国已有 4195 个工程项目获得绿色建筑标识(图 1-7-1)。

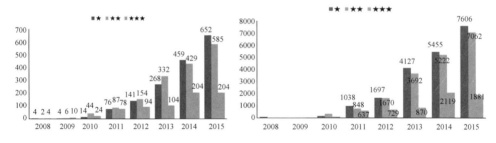

图 1-7-1 我国绿色建筑评价标识项目分布(左:个数;右:面积 万 m²)

通过管理平台还可查阅到项目地域分布、建筑类型分布等方面综合分析。可看出,我国绿色建筑评价标识项目的发展有几个明显特征。其一,项目数量和规模保持了持续的高增长态势。伴随着近两年地方政府的大力推进,标识为一星级和二星级的绿色建筑规模发展更为迅速;其二,如果将标识证书分为设计和运行两类,则设计标识占比高达 94%,而运行标识占比约 6% 相对较少;第三,来自绿色生态城区范围内和大型城市综合体等大体量的工程项目有明显增加。

绿色建筑规模的扩大充分体现了相关政策及标准规范的推行效果。从统计结果可看出由于建筑工程的建设特征,大量获得认证的绿色建筑可能仍停留在图纸阶段，尚未进入运行阶段；另一方面也不排除一些项目的专项系统设计后并未建造，或者是建造后并未实际使用。无论如何，运行标识项目占比低，确实反映了绿色建筑从规划设计端向运营管理端深度纵向发展的挑战。

7.2 绿色建筑运行实效现状

20世纪60年代，建筑使用后评估POE（Post-Occupancy Evaluation）的概念在英国源起；20世纪90年代，随着物业管理的蓬勃兴起，建筑使用后评估得到了广泛关注。现在，国外工程界已经形成了非常成熟的开展建筑使用后评估的气候，POE在欧美等发达国家已逐步完善并正式纳入建筑规划设计进程，并逐步体系化、专业化、规范化，应用范围涉及各种建筑类型，并使用兼顾全寿命期的有效评价方法，建筑使用后评估在调查用户满意度、提高建筑业服务质量中越来越多地发挥重要作用。我国的建筑性能后评估的起步较晚，近年来伴随着绿色、节能理念和技术的推广实施，北京、上海等绿色建筑较为发达的地区已展开相关工作。

住房城乡建设部科技发展促进中心、中国城市科学研究会、清华大学、上海市建筑科学研究院、上海现代集团等单位对国内外建成绿色建筑的性能进行了大量的调研。以上海为例，基于实际建成运行、高入住率（＞75％）等原则，共选取了上海地区已建成的21项绿色建筑（其中14项为公共建筑、7项为住宅建筑），对设计、建造、运营三阶段技术的落实情况进行了统计分析。研究结果如图1-7-2所示，绿色建筑技术在建设阶段的落实率普遍高于75％；设计阶段选用

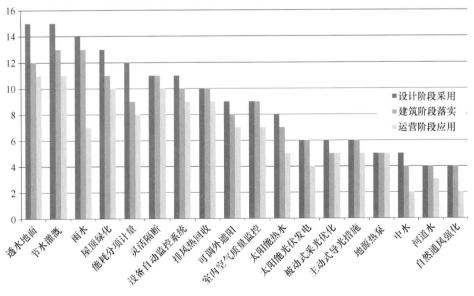

图1-7-2　上海地区21个建成运行案例绿色建筑技术频谱

比例前三名的绿色建筑技术分别为透水地面、节水灌溉、雨水系统，后三名分别为中水系统、河道水系统、自然通风强化；运营阶段应用度较差的绿色建筑技术排序为中水系统、雨水系统及自然通风强化。在满意度的调查中，90％居住建筑住户较为关注项目周边配套及服务设施，80％左右的用户认为绿色技术的应用对生活没有造成不便，85％以上的受调查使用者总体对于绿色建筑较满意度。

在技术频谱分布基础上，关键技术的综合性能表现更引发业内外的关注。以长期受到业内外关注的水资源利用为例，通过对全国范围内 40 个项目的水资源利用情况的分析（图 1-7-3），发现技术应用与以下三方面因素密切相关：①地区年平均降雨量：以年降雨总量 800mm 为关键参数，大于该指标的地区较多采用雨水，北方城市较多采用中水；部分南方地区因考虑雨水洪涝等问题，也存在采用中水的情况。②建筑功能业态：公共建筑以雨水利用为主，住宅采用中水和雨水的比例接近。③绿色建筑星级定位越高，采用中水利用的比例越大。而在广受关注的地源热泵技术应用方面，所调研的上海市各类可再生能源建筑示范项目中，大多数项目运行效果良好，然而也有近 1/3 的项目运行效果欠佳，存在施工及运行方面的不同问题，与设计预期差别很大。

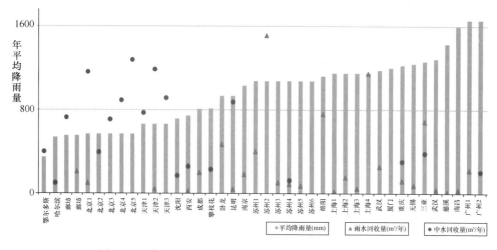

图 1-7-3　全国 40 个绿色建筑项目水资源利用情况统计分析

在形式上的实施之外，国内外学者也对这些技术的综合效果进行了比较分析。国外对获得 LEED 认证的项目就能耗水平与常规建筑进行了比较，结果表明获得认证并非直接对应能耗的显著降低，并且不同认证等级的建筑，其能耗水平的差异性并不明显。清华大学等的研究发现，绿色建筑使用者对使用环境的舒适度满意有明显提高。但由于缺少运行实效追踪，缺少与用户红利直接相关的环境品质、能源数据、成本收益等指标数据，目前尚难以对绿色建筑综合效益进行系统评价。

　　绿色建筑涉及的专业和技术领域还包括更宽泛的能源利用技术、材料节约和循环利用技术、室内外环境改善技术，其调研的结果此处不一一赘述。总体而言，使用者对绿色建筑环境的评价较高，但量化的性能价值还有待进一步的体现。相关技术的应用较容易面临机房及系统内部设计不周、施工质量不过关、产业支撑不足、运行成本较高等问题的制约，这种状况对审慎规划、精细设计、产业支撑和专业运维都提出了较高的要求。

7.3　绿色建筑实效化发展建议

　　从对标准、工程和技术的回顾可看出，绿色建筑从理念推行到体现实效还有较长的距离，这段距离将伴随着专业、行业、产业的协同发展而不断缩短。在众多的要素中，求真务实将是必经之路。

　　首先，学术理清真伪。绿色建筑指出了建筑领域"四节一环保"的发展目标和思路，同时也圈定了相关的技术范畴。近年来，业界对各技术应用是绿色建筑的充分还是必要条件的争议居多，这个问题的回答首先需要从学术、体系方面给出验证性答案。"十三五"期间，科技部设置了国家重点研发计划"绿色建筑及其工业化"重点专项，首次设置了基于实际运行性能的绿色建筑后评估项目，将通过大规模的运行数据采集和分析，建立不同地域和类型建筑的能耗、水耗和环境质量基准线，对典型运行工程进行技术调整和优化，从而对各类技术的实际效果形成科学的评估结果，从单项和集成的效果出发，做到绿色建筑技术的正本清源。

　　第二，调适真抓实干。任何一项技术都有着最佳和最适宜的应用边界，技术效果的实现取决于技术相互之间以及跟建筑、使用者的适用关系能否建立。工程竣工阶段的"调试"变更为覆盖建设全阶段、覆盖建筑日常运营的"调适"所取代，这已然是行业共识。在操作过程中，要真正将调适的工作周期向前提前至规划设计周期，向后延伸至建筑实际的常规运行中，将涉及的要求从简单的风平衡、水平衡扩大为整个机电系统和其他设备设施。充分研究建筑所在地和功能类型、使用者及使用习惯，大量应用模拟的手段对各种可能性进行预估，实现各项技术、材料、系统的整体最优，真正体现技术和系统效果。

　　第三，产业真正联动。绿色建筑技术的效果发挥固然离不开政策引导、标准规范，但更需要产业的支撑。工程实地调研中经常发现产品质量不过关、设备可靠性差的情况，跟发达国家相比，我们在产业支撑方面的差距尤为明显。为保障绿色建筑的实效，硬件系统是必不可少的环节，只有产业的不断提升，才能首先将子系统预期效率兑现，进而提升绿色建筑的综合实效。

　　第四，数据真现价值。"十一五"以来，全国针对大型公共建筑建立了庞大的能耗监测体系，开展了各类民用建筑能源审计和能耗调查工作，形成了较大规模的数据。如何从数据获取的系统建设期转向数据挖掘、成果扩散，真正发挥数据对学术、工程、行业、政府的不同支撑作用。在国家"十三五"科技支撑项目指南中，数据方面的研究已列入下一阶段的重点任务，这也是保障绿色建筑新一轮发展和实效化体现的基础支柱。

社会和建筑业的绿色化发展已不可逆，下一阶段必然面对实际效果和效益的质询和考验。开展绿色建筑实效化研究工作契合我国绿色建筑发展进入新常态的发展路径需求，可实现绿色建筑对节能减排、改善民生和促进绿色经济等显性和隐性贡献的综合度量，其成果不仅可以明晰绿色建筑的综合效益，反馈回应各相关方的诉求，更有利于决策者准确定位绿色建筑相关技术和产业的长期发展方向。

作者： 朱雷（上海市建筑科学研究院（集团）有限公司）

参考文献

[1]　陆歆宏. 国内开展建筑使用后评估的必要性研究. 建筑科学，2004(8)

[2]　宋凌，李宏军，酒淼. 绿色建筑后评估在我国的发展思考. 建设科技，2016(12)

[3]　研究报告."十二五"国家科技支撑计划"绿色建筑群规划设计应用技术集成研究"课题执行情况验收自评价报告. 上海市建筑科学研究院，2016 年 3 月

[4]　Pablo Orihuela, Jorge Orihuela. Needs, values and post-occupancy evaluation of housing project customers. Procedia Engineering，85(2014)412-419

8 国内外 Active House 理论与实践
8 Theory and practice of Active House at home and abroad

8.1 Active House 的愿景、定义和要旨

Active Mouse 理论涵盖建筑的舒适性、能源和环境的保护，Active House 要讲究三者的平衡，以舒适为保证对象，要以人为本。如图 1-8-1 所示。

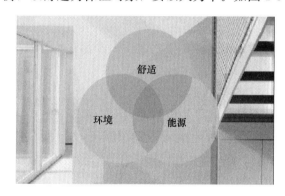

图 1-8-1 主动式建筑的主旨示意

（1）主动式建筑的愿景

在对环境及其气候不产生负面影响的前提下，为建筑的使用者创造出更健康更舒适的生活，带领大家奔向一个更清洁、更健康、更安全的未来世界。

（2）主动式建筑的定义

Active House 是以人为本的建筑。即在建筑的设计、施工、运营等全寿命周期内，在关注能源和环境保护的前提下，以建筑室内的健康性和舒适性为核心，以实现人的 WELL BEING 为目标的建筑类型。

（3）主动式建筑的要旨

在以健康舒适为主导的前提下，倡导寻找建筑的舒适、能源和环境三者之间的平衡。

8.2 理论主张的要点及其事实依据

Active House 的主张要点及事实依据详见表 1-8-1。

Active House 的主张要点及事实依据　　　　　　表 1-8-1

AH 的主张要点	事实依据
建筑的舒适性（包括自然采光、温度、湿度和室内空气质量）	研究表明，自然光对人的身体健康和心理健康至关重要。温度湿度不仅仅是舒适的保证，也关系到使用者的健康；空气中氧气二氧化碳等成分的含量，对人的舒适和健康非常重要
维持建筑舒适的能源需求 建筑产能 建筑一次性能源	建筑能源需求一项，类似于其他体系的建筑节能，实际上是利用各种手段，使建筑的能源需求，降到一个合理的水平。 建筑应该而且也能够把当地的可再生能源（太阳能、风能、地热、其他形式的清洁能源等）利用于建筑的日常运营。这种设计，应该提倡和鼓励 建筑的一次性能源使用量，实际上是对建筑运营所带来的总排放的限制
环保要求、清洁水的节约、可持续施工	这是对建筑材料和建筑施工的要求，要求建筑材料要购买和使用有权威机构认证的材料，建筑施工从组织上，到施工方法技术的选择上，要考虑绿色环保的需求
ACTIVE	建筑的通风方式（自然通风，机械通风，混合通风），建筑的采光，遮阳，新风供应，要根据室内人的需要，以及室外的具体气候条件进行。这一过程是动态的、变化的，需要动态调节

8.3 与其他建筑标准体系对比

随着人民生活水平及对建筑舒适度要求的提高，近些年来，建筑产业的能耗水平也呈逐步上升的趋势。在世界范围内，建筑行业的能耗，基本上占全社会总能耗三分之一。为了应对日益紧缺的能源，并减少生产能源所带来的环境污染，全世界各国都在潜心研究建筑与能源及环境的关系，并出台了一些标准、规范、指南等，用来指导社会的建筑实践活动（图 1-8-2）。

与世界范围内知名度比较高、效果比较好的 LEED、DGNB、被动式建筑、WELL 及中国的绿色建筑标准相比，Active House 都有哪些相同点和不同点呢？

图 1-8-2 国际主要可持续建筑标准体系

我们不妨通过表 1-8-2 做一个比较。

AH 与其他体系的比较　　　　　　　　表 1-8-2

AH 与其他体系相比的相同点	AH 与其他体系相比的不同点
• 从能源上来看，提倡建筑节能；提倡建筑的被动式设计 • 从对环境的影响看，提倡保护环境，提倡减少二氧化碳、二氧化硫、氮氧化物、氟化物的排放，提倡保护土地，保护水资源，保护臭氧层，设立了各种指标 • 提倡可持续施工	• 提倡 "ACTIVE" 原则，即建筑要有能动性，能够对天气情况、建筑内部变化以及建筑使用要求等做出适当的反应 • 主张建筑要舒适，要 Well Being，并设立了相应指标 • 提出建筑要产能，能生产转化可再生清洁能源，并设立了指标 • 在对环境保护方面，提出了环境荷载的概念，衡量设计对建筑的影响程度

8.4 评 价 标 准

为了对建筑有一个多维度、立体的评价，主动式建筑引入了雷达图式的指标体系来评价一个建筑，最后，用一个建筑评价图标所围合的面积，来表征建筑的综合得分（图 1-8-3）。

雷达图的组成，首先以舒适、能源和环境保护作为评价的三大方面。而每一大方面，又再分为三个小项：

（1）舒适性分为建筑采光、室内热舒适和室内空气质量三项；

（2）能源分为建筑能耗、建筑产能和建筑一次性能源使用量三项指标；

（3）环境保护分为环境荷载、水资源和可持续施工三个方面。

67

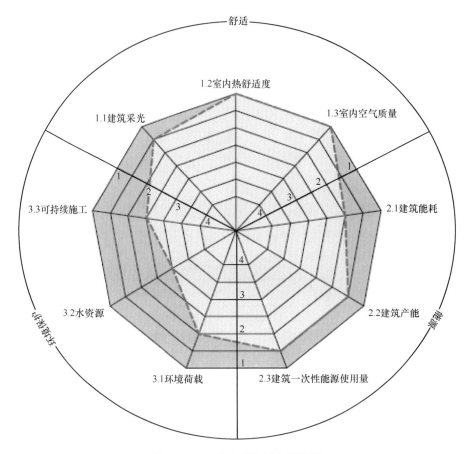

图 1-8-3 主动式建筑雷达图示例

分项的指标，又由若干个更小的指标所决定。

每一项指标都是以数值为基础的。这样，通过一个雷达图，就把建筑的诸多表现，比较形象地展示到了一张示意图上了。

8.5 设计指南和技术细则

国际上，主动式建筑有两本基本手册（图 1-8-4），一本叫作《主动式建筑指南》，英文名字是 Active House Guideline，一本叫作《主动式建筑技术细则》，英文名字叫作 Active House Specification，均可以通过网络（activehouse.info）下载。

这两本书可以说是主动式建筑的经典，书中详尽地向读者介绍了有关主动式建筑的各方面的知识。

图 1-8-4 《主动式建筑指南》和《主动式建筑技术细则》

8.6 世界范围内的实践

Active House 主动式建筑是一种全新的建筑模式，起步时间较晚，因此建筑实践范围还不是很大，建筑案例也还不是很多。

真实的 1∶1 项目的实践，开始于 2007 年的丹麦。为了迎接第十五次世界气候大会 2009 年 12 月在哥本哈根召开，威卢克斯公司在丹麦建造了两个项目，一个是哥本哈根大学的绿色灯塔（green lighthouse）教学楼，如图 1-8-5 所示；一个是位于阿胡斯市的住宅项目，叫作生命之家（home for life），如图 1-8-6 所示。

图 1-8-5 哥本哈根大学绿色灯塔　　　图 1-8-6 生命之家（home for life）

绿色灯塔项目建筑面积 $920m^2$，用途为学校"辅导员"与学生进行交谈的办公室。它的内部共 3 层，有一个小型电梯，有 17 间办公室，两个会议室，一个屋顶平台和一个开敞的中庭。

这所建筑值得夸耀的成果是，它从整体上不但不耗费社会的能源，而且还能每年每平方米产能 3 个千瓦时。

威卢克斯中国办公楼（图 1-8-7），建筑面积 2080m²，建筑造价每平方米 8000 元，在保证办公室室内温度、舒适度、充分日照及高于国家标准两倍水平的新风量的前提下，达到每年每平方米 33 千瓦时能耗水平，这不能不说是在主动式建筑设计理念指导下取得的优异成绩。

图 1-8-7　位于河北省廊坊市经济技术开发区的威卢克斯公司办公楼

其他各国主动兴建的主动式建筑项目共有 100 多处，主要集中于欧洲和美洲（图 1-8-8）。

| 奥地利 | 德国 | 挪威 | 丹麦 |
| 挪威 | 法国 | 英国 | 美国 |

图 1-8-8　世界各地的主动式建筑部分图片

通过这些主动式项目的实践，主动式建筑联盟获得了大量的 Active House 的设计和建造的经验。

8.7　结　　语

世界在飞速发展着，作为人们生产、生活、工作的重要场所建筑而言，如何在保证节能、不产生过多环境污染的前提下，为人们提供一个安全、健康而美好的环境，不是一个一朝一夕就能解决的问题。为了解决这一问题，人们提出了许多理论和主张，Active House 主动式建筑的理论，就是在这种情况下产生的。

未来希望越来越多的人士介绍、宣传、研究、实验、实践主动式建筑，使之能够结合中国的具体情况，为中国人民的福祉发挥积极的作用。

作者：郭成林（中国建筑学会主动式建筑学术委员会）

第二篇 | 标准篇

　　当前，标准化体系已成为现代国家治理体系的重要组成部分，工程建设标准更在保障工程质量安全、促进产业转型升级、强化生态环境保护、推动经济提质增效、提升国际竞争力等方面发挥了重要作用。2015年启动的深化标准化工作改革，赋予了绿色建筑标准在节能减排、新型城镇化等标准化重大工程中不可或缺的独特作用，绿色建筑标准化也更应承载起在社会治理领域保障改善民生、在生态文明领域服务绿色发展的重要使命。

　　本次标准化工作改革，将改变以往政府单一供给标准的体制，实现由政府主导的标准为经济社会发展"兜底线、保基本"，而由市场自主制定的标准来增加标准供给、引导创新发展的方向。本篇既安排了政府主导的绿色建筑相关国家标准介绍，也安排了市场自主制定的协会标准介绍。

Part Ⅱ | Standards

At present, the standardization system has become an important part of the modern state governance system, and construction standards have played a significant role in ensuring the quality and safety of construction projects, promoting industrial restructuring and upgrading, strengthening the ecological environment protection, promoting economic efficiency, and enhancing international competitiveness. Deepening the standardization reform launched in 2015 has given green building standards an indispensable and unique role in such major standardization projects as new urbanization, energy-saving and emission-reduction. The standardization of green buildings should also bear the important mission of safeguarding people's livelihood in the field of social governance and serving the green development in the field of ecological civilization.

This standardization reform will change the former system of a single government supply standard to a system that the government-led standards guarantee the basis for economic and social development while market-driven standards increase standard supply and guide the direction of innovation and development. This part introduces the government-led standards for green building as well as standards of China Association for Engineering Construction Standardization (CECS) developed by the market.

1 国家标准《绿色照明检测及评价标准》GB/T 51268—2017

1 National standard of *Test and Assessment Standard for Green Lights* GB/T 51268—2017

1.1 编制背景及意义

据统计，我国电能消费总量呈逐年上升趋势，其中照明电能消费量达到了社会总用电量的 13％以上。以 2013 年为例，全社会总用电量达到 51203.48 亿千瓦时。调查结果显示，2013 年全国照明用电量为 7246.59 亿千瓦时，占全社会总用电量的比例为 14.15％。另外，照明能耗在建筑能耗中也占了较大比重，以办公建筑为例，照明电耗约占建筑总能耗的 10％～30％，甚至更高；同时照明设备所产生的热量通常可占到空调制冷负荷的 15％～20％。从节能的全局来看，照明能耗是不容忽视的。因此，作为建筑节能和绿色照明工程的重要组成部分，照明节能具有显著的经济和社会效益。

绿色照明标准的编制工作对于正确和合理引导照明节能工作具有重要的意义，特别是近年来《建筑照明设计标准》GB 50034 等标准规范的实施，有力推动了照明节能的工作。然而，我国现有的技术标准主要针对的是设计阶段，缺乏对工程竣工和投入使用后持续有效的监督。在实践中也发现有些项目仅在设计阶段执行了照明节能标准，在施工和运行阶段与照明节能的要求相差甚远。在施工、竣工及运行阶段相关标准的缺乏造成了无法可依的局面，使得照明节能工作的效果大打折扣。同时，照明节能作为一个系统的工程，包括了设计、施工、运行和维护全过程，其节能评价需要建立全面系统的评价体系和方法。

因此，制订绿色照明节能检测方法和评价标准，是照明节能设计标准的重要补充，将为照明节能的全面系统评价提供有力的支持。通过把照明指标和照明节能指标、照明设计和照明运行管理的节能结合起来，从而有效实现有效监管照明节能，保障照明节能效果和照明质量，将有助于在保证照明质量的前提下全面推行照明节能目标的实施，最大限度地实现照明的经济和社会效益。

1.2 编 制 工 作

1.2.1 编制任务来源

本标准的编制任务来源于住房和城乡建设部《关于印发 2014 年工程建设标准规范制订、修订计划的通知》（建标〔2013〕169 号）的通知，由中国建筑科学研究院会同有关单位组织编制完成。

1.2.2 编制过程主要工作

（1）准备阶段

①组成编制组：按照参加编制标准的条件，通过和有关单位协商，落实标准的参编单位及参编人员。

②制定工作大纲：在学习标准编制规定和工程建设标准化文件，收集和分析国内外有关绿色照明评价标准的基础上，开展了对绿色建筑评价标准有关光环境评价实施情况的调查，结合当前国内外绿色照明标准的现状和应用需求，制定了标准的内容及章、节组成。

③召开编制组成立会：于 2014 年 10 月 14 日召开了编制组成立会暨第一次工作会议。会议宣布编制组正式成立。会议确定了主编单位和主编人以及参编单位和参编人。会议上原则确定了标准制订的主要技术内容和章、节构成。编制组成员对标准中重点解决的技术问题进行了认真讨论，并对标准编制大纲提出了具体的修改意见。在取得一致意见的基础上，各编制单位明确了工作任务及分工。

（2）征求意见阶段

本阶段完成了标准初稿、讨论稿和征求意见稿。同时完成了收集国内外资料、大量调查研究、专题实验研究和测试论证工作。

征求意见阶段主要做了以下几项工作：

①调查研究工作：包括对绿色建筑评价体系的调查研究和对照明评价指标及节电率的调查研究。

②专题研究工作：包括绿色照明评价体系研究和照明节电率的计算方法研究等。

③测试验证工作：包括对产品谐波、频闪等各类指标的测试验证工作以及实际场所的绿色照明试评价。

④编写标准讨论稿：编制组于 2015 年 12 月起草完成了标准初稿，2016 年 3～4 月主编单位对已起草的标准初稿经过多次讨论，基本上确定了章、节编排

和条文的具体内容，同时也完成了条文说明的编写。

⑤征求意见稿和公开征求意见：讨论稿经过反复修改后，编制组于 2016 年 8 月 15 日组织召开了第二次包括专家在内的全体工作会议，对征求意见稿进行了全面讨论和修改，并最终定稿。于 2016 年 8 月 20 日上传至上级主管部门并在网上公开征求意见，与此同时，还以电子邮件的形式向部分单位和个人征求意见，截至 2016 年 10 月共收到 29 件回函，对标准提出了 487 条修改意见。

（3）送审阶段

根据对征求意见的回函，逐条归纳整理，在分析研究所提出意见的基础上，主编单位编写了意见汇总表，并提出处理意见，同时完成了对标准条文和条文说明的修改。主编单位于 2016 年 11 月 4 日将送审稿发至各参编人员征求意见，11 月 6 日召开了编制组部分人员工作会议，对标准送审稿进行逐条讨论修改，使标准更进一步补充完善。会后编制组根据会上所提意见，经过反复推敲、修改后于 2016 年 11 月 11 日正式定稿，并按编制标准送审要求，将标准送审稿、征求意见处理表、送审报告等一并上传至标委会和上级主管部门。送审稿审查会议于 2016 年 12 月 12 日在北京召开（图 2-1-1），与会专家和代表听取了编制组对标准编制工作的介绍，就标准送审稿逐章、逐条进行了认真细致地讨论，并顺利通过了审查。

图 2-1-1 《绿色照明检测及评价标准》审查会

（4）报批阶段

审查会后立即召开编制组主要编写人员会议，根据审查会对标准所提的修改意见逐一进行了深入细致的讨论，对送审稿及其条文说明进行了认真修改，并于 2016 年 12 月完成《绿色照明检测及评价标准》报批稿。

1.2.3 具体研究工作

（1）调查研究工作

对绿色建筑评价体系的调查研究：① 国外绿色建筑标准体系。自 20 世纪 90 年代以来，英国、美国、加拿大、日本、澳大利亚都各自制定了绿色建筑评价体系，评价体系的内容包括评价对象、全寿命周期、评价权重系数、评价结果等级、评估内容等，其评估内容中包括的能源与环境、室内环境质量、身心健康、创新设计、性能提高和绿色管理均与光环境有密切关系。② 我国绿色建筑标准体系。在《绿色建筑评价标准》GB/T 50378 发布实施后，相继制定了《绿色工业建筑评价标准》GB/T 50878、《绿色办公建筑评价标准》GB/T 50908、《绿色商店建筑评价标准》GB/T 51100、《绿色医院建筑评价标准》GB/T 51153、《绿色博览建筑评价标准》GB/T 51148、《绿色饭店建筑评价标准》GB/T 51165、《建筑工程绿色施工评价标准》GB/T 50640 及 24 个省、市的绿色建筑评价标准，形成了较为完整的标准评价体系。中国香港地区也制定了绿色建筑评价体系。

对照明评价指标和节电率的调查研究：近年来，由于 LED 照明的大量采用，使照明的性能指标、控制方式和节能效率发生很大变化，编制组重点对 LED 的产品性能和应用情况做了大量调查。以道路照明为例，根据近三年对我国大中城市 100 多条主次干道 LED 道路照明的检测结果，照明指标的达标率在 80% 以上，节电率可达到 30% 以上，对确定本标准的评分值可提供参考依据。

（2）专题研究工作

在标准制订过程中，开展了与标准相关的专题研究工作。

绿色照明评价体系的研究：当前的绿色建筑评价体系适合于评价建筑整体的综合效果，很难做到兼顾评价的各个方面，因此需要建立专门用于绿色照明的评价体系。①设置评价指标。通过对国内外绿色建筑评价标准的分析研究及参考相关的光环境评价标准，确定绿色照明评价指标体系应由照明质量、照明安全、照明节能、照明环保、照明控制、运营管理 6 类指标组成。除照明安全外，每类指标均应包括控制项和评分项，并应统一设置加分项。②确定权重系数。评价体系中的权重系数是影响评价结果的重要因素，通过对直接评分法、对比排序法和层次分析法的分析研究，最终确定采用层次分析法确定各指标的权重系数（表 2-1-1），其优点：它是一种定性和定量相结合的分析方法，较实用。③评价及等级划分。对于评价体系中的评价得分和确定评价等级主要是参照《绿色建筑评价标准》GB/T 50378 制定的。不同建筑阶段的节能评价如图 2-1-2 所示。

评 分 项 权 重　　　　　　　　　　　　表 2-1-1

场所类型		照明质量 w_1	照明节能 w_2	照明控制 w_3	照明环保 w_4	运维管理 w_5
居住建筑		0.30	0.20	0.25	0.10	0.15
公共建筑	Ⅰ类	0.30	0.25	0.25	0.10	0.10
	Ⅱ类	0.35	0.20	0.25	0.10	0.10
工业建筑	Ⅰ类	0.35	0.25	0.15	0.10	0.15
	Ⅱ类	0.30	0.30	0.20	0.10	0.10
室外作业场地		0.25	0.30	0.15	0.15	0.15

续表

场所类型	照明质量 w_1	照明节能 w_2	照明控制 w_3	照明环保 w_4	运维管理 w_5
城市道路	0.30	0.25	0.15	0.15	0.15
夜景	0.20	0.25	0.25	0.15	0.15

注：1. Ⅰ类公共建筑包括办公建筑、图书馆建筑、教育建筑、旅馆建筑、医疗建筑、金融建筑、商店建筑及交通建筑，Ⅱ类公共建筑包括观演建筑、体育建筑、博览建筑及会展建筑；

2. Ⅰ类工业建筑指一般空间作业场所；Ⅱ类工业建筑指高大空间作业场所。

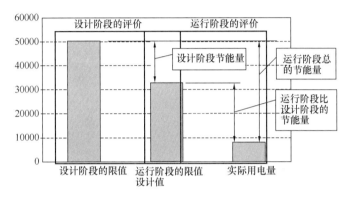

图 2-1-2 不同建筑阶段节能评价

照明节电率计算方法的研究：照明节能评价是绿色照明评价体系中的重要内容，确定合理的照明评价指标尤为重要。我国《建筑照明设计标准》GB 50034 采用的照明功率密度（LPD）法，优点在于能够通过简单的计算直接反映各场所的照明节能状况，但是，对于各类建筑，由于人员作息时间的不同及照明控制方式的差异会导致相似场所的照明时间有较大的差别，往往仅凭照明功率密度难以反映照明的实际能耗水平。在分析研究国内外现有照明用电量计算方法的基础上，结合我国各类建筑照明的使用情况，确定了照明耗电量的计算方法，并给出了各类场所照明节电率的计算方法。

（3）测试验证工作

伴随着照明技术的快速发展，照明产品的各项性能指标均有很大提高，特别是LED照明的广泛采用，光效和显色性都有很大变化，同时光源产生的谐波和频闪也引起了各方的关注，对相应的技术指标也需做出具体的规定和调整。测试验证工作的内容包括：

①对LED各类灯具光电参数的检测，包括系统光效、功率因数、显色指数等。按灯具类型和照明功率统计其检测结果并加以分析。

②对各类灯具的谐波和频闪进行实验室和现场检测，为本标准制定新的评价指标提供科学依据。

此外，在标准编制过程中，编制组挑选了典型的场所进行绿色照明试评价工作，对相应的照明指标进行测试验证。

1.3 技 术 内 容

1.3.1 主要技术内容

《绿色照明检测及评价标准》按内容分为检测部分和评价部分，二者相互呼应，检测为评价提供技术支撑。评价部分依据不同场所的特点分别设置评价条文，按照控制项、评分项和加分项三部分进行绿色照明评价。其主要技术内容如下：

（1）总则

规定了本"标准"的目的，明确了适用范围，指出了评价原则及应执行国家有关标准的规定。

（2）术语

定义了"绿色照明""照明质量""频闪比""显色性""一般显色指数""特殊显色指数""色容差""阈值增量""照明节电率""颜色透射指数"等标准中用到的术语。

（3）基本规定

规定了评价对象、评价阶段、评价相关检测要求等绿色照明评价的一系列具体评价方法及原则。

（4）照明检测

规定了照明质量、照明节能、照明控制、照明环保四类指标的检测方法，为以后章节的评价提供技术支撑。

（5）照明评价

规定了照明质量、照明安全、照明节能、照明环保、照明控制、运维管理6类绿色照明评价指标，计分方法、指标权重及等级划分。

（6）六类场所的绿色照明系统评价

分为六个章节分别对居住建筑、公共建筑、工业建筑、室外作业场地、城市道路、城市夜景六类场所进行绿色照明评价条文设置。本部分引入了动态采光评价、照明节电率等新指标的具体评价。

（7）附录A

为方便使用，本附录针对评价内容分别列出了各场所的绿色照明评价得分统计表格及得分与结果汇总表格，可以在评价时统计各类指标得分并便于评价的最终结果统计。

（8）附录B

针对节电率的评价，本附录给出了各类场所的节电率计算方法。

1.3.2　标准特点及评价

（1）本标准内容系统全面，适用于室内外天然采光和人工照明的综合评价，建立了完善的绿色照明检测与评价体系，填补了绿色照明评价标准的空白。

（2）本标准的内容结构合理、实用性强。标准涵盖了室内外各类照明场所、评价主体符合建筑分类、评价指标及评分设置合理，按各类建筑进行绿色照明评价具有较强的实用性。

（3）本标准包括照明检测与照明评价两部分，且检测与评价指标相互对应，此外还将评分计算和节电量的计算作为附录列入标准，极其有利于照明指标的定量化评价和整个评价过程的进行。

（4）本标准结合我国地域特点、首次提出了适合我国国情的照明耗电量基准值计算方法及动态采光评价指标，具有创新性。

（5）制订标准依据充分，主要参考国内外相关标准，依据实测调查、科学实验并结合我国国情制定，技术内容科学合理，操作性强。

（6）标准的构成合理，层次划分清晰，编排格式符合统一要求。

《标准》技术内容科学合理、可操作性强，与现行相关标准相协调，总体达到国际先进水平。

1.4　实　施　应　用

《绿色照明检测及评价标准》已于 2017 年 10 月 25 日由住建部批准发布，编号为 GB/T 51268—2017，自 2018 年 5 月 1 日起实施。

本标准的制定恰好填补了我国绿色照明评价体系的空白，标准的实施对保护环境、节约能源、促进人的身心健康等方面将会发挥重要作用，特别是在当前照明用电量日趋增加的情况下，建立适合我国国情的评价体系，使照明节能更加合理化，节能的效益会更加明显，也必将带来显著的经济效益和社会效益。

本标准适用于室内外各类照明场所的绿色照明评价，内容全面、适用范围广，涉及多个专业，并且设计者、使用者、管理者均可采用，执行难度较大，需作相应培训。标准条文技术性强，在发布后需加大对标准的宣贯力度，并监督执行标准。

作者：赵建平　林若慈　高雅春（中国建筑科学研究院有限公司）

2 协会标准《既有建筑绿色改造技术规程》 T/CECS 465—2017

2 Association standard of *Technical Specification for Green Retrofitting of Existing Building* T/CECS 465—2017

2.1 编制背景

2.1.1 背景和目的

改革开放以来，我国城乡建筑业发展迅速。我国绿色建筑的发展多集中于新建建筑，但是数量和发展速度还远远不能满足我国现阶段社会发展的需求。与绿色建筑建设较早的发达国家相比，我国还处于绿色建筑发展的早期阶段。目前，我国城镇化率已经超过 54%，大拆大建的发展模式已经过去，新建建筑的增长速度将逐步放缓，将从简单的数量扩张转变为质量提升。同时，我国大部分非绿色既有建筑都存在资源消耗水平偏高、环境负面影响偏大、工作生活环境亟待改善、使用功能有待提升等方面的问题，如何对待量大面广的既有建筑将是未来的重要问题。"十一五""十二五"期间，科技部组织实施了一批既有建筑综合、绿色改造方面的科技项目和课题，研究表明对既有建筑进行绿色改造将是解决其问题的有效途径之一。

2016 年 8 月 1 日，国家标准《既有建筑绿色改造评价标准》GB/T 51141—2015（以下简称 GB/T 51141—2015）发布实施，结束了我国既有建筑改造领域长期缺乏指导的局面。但是对于量大面广的既有建筑来说，GB/T 51141—2015 侧重于评价，对于改造具体技术的支持还有待加强。为了进一步规范绿色改造技术，促进我国既有建筑绿色改造工作，由中国建筑科学研究院会同有关单位编制了协会标准《既有建筑绿色改造技术规程》T/CECS 465—2017（以下简称《规程》）。

2.1.2 前期工作

（1）国外标准

发达国家新建建筑较少，既有建筑所占比重较大，其负面问题较早地引起了人们的重视，制定了比较完善的既有建筑绿色改造相关标准。《规程》编制前期主要参考了以下国外标准和规范性文件：

美国：《既有建筑节能标准（Energy Efficiency in Existing Buildings）》ANSI/ASHRAE/IES 100—2015、《更高级节能设计指南（Advanced Energy Design Guides）》、《更高级节能改造指南（Advanced Energy Retrofit Guides)》；

英国：《提升既有建筑能效-设备安装、管理与服务规程（Improving theenergy efficiency of existing buildings. Specification for installation process，process management and service provision)》PAS 2030：2014、《核准文件：L 分部节能（Approved Document）》；

日本：《居住建筑节能设计与施工导则（DCGREUH）》、《公共建筑节能设计标准（CCREUB)》。

这些标准规范为《规程》编制提供了重要借鉴。

（2）国内标准

GB/T 51141—2015 为我国既有建筑绿色改造提供了目标性指导，怎么做才能实现这些目标，需要具体的改造技术、措施和方法。为此，编制组重点研究了GB/T 51141—2015，在该标准的基础上编制了《规程》。在《规程》编制过程中，编制组还查阅、分析了大量国内相关标准规范，如现行国家标准《绿色建筑评价标准》GB/T 50378、《公共建筑节能设计标准》GB 50189、《声环境质量标准》GB 3096、《民用建筑隔声设计规范》GB 50118、《建筑照明设计标准》GB 50034、《民用建筑室内热湿环境评价标准》GB/T 50785、《民用建筑供暖通风与空气调节设计规范》GB 50736 等，以及现行行业标准《既有居住建筑节能改造技术规程》JGJ/T 129、《公共建筑节能改造技术规范》JGJ 176 等。这些标准对既有建筑绿色改造有一定的指导意义，为《规程》的技术内容提供了重要的支撑。

（3）改造技术

"十一五"期间，国家科技支撑计划项目"既有建筑综合改造关键技术研究与示范"和一批既有建筑综合改造方面的科技项目顺利实施，积累了科研和工程实践经验。在此基础上，"十二五"期间，为进一步推进既有建筑改造发展和技术研究，科技部又组织实施了国家科技支撑计划项目"既有建筑绿色化改造关键技术研究与示范"，针对不同类型、不同气候区的既有建筑绿色改造开展研究。编制组研究和梳理以上两个科研项目及相关课题的成果，整理出了适用于不同气候区、不同建筑类型的绿色改造技术。

2.2 编 制 工 作

（1）《规程》编制组于2016年1月在北京召开了成立暨第一次工作会议，《规程》编制工作正式启动。会议讨论并确定了《规程》的定位、适用范围、编制重点和难点、编制框架、任务分工、进度计划等。会议形成了《规程》草稿。

（2）《规程》编制组第二次工作会议于2016年3月在海口召开。会议讨论了第一次会议后的工作进展、《规程》与GB/T 51141—2015的关系，进一步讨论了《规程》各章节的总体情况、重点考虑的技术内容以及《规程》的具体条文等方面内容，强调绿色改造技术的广泛适用性，尽量适用于不同地区、不同建筑类型、不同系统形式等。会议形成了《规程》初稿。

（3）《规程》编制组第三次工作会议于2016年5月在广州召开。会议对《规程》初稿条文进行逐条交流与讨论，应合理设置条文数量和安排条文顺序，合并相似条文；要求规范标准用词和条文说明写法；再次明确提出《规程》的条文设置宜与GB/T 51141—2015的相关要求对应，且处理好相互之间的关系。会议形成了《规程》征求意见稿初稿。

（4）《规程》编制组第四次工作会议于2016年8月在北京召开。会议介绍了第三次工作会议后的工作进展，对《规程》稿件共性问题进行了讨论。会议提出：《规程》条文应涵盖GB/T 51141—2015的所有技术内容，且不能与之矛盾；第4～9章应对改造技术进行规定，避免重复出现第3章内容的评估与诊断。会议形成了《规程》征求意见稿。

（5）《规程》征求意见。在征求意见稿定稿之后，编制组于2016年10月14日向全国建筑设计、施工、科研、检测、高校等相关的单位和专家发出了征求意见。本次征求意见受到业界广泛关注，共收到来自47家单位，51位不同专业专家的315条意见。在主编单位的组织下，编制组对返回的这些珍贵意见逐条进行审议，各章节负责人组织该章专家通过电子邮件、电话等多种方式对《规程》征求意见稿进行研讨，多次修改后由主编单位汇总形成《规程》送审稿。

（6）《规程》审查会议于2016年12月19日在北京召开。会议由中国工程建设标准化协会绿色建筑与生态城区专业委员会主持，组成了以吴德绳教授级高级工程师为组长、金虹教授为副组长的审查专家组。审查专家组认真听取了编制组对《规程》编制过程和内容的介绍，对《规程》内容进行逐条讨论。最后，审查委员会一致同意通过《规程》审查。建议《规程》编制组根据审查意见，对送审稿进一步修改和完善，尽快形成报批稿上报主管部门审批。

（7）其他工作。除了编制工作会议外，主编单位还组织召开了多次小型会议，针对标准中的专项问题进行研讨。除了召开会议，还通过信函、电子邮件、传真、电话等方式向相关专家探讨既有建筑绿色改造中的相关问题，力求使《规程》内容更加科学、合理。

2.3 主 要 技 术 内 容

《规程》统筹考虑既有建筑绿色改造的技术先进性和地域适用性，选择适用于我国既有建筑特点的绿色改造技术，引导既有建筑绿色改造的健康发展。《规程》共包括9章，第1~2章是总则和术语；第3章为评估与策划；第4~9章为既有建筑绿色改造所涉及的各个主要专业改造技术，分别是规划与建筑、结构与材料、暖通空调、给水排水、电气、施工与调试。通过上述内容，《规程》强调遵循因地制宜的原则进行绿色改造设计、施工与综合效能调试，提升既有建筑的综合品质。

2.3.1 第1~2章

第1章为总则，由4条条文组成，对《规程》的编制目的、适用范围、技术选用原则等内容进行了规定。在适用范围中指出，本规程适用于引导改造后为民用建筑的绿色改造。在改造技术选用时，应综合考虑，统筹兼顾，总体平衡。本规程选用了涵盖了不同气候区、不同建筑类型绿色改造所涉及的评估、规划、建筑、结构、材料、暖通空调、给水排水、电气、施工等各个专业的改造技术。

第2章是术语，定义了与既有建筑绿色改造密切相关的5个术语，具体为：绿色改造、改造前评估、改造策划、改造后评估、综合效能调适。

2.3.2 第3章

第3章为评估与策划，共包括四部分：一般规定、改造前评估、改造策划、改造后评估。一般规定由6条条文组成，分别对评估与策划的必要性、内容、方法和报告形式等方面进行了约束。改造前评估由18条条文组成，要求在改造前对既有建筑的基本性能进行全面了解，确定既有建筑绿色改造的潜力和可行性，为改造规划、技术设计及改造目标的确定提供主要依据，改造前评估的主要内容见表2-2-1。改造策划由4条条文组成，在策划阶段，通过对评估结果的分析，结合项目实际情况，综合考虑项目定位与分项改造目标，确定多种技术方案，并通过社会经济及环境效益分析、实施策略分析、风险分析等，完善策划方案，出具可行性研究报告或改造方案。改造后评估由3条条文组成，主要对改造后评估的必要性、内容、方法进行了规定。

既有建筑绿色改造前评估内容　　　　　　　表 2-2-1

类　别	内　容
规划与建筑	场地安全性、规划与布局；建筑功能与布局；围护结构性能；加装电梯可行性
结构与材料	结构安全性和抗震性能鉴定；结构耐久性；建筑材料性能
暖通空调	暖通空调系统的基本信息、运行状况、能效水平及控制策略等；可再生能源利用情况和应用潜力；室内热湿环境与空气品质
给水排水	给排水系统的设置、运行状况、分项计量、隔声减振措施等内容；用水器具与设备，包括使用年限、运行效率及能耗、绿化灌溉方式、空调冷却水系统等；非传统水源利用情况和水质安全
电气	供配电系统，包括供配电设备状况、布置方式、电能计量表设置、电能质量等内容；照明系统，包括照明方式及产品类型、控制方式、照明质量、功率密度等；能耗管理系统的合理性；智能化系统配置情况

2.3.3　第4～9章

第4～9章分别是规划与建筑、结构与材料、暖通空调、给水排水、电气、施工与调试，是《规程》的重点内容，每章由一般规定和技术内容两部分组成，如表 2-2-2 所示。一般规定对该章或专业的实施绿色改造的基础性内容或编写原则进行了规定和说明，保证既有建筑绿色改造后的基本性能；根据专业不同，各章技术内容分别设置了2～4个小节，对相应的改造技术进行了归纳，便于人们使用。例如，第 4 章规划与建筑下面设置了一般规定、场地设计、建筑设计、围护结构、建筑环境，其中场地设计、建筑设计、围护结构、建筑环境属于技术内容。第4～9章共包括137条条文，其中一般规定 19 条，技术内容 118 条。

《规程》绿色改造技术目录　　　　　　　表 2-2-2

类别	内　容	类别	内　容
	规划与建筑		建筑空间
一般规定	场地安全治理	建筑设计	地下空间
	污染源治理		灵活分隔
	日照要求		无障碍交通和设施
	历史建筑		风格协调和避免过度装饰
场地设计	场地内交通环境	围护结构	建筑防水
	停车场地和设施		保温隔热
	既有住宅小区环境和设施		热桥
	绿化景观		玻璃幕墙和采光顶
	雨水利用措施		门窗
	景观水体		屋顶
			外遮阳

类别	内　容	类别	内　容
建筑环境	隔声降噪	设备和系统	输配系统性能
	热岛效应		系统分区
	天然采光		风机
	光污染控制		水系统变速调节
	自然通风		水系统水力平衡
结构与材料			冷却塔
一般规定	结构及非结构构件安全、可靠		全空气系统
	抗震加固方案		分项计量
结构设计	非结构构件		消声隔振
	结构构件		低成本改造技术
	加固技术	热湿环境与空气品质	末端独立调节
	抗震加固		室内空气净化
	增层		气流组织
	单层排架结构		CO_2浓度控制
	多层框架结构		室内污染物浓度
	单跨框架		地下车库 CO 浓度
	砌体结构	能源综合利用	锅炉烟气热回收
	轻质结构采光天窗		制冷机组冷凝热回收
	地基基础		排风系统热回收
材料选用	高强度结构材料		自然冷源
	环保性和耐久性结构材料		蓄能
	可再利用和可再循环材料		热泵系统
	木结构构件	给水排水	
	装修材料	一般规定	综合改造方案
暖通空调			改造原则
一般规定	冷热负荷重新计算		节水、节能、环保产品
	电直接加热设备	节水系统	水质、水量、水压
	室内空气参数		避免管网漏损
	制冷剂		用水分项计量
设备和系统	原设备与系统再利用		热水系统热源
	新增冷热源机组		热水系统选用和设置
	冷热源机组运行策略与性能	节水器具与设备	2 级及以上节水器具
	冷水机组出水温度		绿化灌溉

类别	内　　容	类别	内　　容
节水器具与设备	空调冷却水系统	能耗计量与智能化系统	建筑用能分项计量
	公用浴室		能源监测管理系统
	节水用水设备		电梯节能控制
非传统水源利用	非传统水源利用		智能化系统设计
	非传统水源给水系统	施工与调试	
	水质安全	一般规定	施工许可和合同备案
	雨水系统		绿色施工专项方案
	景观水体		施工验收
电气		绿色施工	施工安全
一般规定	改造原则		部分改造施工措施
	临时用电保障		减振、降噪制度和措施
供配电系统	供配电系统改造设计		防尘措施
	配电变压器		作业时间
	配电系统安全措施		节水施工工艺
	电压质量		施工废弃物减量化、资源化计划及措施
	可再生能源发电		消防安全
照明系统	照明质量	综合效能调适	综合效能调适
	照明光源		全过程资料和调适报告
	灯具功率因数		调适团队
	照明产品		调适方法
	夜间照明设计		综合效能调适验收
	控制方式		
	可再生能源照明		

2.4　关键技术及创新

（1）定位和适用范围

《规程》编制前期对我国既有建筑现状和适用技术进行了充分调研，涵盖了成熟的既有建筑绿色改造技术，体现我国既有建筑绿色改造特点，符合国家政策和市场需求。《规程》可有效指导我国不同气候区、不同建筑类型的民用建筑绿色改造，如果工业建筑改造后为民用建筑也适用。

（2）绿色改造评估与策划

为了全面了解既有建筑的现状、保证改造方案的合理性和经济性，《规程》

要求改造前应对既有建筑进行评估与策划。在进行前评估与策划时，按照绿色改造涉及的专业内容，对规划与建筑、结构与材料、暖通空调、给水排水、电气等开展局部或全面评估策划，在评估与策划过程中应注意各方面的相互影响，并出具可行性研究报告或改造方案。评估与策划可以充分了解既有建筑的基本性能，与以后各章改造技术一一对应，是此后具体开展绿色改造工作的基础，保障了改造工作的针对性、合理性和高效性。

（3）绿色改造的"开源"问题

"开源"是既有建筑绿色改造中的重要方面之一，《规程》在节材、节能和节水等方面均对其提出了相应要求。《规程》对节材"开源"要求主要体现在选用可再利用、可再循环材料，尤其是充分利用拆除、施工等过程中会产生大量的旧材料，具有良好的经济、社会和环境效益。《规程》对节能"开源"要求主要体现在鼓励可再生能源利用和余热回收，对绿色改造可能涉及的光伏发电、太阳能热水、热泵及余热回收等技术的应用进行了全面考虑，并提出具体的做法和技术指标要求。《规程》对节水"开源"要求主要体现在合理利用非传统水源，例如在景观水体用水、绿化用水、车辆冲洗用水、道路浇洒用水、冲厕用水、冷却水补水等不与人体接触的生活用水可优先采用非传统水源，并对非传统水源的水质提出了要求，保障用水安全。

（4）施工管理问题

既有建筑绿色改造施工一般具有施工环境复杂、现场空间受限、工期相对紧张等特点。《规程》要求根据预先设定的绿色施工总目标进行分解、实施和考核活动，实行过程控制，确保绿色施工目标实现。为保证绿色改造设计的落实和效果，《规程》规定施工单位要编制既有建筑绿色改造施工专项方案。绿色改造施工完成后，应依据相关标准规范、设计方案及技术要求或专门实验结果进行验收，并对复杂且关联性较强机电系统进行系统综合效能调适。

（5）其他

① 条文设置避免性价比低、效果差、适用范围窄的技术，尽可能适用于不同建筑类型、不同气候区，防止条文仅可用于某一种情况，最大限度地提高《规程》适用性和实际效果。

② 既有建筑绿色改造应充分挖掘现有设备或系统的应用潜力，并应在现有设备或系统不适宜继续使用时，再进行局部或整体改造更换，避免过度改造。

③ 负荷重新计算。为保证既有建筑绿色改造后的高效、安全运行，《规程》提出对暖通空调、给水排水、电气对应的冷热负荷、用水负荷及用电负荷进行重新计算。

④ 加装电梯和海绵城市。《规程》提出了加装电梯、海绵城市改造等GB/T 51141—2015中未体现的内容，扩大了《规程》的应用范围。

根据审查会议,《规程》针对既有建筑的改造特点,技术内容科学合理,具有创新性,可操作性和适用性强,与现行相关标准相协调,总体达到国际先进水平。

2.5 结 束 语

本《规程》是国家标准 GB/T 51141—2015 的配套技术规程,为其提供了既有建筑绿色改造的具体解决方案。目前,我国既有建筑面积超过了 600 亿 m^2,大部分既有建筑都存在能耗高、安全性差、使用功能不完善等问题,是造成我国每年拆除的既有建筑面积约为 4 亿 m^2 的主要原因之一。拆除仍有使用价值的建筑,不仅会造成生态环境破坏,也是对能源资源的极大浪费。通过对既有建筑实施绿色改造,不仅可以提升既有建筑的性能,而且对节能减排也有重大意义。

为配合《规程》的实施,主编单位还组织编写了《既有建筑绿色改造指南》(已报批)等相关技术文件,《既有建筑绿色改造评价标准实施指南》、《国外既有建筑绿色改造标准和案例》、《既有办公建筑绿色改造案例》、《办公建筑绿色改造技术指南》等既有建筑绿色改造系列丛书,《既有建筑改造年鉴》(2010~2016);开发了既有建筑性能诊断软件(软件著作权登记号 2014SR169019)和既有建筑绿色改造潜力评估系统(软件著作权登记号 2015SR228139)等配套软件;建设了既有建筑绿色化改造支撑与推广网络信息平台。下一步,还将结合"十三五"国家重点研发计划"既有公共建筑综合性能提升与改造关键技术"和"既有居住建筑宜居改造及功能提升关键技术"等,共同推动我国既有建筑绿色改造工作健康发展。

作者: 王清勤 王俊 赵力 朱荣鑫(中国建筑科学研究院有限公司)

3 协会标准《绿色建筑工程竣工验收标准》 T/CECS 494—2017

3 Association standard of *Standard for Completion Acceptance of Green Building Construction* T/CECS 494—2017

3.1 编 制 背 景

我国绿色建筑建设自启动以来，先后经历了"十五"先行先试、"十一五"搭平台建体系、"十二五"激励促普及和"十三五"由倡导到强制的四个发展阶段，目前北京、上海、重庆、安徽等省市已出台绿色建筑强制实施方案，江苏、浙江等省市并颁布了绿色建筑相关条例，绿色建筑已进入了强制与自愿相结合的新常态发展模式。

在绿色建筑蓬勃发展的同时，针对绿色建筑技术实施状况的调研与分析表明，一些项目在取得设计标识后，在施工阶段由于技术、成本等因素制约，存在设计标识中参与评价的技术体系未能在实际项目中实施的现实问题，导致绿色建筑"不绿"。竣工验收阶段是衔接建筑设计阶段与运行阶段的关键纽带，在建筑工程竣工验收阶段针对项目的绿色技术实施情况进行验收，是实现建筑绿色化运行的重要手段，也是提升绿色建筑发展质量的重要途径。

目前，绿色建筑与常规建筑在建设过程中遵循同样的施工和验收方法，工程验收参照现行国家标准《建筑工程施工质量验收统一标准》GB 50300 中包含的 9 个分部工程施工质量验收规范及《建筑节能工程施工质量验收规范》GB 50411 等相关规范展开。相较于常规建筑，绿色建筑不仅涵盖了常规建筑验收阶段的所有内容，且由于其节能、节地、节水、节材、保护环境方面的更高、更综合的技术要求，现有针对建筑工程的验收规范未能对绿色建筑验收内容做到全面覆盖。面对我国绿色建筑规模化发展趋势，亟须针对绿色建筑建立适用的验收标准，做好绿色建筑设计和运行两个阶段的衔接，总体提升绿色建筑性能。

3.2 编 制 概 况

协会标准《绿色建筑工程竣工验收标准》(以下简称《标准》)是根据中国工程建设标准化协会《2015年第二批工程建设协会标准制定、修订计划》(建标协字〔2015〕99号)的要求,由中国建筑科学研究院会同13家参编单位共同成立了27位专家组成的标准编制组。

标准编制组开展了广泛的调查研究,内容包括总结了近年来获得绿色建筑评价标识的绿色建筑项目在设计阶段和运营阶段绿色技术应用情况和实施效果,分析了产生设计与运营阶段相互割裂的根本性原因,探讨了绿色建筑工程竣工验收有效衔接设计与运营的技术和管理要求,论证了绿色建筑工程竣工验收与其他建筑工程分部(分项)工程验收之间的有机作用关系,又参考了国外有关的技术标准及发展趋势,为标准编制工作打下了良好的基础。

《标准》是以现行国家标准《绿色建筑评价标准》GB/T 50378—2014为基础,将绿色建筑工程作为建筑工程验收的重要组成部分,在做好与其他分部(分项)工程验收相互衔接的同时,实现对建筑工程中绿色建筑技术应用与实施情况的全面判断,促进绿色建筑设计向绿色建筑运营的有效转变。

《标准》编制过程中共召开编制组全体工作会议7次。编制组成立暨第一次工作会议于2015年12月24日在北京召开,2017年3月27日组织召开了《标准》审查会,会上一致同意通过《标准》审查,并根据审查意见对送审稿进一步修改和完善,2017年12月12日经中国工程建设标准化协会批准发布,明确本《标准》于2018年4月1日起实施。

本标准共分为8章和15个附录,主要内容包括:总则、术语、基本规定、节地与室外环境、节能与能源利用、节水与水资源利用、节材与材料资源利用、室内环境质量。

3.3 主 要 技 术 内 容

本标准共分为8章和15个附录,主要内容包括:总则、术语、基本规定、节地与室外环境、节能与能源利用、节水与水资源利用、节材与材料资源利用、室内环境质量。

3.3.1 《标准》编制目的及适用范围

从本质而言,绿色建筑是建筑领域应对气候变化、缓解资源环境问题、改善人居环境的重要措施。针对绿色建筑设计阶段的技术措施在项目实施过程中,由于各种原因导致技术措施未能落实，进而导致绿色建筑运行性能降低的现实问题，为更好的衔接绿色建筑设计和运营两个阶段，落实绿色建筑设计目标，有必要进行绿色建筑工程竣工验收，保证绿色建筑工程质量。

本《标准》适用于新建、扩建或改建的绿色民用建筑工程竣工验收，适用工程是指满足现行国家标准《绿色建筑评价标准》要求，并通过绿色建筑施工图审查或取得绿色建筑设计评价标识的民用建筑工程。

3.3.2 绿色建筑工程竣工验收基本要求

绿色建筑工程竣工验收的前提条件是绿色建筑工程应通过绿色建筑施工图审查或获得绿色建筑设计评价标识，并依据本标准对审查或评价结果执行情况进行验收。对于设计阶段不参评的评分项、加分项条款，本标准也给出验收方法，但其验收结果不影响绿色建筑工程验收结论。

绿色建筑工程验收应在单位工程质量验收合格的基础上进行，并在工程竣工备案前完成验收工作。绿色建筑工程涉及建筑工程的各个方面以及部分室外工程，因此绿色建筑工程验收的内容以及文件要求也必然与建筑工程以及室外工程的部分内容相一致。为避免针对相同内容的重复验收，并结合绿色建筑工程涵盖内容的广泛性，绿色建筑工程验收应在建筑工程的各分部工程以及室外工程质量验收合格后进行（分项可同步进行）。将绿色建筑工程验收作为工程竣工备案的前置条件，有利于保证建筑工程除主体工程外，绿化、园林、环保和各项配套设施建设的完备性，达到真正意义上的绿色建筑。

绿色建筑工程验收结论的出具应根据绿色建筑工程技术应用情况的不同而有所差异，绿色建筑工程验收应针对控制项、施工图审查或绿色建筑评审定级中达标的评分项和加分项逐条进行验收，各项技术或措施应用均合格的情况下方可认定合格。已通过施工图审查或绿色建筑评价定级的绿色建筑，其工程设计变更不得降低绿色建筑设计标准。本条文的设定充分考虑了绿色建筑设计、建造过程中由于各种外部因素而存在的技术应用变更的实际问题，同时也为了维护已经审查或评价确定的绿色建筑的设计要求和设计品质，保证绿色技术在施工阶段得到落实，保证建造形成的绿色建筑性能符合审查或评价结果。

3.3.3 绿色建筑性能验收

绿色建筑工程验收数据的获取，应以建筑工程实际情况为准，核查数据应以施工过程中形成的文件以及第三方出具的检测报告为依据。针对绿色技术或措施实施情况等定性化内容，应重点通过现场观察检查的形式核查设计要求的实施情况；针对绿色技术或措施实施的数量或质量等定量化内容，应重点核查施工过程中形成的记录文件、建筑材料或设备的购销合同、设备或装置的产品质量证明文件等内容；针对绿色技术或措施的实施效果的验收，除核查绿色技术或措施的实施情况外，还应重点核查针对绿色技术或措施的第三方检测报告。

绿色建筑技术落实情况的定性及定量化核查，应根据本《标准》节地与室外环境、节能与能源利用、节水与水资源利用、节材与材料资源利用以及室内环境质量各章节中的技术内容所对应的检查方法来操作，对绿色技术或措施实施情况（定性）、绿色技术或措施实施的数量或质量（定量），以及绿色技术或措施的实施效果进行验收。为实现绿色建筑工程竣工验收的便捷性和准确性，本《标准》设计了15个附录及附表，结合建筑工程的专业性强的特点以及绿色建筑评价的综合性要求，实现分部工程验收和绿色建筑工程验收的流畅衔接。

3.4 《标准》实施后预期效益

绿色建筑节能、节地、节水、节材、保护环境的客观本质决定了相比常规建筑，绿色建筑具备更突出的经济效益与环境效益。但现实中技术、成本、运行管理等因素制约带来绿色建筑"不绿"，导致原本的突出优势与预期效益并未得以发挥。竣工验收是衔接绿色建筑设计与运行阶段的纽带，是验证绿色技术应用效果的必要环节。编制《绿色建筑工程竣工验收标准》，是绿色建筑竣工验收工作依据的准则。

绿色建筑的"绿色"理念贯穿于材料开采、加工、运输，建筑物的规划、设计、建造、运行、更新改造直至最后拆除的全过程。实施《绿色建筑工程竣工验收标准》，可以倒逼绿色建筑节能、节地、节水、节材、保护环境的理念与技术落实，节约的能源、材料、水资源，以及建筑全生命期碳排放的减少将带来直接的经济效益与环境效益。伴随《标准》实施，在提升绿色建筑品质的同时，绿色、节能理念将更加深入人心，绿色社会氛围的营造将对绿色建筑深入发展、建筑节能持续推进、各行业的节能降耗与低碳生活方式形成奠定基础，将带来显著的经济效益、环境效益与社会效益。

3.5 结 语

《标准》进一步完善了我国绿色建筑标准体系，也是对建筑工程验收标准体系的重要补充。《标准》的编制与实施，建立了绿色建筑设计阶段和运营阶段之间沟通的桥梁，有利于绿色建筑技术在建筑工程上的落实，为绿色建筑设计标识和运营标识划上"等号"奠定了基础。

作者：尹 波 周海珠 李晓萍（中国建筑科学研究院有限公司）

4 协会标准《建筑与小区低影响开发 技术规程》T/CECS 469—2017

4 Association standard of *Technical Specification for Low-impact Development of Buildings and Communities* T/CECS 469—2017

4.1 编 制 背 景

4.1.1 背景和目的

为了有效缓解城市的内涝、水资源短缺等问题，改善城市生态环境，增加社会效益，习近平总书记于 2013 年 12 月在中央城镇化工作会议上首次提出建设"海绵城市"的理念。从 2013 年之后，国家先后出台一系列政策和技术措施，大力推进海绵城市建设。

雨水是城市水循环系统中的重要环节，对城市水资源的调节、补充、生态环境的改善起着关键的作用。建筑与小区是城市雨水排水系统的起端，且占据了城市近 70% 的面积，因而建筑与小区雨水的有序排放与高效利用是城市雨水控制利用的重要组成部分，对城市雨水系统的优劣起到关键的作用，实现建筑与小区层面的海绵化对海绵城市的建设具有很大推动作用。

目前的既有海绵城市和低影响开发建设相关标准、规划主要针对区域层级，涉及建筑与小区的内容相对较少且深度不够，不足以为设计人员提供清晰的指导和有效的参考。为了使建筑与小区的海绵化建设与城市的海绵化建设得到良好的衔接，海绵型建筑与小区建设能够有更具针对性的标准支撑，设计人员在进行低影响开发设计时能够有更为清晰的实施路径指引，由上海市建筑科学研究院（集团）有限公司牵头，会同重庆大学、中国建筑科学研究院、住房和城乡建设部科技发展促进中心、中国建筑设计研究院、深圳市建筑科学研究院有限公司、岭南园林股份有限公司、北京泰宁科创雨水利用技术股份有限公司、深圳市越众（集团）股份有限公司、华东建筑设计研究总院编制了《建筑与小区低影响开发技术规程》T/CECS 469—2017（以下简称《规程》）。

4.1.2　前期工作

标准编制前期，编制组对国内外相关标准进行了充分的调研和对比分析，国外的标准调研主要对《规程》编制起到了一定启发和借鉴的作用，而国内的标准调研则对《规程》编制起到了重要的指导和支撑作用。我国已颁布的相关标准主要有《室外排水设计规范》GB 50014、《建筑给水排水设计规范》GB 50015、《建筑与小区雨水控制及利用工程技术规范》GB 50400、《雨水控制与利用工程设计规范》DB11/685、《绿色建筑评价标准》GB/T 50378，相关的指南、导则、图集有国家发布的《海绵城市建设技术指南》，以及各地发布的海绵城市规划设计导则、低影响开发雨水控制与利用工程设计标准图集。《规程》编制前期对这些标准进行分析与总结，研究《规程》编制的框架，同时找出既有标准中建筑与小区层面落实低影响开发所欠缺的部分，在《规程》中进行深化。

4.2　编　制　工　作

2014 年 9 月，上海市建筑科学研究院（集团）有限公司向中国工程建设标准化协会提出制订《绿色建筑与小区低影响开发雨水系统技术规程》（后经专家建议、标准化协会批准，更名为《建筑与小区低影响开发技术规程》）的项目建议，得到了协会建筑给水排水专业委员会的支持，列入了《2014 年第二批工程建设协会标准制订、修订计划》（建标协字〔2014〕070 号）。

2014 年 10 月～2016 年 8 月，编制组经过详细的前期标准、文献、案例调研，多次工作会议讨论、多轮次的修改后，形成了《建筑与小区低影响开发技术规程》（征求意见稿），并于 2016 年 8 月 25 日，通过中国工程建设标准化网向社会公开征求意见，同时定向向全国建筑设计、施工、科研、高校等相关的单位和专家征求意见。征求意见稿共收到来自 23 家单位的 26 位专家共 159 条意见，编制组针对返回的宝贵意见逐条进行研讨，对征求意见稿进行了修改，形成《建筑与小区低影响开发技术规程（送审稿）》。2016 年 11 月 25 日，《规程》送审稿通过了由中国工程建设标准化协会组织召开的审查会，并根据审查专家的修改意见修改后形成《规程》报批稿。2017 年 6 月 6 日，《规程》被批准发布，编号为 T/CECS 469—2017，自 2017 年 10 月 1 日起施行。

4.3　主　要　技　术　内　容

《规程》从建筑与小区低影响开发全过程建设出发，针对策划、设计、施工与验收、维护管理各阶段提出了技术要求。首先提出了在建筑与小区尺度上进行低影响开发策划设计的流程，在策划阶段提出了场地分析方法和策划目标制定方法；在设计阶段从总体设计和分类设计出发，优先提出总体的设计要求，然后对建筑与小区中常用低影响开发设施的选择和设计方法进行详细展开，用于指导具体设施的设计；在施工与验收阶段，针对常用低影响开发设施分别进行施工和验收指引；在维护管理阶段，从设施维护和植物养护两方面提出相关措施。规程内容共分为 6 章，分别为总则、术语、策划、设计、施工与验收、维护管理。规程的框架如图 2-4-1 所示。

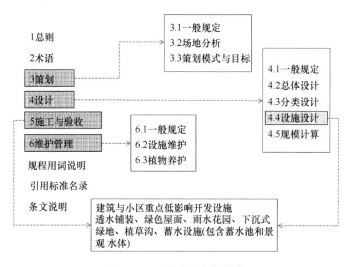

图 2-4-1 　《规程》框架结构

4.3.1 　总则和术语

总则对《规程》的编制目的、适用范围、技术选用原则等内容进行了规定，明确了本规程主要用于指导建筑与小区低影响开发的策划、设计、施工与验收及维护管理。

术语重点就低影响开发的关键概念进行了定义，具体为：低影响开发、年径流总量控制率、非传统水源利用率、设计降雨量、流量径流系数、雨量径流系数。

4.3.2 　策划

策划是建筑与小区低影响开发的第一步，为后续的设计、施工验收和维护管理提供顶层的要求和指引。策划主要包括三部分：一般规定、场地分析、策划模式与目标。

（1）一般规定对建筑与小区低影响开发策划的目的、要求以及径流系数的选择进行了明确，并提出了建筑与小区尺度上进行低影响开发雨水系统规划设计的流程（主要内容见图 2-4-2），该流程将策划和设计中涉及的方方面面系统性地整合起来，意在为使用者提供更为清晰的《规程》使用路径。

图 2-4-2 建筑与小区低影响开发策划设计流程

（2）场地分析主要给出了建筑与小区前期场地现状分析、策划设计条件分析、定位和目标分析方法。

（3）策划模式与目标提出在场地分析的基础上，进行策划模式选择与目标制定的方法，模式与目标相对应。四种模式分别为径流总量控制模式、径流峰值调节模式、径流污染控制模式和雨水集蓄利用模式。

4.3.3 设计

设计是《规程》最核心的章节，通过总体设计、分类设计、设施设计、规模计算四方面为设计人员提供低影响开发设计指导。

（1）总体设计主要对建筑与小区的总平面设计、竖向设计提出了要求，从而更好指导低影响开发设施的选择、布置以及场地雨水径流路径的合理规划。

（2）分类设计按照建筑、道路、绿地、停车场、雨水集蓄的分类提出了相应的低影响开发的设计要求。

（3）设施设计明确了低影响开发设施的选择应与策划阶段选取的控制模式以及控制目标对应，并对建筑与小区中适用的各项低影响技术措施的功能、特点以及设计要求进行了明确。

（4）规模计算明确了低影响开发设施的规模应依据低影响开发控制目标及设施在具体应用中发挥的主要功能，并选择适合计算方法的原则，同时按照年径流总量控制、径流污染控制的目标分类以及初期雨水弃流、转输与截污净化、雨水集蓄利用的功能分类的原则对低影响开发设施的规模计算方法进行了阐述。

4.3.4　施工验收与维护管理

低影响设施的施工与验收重点针对透水铺装、绿色屋面、雨水花园、下沉式绿地、植草沟、蓄水设施等常用低影响开发设施进行相关的要求，施工方面包括施工工序、构造层施工等内容，验收方面针对各类设施的主控项目和一般项目分别提出验收内容和方法的要求。维护管理主要结合六种常用低影响开发设施所涉及的维护内容，从设施维护、植物养护、维护频次等方面提出要求。

4.4　主　要　特　点

4.4.1　针对建筑与小区

《规程》编制中将低影响开发（海绵城市）的理念落实到建筑与小区，从海绵城市底层建设出发，将建筑与小区的海绵化建设与城市的海绵化建设进行良好的衔接，提出了适用于建筑与小区低影响开发系统全周期建设的技术规程，从策划、设计、施工与验收和维护管理整个阶段提出技术要求。

4.4.2　提出策划设计流程

为了使《规程》能够为使用者提供清晰的使用路径，使建筑与小区低影响开发的策划设计更具有可操作性，《规程》提出了在建筑与小区尺度上进行低影响开发策划设计流程（主要内容见图 2-4-2）。

4.4.3　具体化设施设计施工验收

《规程》针对建筑与小区常用的六种低影响开发设施进行设计、施工和验收技术指引。每类设施的设计均从其构造、适用性和具体的设计要求出发，设计要求中涵盖构造层设计、横向设计、竖向设计、植物配置等相关要求。施工部分提出了对施工工序、构造层施工等方面的要求，验收则针对每类设施的主控项目和一般项目提出相关的验收要求。

4.5　结　　　语

低影响开发的理念起源于国外，目前美国等发达国家已出台与低影响开发、城市雨水综合利用相关的技术规范与导则，并已有成功案例，我国引入低影响开发的理念仅有 10 年左右时间，低影响技术应用尚处于起步阶段，缺少统一的设计标准和技术规范引导，可遵循和参考的仅有《建筑与小区雨水控制及利用工程技术规范》GB 50400，因而在建筑与小区的开发建设中，设计单位和建设单位大多依靠经验应用低影响雨水开发模式，其开发的规划、设计、施工和管理缺乏可靠依据、低影响开发建设的质量也参差不齐。近年来，随着我国海绵城市建设的大规模开展，建筑与小区的海绵化也将是今后城市发展与建设的重要方向之一，《规程》适用于新建和改建建筑与小区低影响开发的策划、设计、施工与验收、维护管理，其编制对于弥补我国在建筑与小区低影响开发建设方面技术标准的缺失具有重要意义，能够为建筑与小区低影响开发雨水系统的策划、设计、施工验收、维护管理提供技术指引，将建筑与小区的海绵化建设与城市的海绵化建设进行良好的衔接，可以有效引领和指导今后建筑与小区低影响开发的建设。

作者：高月霞　韩继红　邹寒（上海市建筑科学研究院（集团）有限公司）

5 福建省地方标准《福建省绿色建筑设计标准》DBJ 13—197—2017

5 Fujian province standard of *Design Standard for Green Building in Fujian* DBJ 13—197—2017

5.1 编 制 背 景

5.1.1 政策层面

发展绿色建筑是可持续发展的必然选择，国家及福建省均出台了相关政策文件，积极推动了福建省绿色建筑的发展。2013 年 10 月，福建省人民政府办公厅"闽政办［2013］129 号"文件发布了《福建省绿色建筑行动实施方案》，其中规定"从 2014 年起，政府投资的公益性项目、大型公共建筑（指建筑面积 2 万 m^2 以上的公共建筑）、10 万 m^2 以上的住宅小区以及厦门、福州、泉州等市财政性投资的保障性住房全面执行绿色建筑标准"。2016 年 7 月，中共福建省委、福建省人民政府发布了《中共福建省委 福建省人民政府关于进一步加强城市规划建设管理工作的实施意见》，提出"到 2020 年，城市新建建筑全面按绿色建筑标准规划设计建设"的目标。此外，在福建省住建厅等单位的推动下，《福建省绿色建筑发展条例》（以下简称《条例》）也在紧锣密鼓地制定中。

这些政策文件的陆续发布和《条例》的制定，标志着福建省绿色建筑的发展已经开始从"自愿推广"逐步过渡到"强制实施"的阶段。

5.1.2 技术层面

依据福建省相关政策文件的要求，福建省住建厅组织有关单位先后编制了《福建省绿色建筑设计规范》DBJ/T 13—197—2014（以下简称《规范》）、《福建省绿色建筑施工图设计说明示范文本（试行）》、《福建省绿色建筑施工图审查要点》（以下简称《要点》）等绿色建筑相关技术文件，对福建省绿色建筑从自愿到强制转变过程中的过渡阶段发挥了十分积极的作用。

但是，上述技术文件由于受当时技术条件和政策环境的制约，在指导绿色建

101

筑设计方面也存在不足，无法适应绿色建筑强制实施的政策要求，突出表现在以下几个方面：

（1）《规范》为推荐性标准，未对绿色建筑设计范围和等级提出强制性要求，与福建省未来强制全面实施绿色建筑的政策不协调。

（2）《规范》提出了各专业的设计技术措施，但未与绿色建筑施工图专项审查环节进行有效衔接，对绿色建筑设计指导意义有限。

（3）《要点》未有针对性地提出各星级绿色建筑的技术措施和具体要求。

（4）《要点》施工图审查要求以绿色建筑评价标准为导向，设计人员和审图人员需要按照"四节一环保"的要求设计，实施起来较为烦琐（图 2-5-1），设计工作和审图工作效率不高。

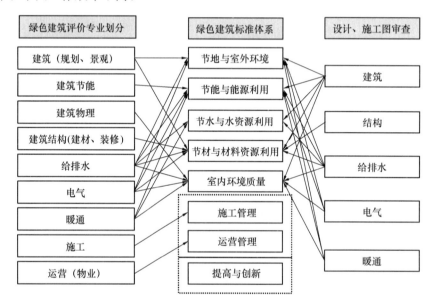

图 2-5-1　以评价标准为导向的绿色建筑设计与审图

（5）《要点》中存在较多的各专业共审条文，在设计和审图时不便于操作，容易出现算分、统分时重复计分的情况，导致绿色建筑设计目标出现偏差。

（6）《规范》和《要点》相关设计的技术指标及附录不够全面，设计和审图人员需同时对照绿色建筑相关技术标准或文件进行设计或审图。

为解决上述存在的问题，福建省住建厅组织专家论证，并于 2016 年 2 月对《福建省绿色建筑设计标准》（以下简称《标准》）进行立项，并提出在本次标准的修订中，应明确贯彻 3 点要求：①增强规范执行力和实用性；②进一步总结福建省一、二星级绿色建筑通用工程技术措施，简化技术指标体系；③增加若干强制性条文。

5.2 编 制 工 作

《标准》立项后，福建省建筑科学研究院与福建省建筑设计研究院作为主编单位，牵头组织福建省内在绿色建筑设计和审图领域较有影响的单位和专家开展了标准修订工作。

2016 年 5 月编制组成立并召开启动会，开始了《标准》修订工作；2016 年 9 月由福建省住建厅牵头前往江苏省、浙江省等省市对绿色建筑相关工作开展情况进行了调研，学习了先进地区的相关经验，并编制完成初稿；2016 年 12 月形成征求意见稿并在省住建厅挂网征求意见；2017 年 3 月省住建厅组织专家对《标准》进行审查；2017 年 7 月完成《标准》报批发布，并于 2018 年 1 月 1 日在福建省全面执行。

5.3 基本内容及架构

《标准》的主要技术内容包括总则、术语、基本规定、总平面设计、建筑设计、结构设计、给水排水设计、暖通空调设计、电气设计及相关附录。其中总平面设计、建筑设计、结构设计、给水排水设计、暖通空调设计、电气设计的设计内容依据福建省绿色建筑适宜技术的难易程度进行了层次划分，按照一星级设计要求、二星级设计要求和三星级设计要求分别列出。《标准》基本内容及架构见图 2-5-2。

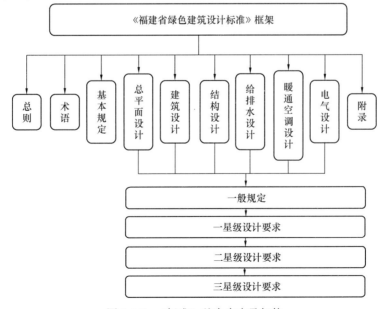

图 2-5-2 《标准》基本内容及架构

5.4 主要技术特点

福建省地处东南沿海，地跨夏热冬冷和夏热冬暖气候区，《标准》始终贯彻遵循因地制宜的原则，强调结合项目所在地气候、资源、经济和人文等条件，优先采用自然通风、天然采光、建筑遮阳、立体绿化、围护结构自保温、雨水利用等绿色建筑适宜技术和产品，充分体现了福建省绿色建筑技术特征。《标准》在绿色建筑星级要求层面上提出了强制性规定的同时，也在技术内容层面上给出了推荐性做法和技术措施，力争通过这种软硬兼施的策略，实现张弛有度的整体把控。

5.4.1 设立了强制性条文

《标准》第3.0.8条设立强制性条文，规定"民用建筑设计应符合本标准一星级绿色建筑设计要求，其中政府投资或以政府投资为主的公共建筑应符合本标准二星级绿色建筑设计要求"。

依据国家发布的《绿色建筑行动方案》（国办发［2013］1号）、《关于绿色建筑评价标识管理有关工作的通知》（建办科［2015］53号）等文件，以及福建省住建厅发布的《福建省绿色建筑行动实施方案》（闽政办［2013］129号）、《关于加强绿色建筑项目管理的通知》（闽建综［2014］1号）、《福建省住房和城乡建设厅关于进一步加快绿色建筑发展的补充通知》（闽建综［2014］6号）等相关文件，为贯彻落实绿色建筑由自愿推广到强制实施的发展战略，福建省住建厅和《标准》编制组通过研究，将该条文列为强制性条文。

本条所指的"政府投资或以政府投资为主"包括两种情况：①全部使用预算内投资资金、专项建设基金、政府举借债务筹措的资金等财政资金的情况；②未全部使用财政资金，财政资金占项目总投资的比例超过50%，或者占项目总投资的比例在50%以下，但政府拥有项目建设、运营实际控制权的情况。

据此，在全国范围内，福建省率先进入全面强制执行绿色建筑标准的省份行列，同时也为即将出台的《福建省绿色建筑发展条例》提供了技术支持。

5.4.2 归纳了绿色建筑设计不同星级设计要求

《标准》基于《绿色建筑评价标准》GB/T 50378、《福建省绿色建筑评价标准》DBJ/T 13—118（以下均简称《评价标准》）的技术内容，将一星级、二星级、三星级绿色建筑评价要求转换成设计人员易于接受的适宜技术设计措施，并通过分析归纳，将难度不大的适宜技术列入一星级设计要求，难度适中的适宜技术列入二星级设计要求，难度较大的适宜技术列入三星级设计要求，为绿色建筑设计提供了技术导向，使得绿色建筑设计中被动式技术优先并兼顾低成本策略的方针易于实施。

通过归纳总结绿色建筑设计不同的星级设计要求，既能保证所设计的绿色建筑项目符合《评价标准》相应星级的要求，也有利于设计人员较快地掌握福建省绿色建筑技术体系，尤其对于绿色建筑发展水平相对不高的闽西北地区和设计水平尚待提高的设计单位来说，《标准》归纳的星级设计体系，为避免设计人员盲目、非理性的采用绿色建筑技术措施提供了技术依据。

5.4.3 提出了绿色建筑设计方法

《标准》提出了两种福建省绿色建筑设计的方法，即星级要求设计法和分数控制法。

（1）星级要求设计法

星级要求设计法是指：当设计项目符合《标准》所有一般规定的设计要求，且一星级、二星级绿色建筑设计符合各专业相应星级设计的全部要求时，可认为绿色建筑设计符合一星级、二星级绿色建筑设计要求。

一般情况下，该方法适用于项目星级不高，设计难度不大的项目。设计人员可按照相应星级要求中提出的技术措施，按照菜单式的要求进行设计即可。

（2）分数控制法

由于不同项目的气候、环境、资源及建设条件等存在差异，不可能对所有的项目提出一套统一的绿色建筑设计策略或技术措施，这就可能出现不能全部满足《标准》相应星级绿色建筑设计要求的情况。

当设计项目无法完全满足相应星级设计目标时，设计人员可灵活采用分数控制法。分数控制法是指：当设计项目符合《标准》所有一般规定的设计要求，且各专业一星级和二星级绿色建筑设计得分均分别不小于 50 分、60 分时，可认为该设计符合一星级、二星级绿色建筑设计要求。

《标准》的星级设计要求中，对每一个条文赋予了一定的分值，分值与《评价标准》分数基本一致，同时在各星级设计要求中编入若干在现行绿色建筑评价中尚未体现或涵盖的、福建省范围内适宜的绿色建筑技术条文，并赋予一定的分值，赋分分值一般不超过 2 分，一方面体现了福建省特色，另一方面也有利于保证与绿色建筑评价的一致性。各专业条文的得分按下式计算：

$$Q_i = \frac{100Q'_i}{Q_{i,s} - N_i} \tag{2-5-1}$$

式中　Q_i——各专业绿色建筑设计的得分；

　　　Q'_i——各专业绿色建筑设计的实际得分；

　　　$Q_{i,s}$——各专业绿色建筑设计所能获得的理论最大分值，总平面设计取 100

分，建筑设计取 152 分，结构设计取 63 分，给水排水设计取 144 分，暖通空调设计取 99 分，电气设计取 98 分；

N_i——各专业绿色建筑设计的不适用分值，依据设计建筑的具体情况确定，分别为各专业不适用分值的累加值。

通过上述公式，对各专业绿色建筑设计得分进行归一化处理，将各专业的设计得分转化成 100 制得分，为项目是否符合 50 分、60 分的要求提供了判断依据。另外，为合理设定分数控制法的分数体系，编制组对本标准的各设计条文的分数进行统计和分析。按照星级要求设计法的设计要求，统计各星级、各专业的得分比例可知，一星级、二星级、三星级需达到《标准》各专业平均的 0.5、0.6、0.8 左右的得分比例，分别对应 100 分制的 50 分、60 分、80 分的水平（图 2-5-3、图 2-5-4）。所以，将一星级、二星级设计得分设定为 50 分、60 分，是基本合理的。同时，为了保证各专业绿色建筑设计的均衡发展，避免出现较为严重的"偏科"现象，故提出各专业的设计得分均满足 50 分、60 分的要求。

另一方面，从图 2-5-3、图 2-5-4 也可以看出，由于三星级绿色建筑的设计相对一星级、二星级绿色建筑来说比较复杂，技术难度也较大，通常需要采用一些特色技术或创新技术才能满足要求，采用《标准》进行设计可能会产生较大偏差。所以《标准》指出：三星级绿色建筑设计时，所列出的设计要求仅供设计人员参考，三星级绿色建筑设计还应符合现行国家标准《绿色建筑评价标准》GB/T 50378 的要求。这与《标准》强制性条文提出一星级、二星级设计要求并无矛盾之处。

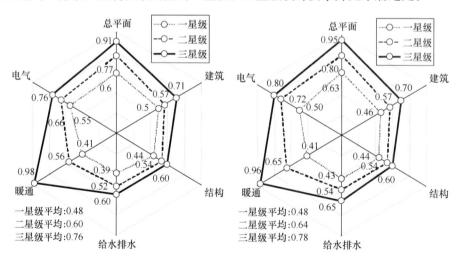

图 2-5-3　住宅建筑绿色建筑设计分数分析　　图 2-5-4　公共建筑绿色建筑设计分数分析

5.4.4　简化了绿色建筑设计体系

《标准》依据设计人员和审图人员的工作习惯，将绿色建筑设计的技术内容分为"总平面设计""建筑设计""结构设计""给水排水设计""暖通空调设计""电气设计"等几个部分。在设计和审图时，各专业技术人员只需关注本专业所采用的技术措施是否符合设计要求即可，减少了各专业烦琐的交叉设计。

由于《标准》彻底摆脱了以"节地""节能""节水""节材"和"室内环境"为导向的评价技术的设计思路，使得各专业设计趋于简单，设计人员可在本专业范围内对绿色建筑技术措施进行权衡和取舍，减少了设计和审图过程中的工作量，同时也避免了由于多专业交叉引起的困扰。

5.4.5 细化和补充了福建省适宜的绿色建筑设计措施

在具体技术内容上，《标准》对福建省绿色建筑适宜技术进行了最大可能的细化和补充。经统计，《标准》总计将近 17 万字，标准条文基本囊括了福建省可能采用的绿色建筑适宜技术，并通过充分的条文解释，加强了《标准》的实用性和可操作性。主要体现在以下几个方面。

（1）细化了技术内容

对于福建省常用的绿色建筑技术，除提出基本要求外，还对设计时应注意的问题进行了较为深入的解析，有利于设计人员采用合理化设计。如：在建筑遮阳方面，标准依据不同的建筑外遮阳形式的特点，给出了水平遮阳、垂直遮阳、综合遮阳、挡板遮阳等遮阳技术的适用条件（图 2-5-5），同时强调遮阳设计还应充分考虑采光、通风、外观、安全等因素。又如：在公共建筑用地设计指标方面，针对公共建筑类型差异较大

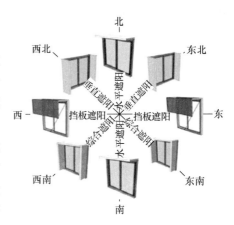

图 2-5-5 遮阳的基本形式及适用条件

的特点，《标准》提出公共建筑容积率指标按照单层或多层、高层和超高层 3 类进行了细化，并针对多栋建筑楼层不一致、兼具公共建筑和住宅建筑功能的建筑等特殊情况进行了规定和说明。

（2）简化了绿色建筑设计技术要求

绿色建筑设计技术措施中，建筑室内外环境的模拟计算分析是必不可少的，因此《标准》给出了相应的技术措施。但是，除福州、厦门等地外，其他地区的众多设计单位水平还有待提高，尚不能全面掌握绿色建筑模拟技术，故《标准》为了适应这一情况，在不改变原来模拟优化设计内容的前提下，对部分模拟设计方法进行了简化，提出用相关技术措施来实现设计目标。如：在公共建筑采光设计方面，为了简化设计，编制组对某一典型房间（5m×5m，侧面采光）进行了

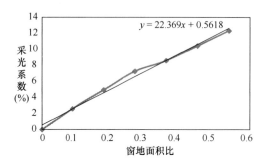

图 2-5-6 公共建筑采光系数与窗地比分析图

采光分析，其房间平均采光系数与窗地比大致呈线性关系（图 2-5-6），经过分析可以看出，当窗地比为1/5左右时，采光系数可达到 4.4％左右，基本符合各类公共建筑的采光要求，并据此，《标准》提出了公共建筑窗地比为 1/5 的设计指标。

同时，《标准》也对此进行了说明：与住宅建筑不一样，不同类型的公共建筑的采光系数要求不同，而且公共建筑房间外窗布置及开间、进深设置情况存在显著差异，也显著地影响采光质量，尚无依据表明公共建筑窗地比大于1/5时就一定能够满足采光要求，所以要提出一个通用的、合理的窗地比设计指标是非常困难的，故公共建筑窗地比设计参数仅作为权宜之计，供设计人员参考使用。

（3）统一了绿色建筑设计技术条件

在绿色建筑设计时，需要把"四节一环保"的相关技术内容融入各专业的设计技术措施中，而采用各种绿色建筑设计技术措施时，应考虑项目地域、建筑文化、气候特征等经济技术条件。在历次福建省组织的绿色建筑专项检查中，普遍存在着建筑隔热分析、风环境分析、雨水径流控制分析等计算边界条件选用混乱的现象，不利于绿色建筑的发展。

《标准》编制过程中，编制组结合绿色建筑设计条件亟待进一步规范的需求，对相关设计条件进行了统一规定。如：在隔热设计时，由于《民用建筑热工设计规范》GB 50176—2016 未给出莆田、泉州、漳州等地用于隔热计算的气象数据，故《标准》提出在隔热计算时，可以采用就近原则：莆田可参照福州气象参数，泉州、漳州可参照厦门气象参数等。又如：在风环境模拟分析时，针对现行气象数据不一致以及部分气象数据缺失的问题，依据《中国建筑热环境分析专用气象数据集》、《建筑节能气象参数标准》JGJ/T 346—2014、《民用建筑供暖通风与空气调节设计规范》GB 50736—2012 等文献，并经统计分析，《标准》给出了"建筑风环境模拟分析典型气象参数"表，对全省各地市的冬季、夏季、过渡季的风速和风向数据进行统一规定，为福建省绿色建筑风环境分析和设计提出了统一的依据。

（4）补充了绿色建筑设计技术措施

《标准》提供了 14 个附录，涵盖了福建省绿色建筑适宜技术、绿色建筑报审表、乡土植物、声环境设计指标、采光设计指标、非传统水源利用率、福建省水资源占有量、福建省各地区降雨量、下垫面径流系数、住区智能化配置要求等相关技术内容，设计人员在设计时可直接采用，减少了相关标准互相参阅的工作量，提高了设计工作效率。

此外，在《标准》颁布前，福建省绿色建筑设计基本上依赖于《评价标准》中的评价内容。《评价标准》覆盖的技术措施通常是以"目标""效果"等指标体现出来，而不是基于设计措施。但是，在绿色建筑设计时，采用不同的技术措施有可能达到相同或相近的"目标"或"效果"，所以《标准》在技术措施方面对现有的绿色建筑设计体系进行了必要的补充。如：在《评价标准》中，对建筑室内自然通风的要求，大多体现在通风开口面积（或可开启面积）、自然通风换气次数等，而在《标准》中，除关注上述因素外，也提出了建筑内的隔墙和内门窗等隔断、通风路径设计、中庭自然通风、捕风和诱导、地下空间自然通风等技术措施，为自然通风设计提供了更多选择。

5.5 结　语

《标准》根据福建省气候特点，经广泛调查研究，认真总结了福建省绿色建筑实践经验，借鉴了国内外先进经验，在广泛征求意见的基础上编制而成。《标准》作为福建省第一本绿色建筑领域的强制性标准，其实际操作性能和实施效果还有待进一步检验和完善，但该标准为福建省绿色建筑设计提出了适宜的技术措施和设计方法，使得绿色建筑的强制实施有据可依，将为福建省绿色建筑的发展发挥不可替代的作用。

作者：胡达明（福建省建筑科学研究院）

第三篇 | 科研篇

为全面落实《国家中长期科学和技术发展规划纲要（2006—2020年）》的相关任务和《国务院关于深化中央财政科技计划（专项、基金等）管理改革的方案》，科技部会同教育部、工业和信息化部、住房和城乡建设部、交通运输部、中国科学院等部门，组织专家编制了"绿色建筑及建筑工业化"重点专项实施方案，列为国家重点研发计划首批启动的重点专项之一，中国21世纪议程管理中心为该重点专项的专业管理机构。

"绿色建筑及建筑工业化"专项围绕"十三五"期间绿色建筑及建筑工业化领域重大科技需求，聚焦基础数据系统和理论方法、规划设计方法与模式、建筑节能与室内环境保障、绿色建材、绿色高性能生态结构体系、建筑工业化、建筑信息化7个重点方向，设置了相关重点任务。总体目标为：瞄准我国新型城镇化建设需求，针对我国目前建筑领域全寿命过程的节地、节能、节水、节材和环保的共性关键问题，以提升建筑能效、品质和建设效率，抓住新能源、新材料、信息化科技带来的建筑行业新一轮技术变革机遇，通过基础前沿、共性关键技术、集成示范和产业化全链条设计，加快研发绿色建筑及建筑工业化领域的下一代核心技术和产品，使我国在建筑节能、环境品质提升、工程建设效率和质量安全等关键环节的技术体系和产品装备达到国际先进水平，为我国绿色建筑及建筑工业化实现规模化、高效益和可持续发展提供技术支撑。

本专项执行期为 2016～2020 年，按照分步实施、重点突出原则分年度以项目形式落实重点任务，国拨经费总概算为 13.54 亿元。其中 2016 年共计立项项目 21 项，国拨经费预算总计 5.97 亿元；2017 年共计立项项目 21 项，国拨经费预算总计 4.2 亿元。

本篇分别从 2017 年度立项项目研究背景、研究目标、研究内容、预期效益等方面进行简要介绍，以期读者对项目有一概括性了解。

Part Ⅲ | Scientific Research

In order to fully implement tasks of the *National Outline for Medium and Long Term S&T Development* (*2006—2020*) and the *State Council's Plan for Deepening the Management Reform of S&T Programs* (*Special Projects, Funds, etc*) *funded by the Central Finance*, Ministry of Science and Technology, together with Ministry of Education, Ministry of Industry and Information Technology, Ministry of Transport, Chinese Academy of Sciences and so on, organized experts to develop a key special project implementation plan for "green building and building industrialization", which was listed as one of the key special projects of the first national key research and development program. The Administrative Center for China's Agenda 21 is responsible for the management of this key special project.

In accordance to the crucial scientific and technical requirements of green building and building industrialization during the 13th five-year plan period, the special project of "green building and building industrialization" focuses on 7 key aspects including basic data system and theory methodology, planning and design method and mode, building energy efficiency and indoor environment, green building materials, green high-efficiency ecological structure system, building industrialization and building information technology, and puts forward relevant priority tasks. The general goals are: focusing on the demand of China's new urbanization; tackling with common key problems in land-saving, energy-saving, water-saving, material-saving and environment-protection throughout the life-cycle of buildings in China to improve building energy efficiency, quality and construction efficiency; seizing the opportunity of the new technical reform in the building industry brought about by new energy, new materials and information technology to speed up the R & D of core technologies and products of the next generation in green building and building industrialization through basic, leading and common key technologies, integrated demonstration and industrial whole-chain design; making sure China's technical system, products and equipments of building energy efficiency, environment quality promotion, engineering construction efficiency and quality safety to provide technical support for the large-scale, high-efficiency and sustainable development of China's green building and building industrialization.

The implementation period is from 2016 to 2020. Abiding by the principle of step-by-step implementation andemphasis on priorities, the main tasks will be accomplished with a total budget estimation of 1. 354 billion RMB Yuan. In 2016, 21 projects are approved with a total budget of 597 million RMB Yuan. In 2017, 21 projects are approved with a total budget of 420 million RMB Yuan.

This part introduces these 21 projects of 2017 mainlyfrom such aspects as research background, research goals, research contents and research prospects to give readers a general overview.

1 规划设计方法与模式

1 Planning and design methods and modes

1.1 建筑全性能仿真平台内核开发

项目编号：2017YFC0702200
项目牵头承担单位：清华大学
项目负责人：燕达
项目起止时间：2017 年 7 月～2020 年 12 月
项目经费：总经费 974 万元，其中专项经费 974 万元

1.1.1 研究背景

建筑热环境及能耗模拟分析已经被广泛认为是从源头抓起、解决全过程建筑节能的最关键的基础之一，也是实施建筑设计、运行、节能诊断等工作的最佳手段。我国建筑能耗的不断增长，对建筑物室内环境状况及其环境控制系统运行能耗和室内环境状况的预测方法的要求也随之提高。一方面，建筑环境控制受多因素共同影响，需要实现全性能耦合计算；另一方面，新型围护结构、人行为、复杂空间形态、新的系统形式和可再生能源系统等技术的应用也对模拟技术提出了新需求。

1.1.2 研究目标

本项目计划开发具有我国完全自主知识产权的高性能开源建筑采光、建筑热过程、空气流动、室内空气品质、热湿动态耦合传递、新型围护结构、人行为、机电系统、可再生能源系统和建筑能耗联合仿真高性能开源平台内核，实现完成内核与不同商业软件的集成应用，赶超国际模拟仿真领域的前沿技术，大幅提升解决建筑环境控制多因素共同耦合的复杂问题。实现我国建筑全性能仿真模拟技术水平绿色建筑及建筑节能领域的关键技术实力的提升。

1.1.3 研究内容

本项目以攻克建筑环境控制受多因素共同影响的关键瓶颈，发展更符合实际

的建筑热环境及能耗模拟分析技术，在满足建筑环境要求的基础上降低建筑运行能耗以实现建筑节能这一核心问题为导向，拟解决以下关键科学问题：从基础理论研究上，对建筑全性能仿真计算关键环节的机理进行研究，如建筑采光、空气流动、热湿耦合、新型围护结构、人行为、机电系统和可再生能源，并将目前世界先进前沿的模型方法转化为模拟中可以应用的模块，从理论上实现各模块准确高效耦合迭代计算的模拟流程。

1.1.4　预期效益

本项目研究以提升建筑模拟计算结果为目标，将实现平台与最新的建筑节能领域研究、计算机与信息技术发展相结合，为建筑规划、设计、运行、改造中的建筑用能与室内环境状况的预测、优化和评价提供客观准确的科学定量依据。全性能仿真平台内核的开发将解决全球建筑能耗模拟领域的关键问题，提高在研究领域的影响力，同时可带动新型围护结构、新型机电系统等相关领域的科研发展，有利于我国在绿色建筑及建筑节能领域整体科技软实力的提升，同时带来巨大的行业优势与技术实力。

作者：燕达（清华大学）

1.2　地域气候适应型绿色公共建筑设计新方法与示范

项目编号：2017YFC0702300
项目牵头承担单位：中国建筑设计院有限公司
项目负责人：崔愷
项目起止时间：2017 年 7 月～2020 年 12 月
项目经费：总经费 4586 万元，其中专项经费 1386 万元

1.2.1　研究背景

为落实党中央国务院提出的"绿色发展""绿色城市""绿色建筑"的战略以及建筑"适用、经济、绿色、美观"的八字方针，需要转变传统的绿色建筑思维方式与价值观，树立绿色建筑设计的中国范式，引领建筑设计行业工作方式的变革，带动建筑设计产业转型升级及建筑上下游产业链协同发展。

1.2.2　总体目标

针对严寒、寒冷、夏热冬冷、夏热冬暖的气候区维度，东北、京津冀、长三角、珠三角的地域维度，重点围绕典型公共建筑，研究地域气候适应型的绿色公

共建筑设计机理、方法与技术体系，研发地域气候适应型绿色公共建筑辅助设计工具，建构多主体、全专业的绿色公共建筑设计协同技术平台，并进行工程示范。

1.2.3 研究内容

（1）绿色公共建筑的气候适应机理研究。基于我国典型气候区绿色公共建筑实践案例，以全寿命期节能减排为目标，从空间形态维度，定量解析形体空间与地域气候参数的耦合规律，揭示绿色公共建筑的气候适应机理。

（2）具有气候适应机制的绿色公共建筑设计新方法。以气候适用性优先为导向，突出人的行为及其环境感知的前提性影响，创建以空间形态为核心的绿色公共建筑集成设计方法，建构性能模拟与形态设计可动态链接与交互反馈的设计过程。

（3）地域气候适应型绿色公共建筑设计技术体系。以绿色公共建筑设计技术适应气候为导向，依循"人—气候—建筑"的关联性，重点关注空间环境性能的感知以及可控性的多样化，建立以空间形态、实体建构、空间性能为基本要素的设计控制技术体系，提出绿色公共建筑设计技术清单。

（4）地域气候适应型绿色公共建筑设计分析工具。针对建筑设计与性能分析相割裂的问题，以面向建筑师和建筑设计过程为导向，开发可快速交互的气候适应型建筑微环境、形体设计分析工具，构建气候适应的围护结构构造做法数据库。

（5）多主体、全专业绿色公共建筑设计协同技术平台。建立多主体全专业动态交互的协同设计流程，研究协同设计成果数据交互标准及协同平台架构，开发绿色公共建筑多主体全专业的协同技术平台，建立协同平台的交互操作和运行模式。

（6）适应我国典型气候特征和地域特点的绿色公共建筑设计模式与示范。针对严寒、寒冷、夏热冬冷、夏热冬暖地区气候特征，建立气候适应型绿色公共建筑设计模式，开展东北、京津冀、长三角、珠三角地区绿色公共建筑集成示范。

1.2.4 预期效益

本项目以"适用优先、面向设计、节能减排"为导向，研究成果有助于推动建筑设计行业的绿色转型，带动绿色建筑上下游产业链发展，降低公共建筑运营成本，具有较高的科学研究价值、较好的社会效益、显著的环境效益和经济效益。本项目研究成果用于实际工程，将实现建筑能耗比《民用建筑能耗标准》同气候区同类建筑能耗的约束值降低不少于 30%，预期每年可实现节约用电 20 亿 kWh 以上，减排 CO_2 200 万吨，SO_2 6 万吨，NO_x 3 万吨。

作者：崔愷（中国建筑设计院有限公司）

1.3 基于多元文化的西部地域绿色建筑模式与技术体系

项目编号：2017YFC0702400

项目牵头承担单位：西安建筑科技大学

项目负责人：庄惟敏

项目起止时间：2017 年 7 月～2020 年 12 月

项目经费：总经费 2800 万元，其中专项经费 1400 万元

1.3.1 研究背景

绿色建筑与建筑文化已成为新型城镇化时期我国建筑行业发展的主旋律。然而绿色建筑设计却普遍存在"重绿色技术性能指标"而"轻建筑文脉空间传承"的现象，尚无成熟的地域文化绿色建筑学理论与方法，尚未探明建筑文化与技术有机协同的科学路径，从根本上制约了绿色建筑与建筑文化的互动发展进程。中国西部地域辽阔、气候极端、民族众多、经济落后，西部地域建筑现代绿色化和现代绿色建筑西部地域化的道路无疑将更为艰难。

1.3.2 总体目标

以西部地域建筑文化传承和绿色发展一体协同为宗旨，变革传统建筑设计原理与方法，建立基于建筑文化传承的西部典型地域绿色建筑模式和技术体系，编制相关设计导则和图集，开展综合技术集成、工程示范和推广应用。

1.3.3 研究内容

（1）聚焦气候、资源与空间，研究基于多元文化的西部地域绿色建筑学理论和建筑设计新原理、新方法，建构目标体系和评价体系，制定西部地域绿色建筑通用技术导则。

（2）针对青藏高原、西北荒漠区、西南多民族聚居区三类典型地域，研究典型地域"文化传承和绿色技术"协同的建筑设计模式、技术体系和数据库。

（3）优化西部地域绿色建筑全链条、集成化设计平台，在西北、西南等传统地域建筑文化特色鲜明地区开展工程应用示范，并进行技术推广。

1.3.4 预期效益

本项目将解决"我国绿色建筑因长期脱节于建筑文化而发展推广受阻"这一

瓶颈问题，研究成果具有能动性、突破性、推广性，无疑将促进西部建筑文化传承和绿色建筑跨越式发展，同时创造可观的经济效益和文化效益。本项目研究成果用于实际工程，将实现建筑能耗比《民用建筑能耗标准》同气候区同类建筑能耗的目标值降低 10%，可再循环材料使用率超过 10%。

作者：雷振东（西安建筑科技大学）

1.4 经济发达地区传承中华建筑文脉的绿色建筑体系

项目编号：2017YFC0702500
项目牵头承担单位：东南大学
项目负责人：王建国
项目起止时间：2017 年 7 月～2020 年 12 月
项目经费：总经费 2677 万元，其中专项经费 1277 万元

1.4.1 研究背景

针对我国绿色建筑重技术、轻文化，评价标准缺乏文脉考虑，缺少适用性强的传承文脉的绿色建筑设计方法体系等问题，本项目立足我国经济发达地区，展开传承中华建筑文脉的绿色建筑体系研究及相关工程示范。

1.4.2 研究目标

基于我国经济发达地区的文化、经济、社会、自然特点，全面梳理经济发达地区传统建筑绿色设计体系的内涵、类型、技术特点、区系策略，建立经济发达地区传承建筑文脉的现代绿色建筑设计新方法；形成适合当代的具有中国特色的绿色建筑营建技术方法；提出适用于经济发达地区、富含建筑文脉要素的绿色建筑评价指标体系；完成示范工程，做好涵盖咨询、设计、施工、检测等全过程的技术推广工作。

1.4.3 研究内容

本项目面向我国经济发达地区，建立传承中华建筑文脉的绿色建筑体系并展开工程示范。按照"理论方法建构—营建技术体系—评价指标体系—地域性工程实践"的研究思路，拟展开以下研究：（1）经济发达地区传统建筑文化中的绿色设计理论、方法及其传承路径研究；（2）经济发达地区传承建筑文脉的绿色建筑营建体系；（3）经济发达地区富含建筑文脉要素的绿色建筑评价指标体系；（4）长三角、珠三角地区、环渤海城市基于文脉传承的绿色建筑设计方法及关键

技术。

1.4.4　预期效益

研究成果研究将系统建立起我国经济发达地区传承中华建筑文脉的绿色建筑体系，显著提升兼顾文脉传承与绿色要求的建筑设计及营建水平，有效拓展绿色建筑评价标准的内涵。在理论层面将丰富绿色建筑和建筑文化的理论体系，完成论文 60 篇、专题科技报告 21 篇、著作 6 部；在技术层面将建立起完整的面向经济发达地区的传承文脉的绿色建筑设计方法和关键技术，在应用层面通过 4 项示范工程、5 套标准图集、7 项设计导则、实用新型专利 13 项等推动经济发达地区传承文脉的绿色建筑设计与建设。

作者：鲍莉（东南大学）

2　建筑节能与室内环境保障

2　Energy efficiency and indoor environment

2.1　近零能耗建筑技术体系及关键技术开发

项目编号：2017YFC0702600

项目牵头承担单位：中国建筑科学研究院

项目负责人：徐伟

项目起止时间：2017 年 7 月～2020 年 12 月

项目经费：总经费 11973 万元，其中专项经费 3373 万元

2.1.1　研究背景

从世界范围看，发达国家为应对气候变化、实现可持续发展战略，都在不断提高建筑物能效水平。由于中国的特殊国情，我国近零能耗建筑存在节能目标不明确、技术路径不清晰、指标体系和评估方法缺失、主被动技术性能及集成度低等问题。

2.1.2　研究目标

以基础理论研究和指标体系建立为先导，以主被动技术和关键产品研发为支撑，以设计方法、施工工艺和检测评估协同优化为主线，建立近零能耗建筑技术体系并集成示范。

2.1.3　研究内容

解决建筑空间形态特征对能耗的影响、高气密性高保温隔热条件下建筑热湿传递机理以及能耗与空气品质耦合关系等科学问题，建立机理分析模型及新风需求形成理论；科学界定我国近零能耗建筑的定义及不同气候区能耗指标；解决不同气候区冬夏兼顾的被动式关键技术，开发超薄、一体化保温隔热墙体构造及附件、高性能多功能门窗等产品；研究基于用户需求、可实现精准控制、与可再生能源和蓄能技术相结合的主动式能源系统，开发集成式高效新风热回收及除湿设备；研发目标为导向的多参数性能化设计方法及优化工具，建立高性能材料及产

品数据库；解决无热桥、高气密性、高耐久性施工工艺及标准化问题，建立新型建筑工法及质量控制体系；研究高性能部品及建筑整体性能检测评估方法及工具；开展不同气候区不同类型建筑技术集成和示范。

2.1.4 预期效益

项目研究成果将对我国示范建筑的设计、建造、运行起到积极的支撑作用，对开发企业、技术单位起到引领示范作用。项目编制完成的国家标准将标志我国建筑节能标准与国际"全面接轨"。同时，近零能耗建筑室内环境参数应满足较高的热舒适水平，对提高生活品质，全面迈向小康起到重要作用，形成良好的社会效益。

推动近零能耗建筑，将带动我国建筑材料、能源系统、可再生能源系统、自动控制系统等建筑组成部分的性能指标实现跨越式发展，从供给侧实现全面升级。本项目 12 项示范建筑将带来直接经济效益 20 亿。

我国居住建筑现行节能标准节能率为 65%，近零能耗居住建筑节能率相当于 90%～95%。按我国年新增建筑面积 20 亿 m²，新增建筑可每年节约 0.12 亿吨标煤。公共建筑按比国家建筑能耗标准目标值低 50%估算，各气候区综合计算每年可节约 0.15 亿吨标煤，节能减排和生态效益显著。

作者：徐伟（中国建筑科学研究院）

2.2 建筑室内空气质量控制的基础理论和关键技术研究

项目编号：2017YFC0702700
项目牵头承担单位：上海市建筑科学研究院（集团）有限公司
项目负责人：张寅平
项目起止时间：2017 年 07 月～2020 年 06 月
项目经费：总经费 6456 万元，其中专项经费 2956 万元

2.2.1 研究背景

室内空气污染问题被世界卫生组织列为人类十大健康风险之一。我国近年来城镇化进程和经济发展迅猛，建筑规模化建设、装饰装修材料大量应用和大气污染的加剧，使得我国室内空气污染问题虽比发达国家滞后出现，却更为严峻和复杂，严重危害公众健康。研究室内空气质量控制的基础理论和关键技术，对保障公众健康具有重要意义。

2.2.2 研究目标

制定我国室内空气污染物健康风险序列谱；揭示室内空气多种污染物高效协同控制机理，发展符合我国国情的室内空气质量控制方法；针对工程应用中室内空气质量设计、监测、控制和评价方面的瓶颈问题，形成相应共性关键技术；研发低阻、高效和适宜空气净化产品，形成批量生产能力；完善我国室内空气质量标准体系，制定/修订相关工程控制关键标准；在京津冀、长三角、珠三角和西部等地区完成住宅、办公建筑、幼儿园、学校等控制示范项目，实质性提升我国建筑健康性能。

2.2.3 研究内容

本项目将解决两个重大科学问题和两个关键技术问题：（1）探索我国室内空气污染物和人群疾病负担间的关系，确定我国主要室内空气污染物清单，揭示其中典型污染物的健康影响机理；（2）揭示室内空气污染物浓度和温湿度的综合、分级控制机理，发展在给定条件下确定相应优化控制策略的方法；（3）室内空气质量设计技术及配套工具；（4）室内空气污染监测、净化装置及应用成套技术。

因此本项目将从以下三方面开展研究：（1）基础理论方面。解决本项目的上述两个重大科学问题，为我国室内空气质量控制提供科学依据和理论基础；（2）技术和设备方面。研发室内空气质量设计、运维及控制共性关键技术、装置或系统，研发节能、高效、无有害副产物的空气净化装置并实现量产；（3）标准和示范工程方面。制定/修订室内空气质量设计、评价等工程控制关键标准，对本项目成果和产品在示范工程中集成应用。

2.2.4 预期效益

本项目成果将为我国建筑室内空气质量控制目标污染物的确定、相关标准制定和修订提供科学依据，为我国室内空气质量控制效果评价、相关技术研发和控制策略优化提供理论基础和技术手段，提升我国室内空气质量标准体系的科学性和系统性，为构建"健康中国"中健康建筑提供了科学和技术支撑，减少我国室内空气污染造成的健康危害，保障民众健康，促进全社会的可持续发展。

作者： 张寅平（清华大学）

2.3 室内微生物污染源头识别监测和综合控制技术

项目编号：2017YFC0702800

项目牵头承担单位：中国建筑科学研究院

项目负责人：曹国庆

项目起止时间：2017 年 7 月～2020 年 12 月

项目经费：总经费 4643 万元，其中专项经费 1243 万元

2.3.1 研究背景

由于疾病谱、生态环境、生活方式不断变化，我国仍然面临室内微生物污染严重、突发公共卫生事件频发的复杂局面，由于涉及领域广、内容杂，须各专业配合、通盘设计，否则难以实现预期效果；我国这方面研究基础薄弱，现有成果无论从深度还是广度上讲，仍相对较为欠缺。因此，需合理借鉴国际先进经验，并结合我国国情进行科学创新研究。

2.3.2 总体目标

针对我国室内微生物污染来源多样、种类繁杂、污染严重、现有技术无法支撑室内微生物污染综合控制的问题，揭示室内微生物污染来源和产生机理，实现室内微生物污染在线监测和实时预测，获不同气候区、不同功能建筑室内微生物污染群落特征，建立污染水平等级评价体系，形成降低疾病发生与传播风险、提升应对突发公共卫生事件能力的健康建筑技术体系。

2.3.3 研究内容

开展室内微生物污染来源、产生机理、群落特征、健康评估及等级评价体系研究，构建室内微生物污染基础数据库，为制定我国建筑室内空气质量标准提供科学依据；开展室内微生物污染在线监测、实时预测关键技术研究及装置研发，为及时应对突发公共卫生事件提供基础保障；开发建筑防潮抑菌被动式控制技术及健康材料，解决因围护结构结露而滋生微生物污染的问题；开展室内微生物污染主动式控制、优化设计、运行维护等关键技术研究及设备研发，建立集室内微生物污染预警、控制与节能"三位一体"的技术集成体系，通过工程示范及应用效果定量化评判，完善我国室内微生物污染控制技术体系和相关标准法规。

2.3.4 预期效益

通过本项目的研究与应用，构建具有地区差别性、建筑类型差异性、技术针对性的室内微生物污染综合控制技术体系，大力推动建筑节能与室内环境保障领域的行业发展，促进建筑产业升级。进一步推动我国公共建筑室内环境质量提升与改善的实施与推广，大幅提升室内环境质量，将室内微生物污染降低至发达国家室内的水平，有效减少疾病的发生及感染概率，提高人们的身心健康和工作

效率。

作者：曹国庆（中国建筑科学研究院）

2.4 既有居住建筑宜居改造及功能提升关键技术

项目编号：2017YFC0702900
项目牵头承担单位：中国建筑科学研究院
项目负责人：赵力
项目起止时间：2017 年 7 月～2020 年 12 月
项目经费：总经费 9957 万元，其中专项经费 2967 万元

2.4.1 研究背景

我国既有建筑面积已超过 600 亿 m^2，其中城镇居住建筑面积约 250 亿 m^2。随着生活水平的提高和建设标准的提升，大部分既有居住建筑的安全性、宜居性、节能性、适老性等与现行国家标准的要求存在较大差距，功能提升的改造需求迫切。与新建建筑相比，既有居住建筑的改造呈现多难点的特征，亟须加强政策研究、建立标准体系、编制重点标准、进行技术创新、开展工程示范。

2.4.2 总体目标

本项目以"安全、宜居、适老、低能耗、功能提升"为改造目标，针对安全与寿命提升、室内外环境宜居改善、低能耗改造、适老化改造、品质优化等展开研究与示范，预期形成既有居住建筑宜居改造与功能提升关键技术突破和产品创新，为既有居住建筑综合性能提升提供科技引领和技术支撑。

2.4.3 研究内容

本项目从"顶层设计与标准规范、关键技术与部品装备、技术体系与集成示范"三个层面进行研究，重点提出既有居住建筑改造推进机制、实施路线，建立既有居住建筑改造标准体系、编制重点标准，研发改造关键技术和重点工业化部品与装备，构建既有居住建筑改造技术体系，开展示范工程建设，并搭建服务平台推广应用。项目拟解决的关键科学、技术问题如下：
（1）既有居住建筑改造实施路线、标准体系及重点标准；
（2）既有居住建筑综合防灾改造与寿命提升关键技术；
（3）既有居住建筑室内外环境宜居改善关键技术；
（4）既有居住建筑低能耗改造关键技术；

（5）既有居住建筑适老化宜居改造关键技术；

（6）既有居住建筑电梯增设及更新改造关键技术；

（7）既有居住建筑公共设施功能提升关键技术；

（8）既有居住建筑改造用工业化部品与装备；

（9）既有居住建筑宜居改造及功能提升技术体系与集成示范。

2.4.4　预期效益

通过项目实施，可有效提升既有居住建筑的安全性和耐久性、改善室内外环境、降低建筑能耗、提高适老和宜居性能。预期可形成一批适用于既有居住建筑宜居改造与功能提升的成套关键技术、标准/导则/指南、软件/平台/生产线和部品装备等。

项目成果规模化应用推广后，按照 5% 的既有居住建筑改造面积测算，每年可节约 400 万吨标准煤，减少 CO_2 排放约 1000 万吨，减少 SO_2 排放 30 万吨，减少碳粉尘排放约 272 万吨，经济效益和生态效益显著。项目成果可显著提升居住环境舒适度以及生活品质，社会效益显著。

作者： 赵力（中国建筑科学研究院）

126

3 绿 色 建 材

3 Green building materials

3.1 高性能纤维增强复合材料与新型结构关键技术研究与应用

项目编号：2017YFC0703000

项目牵头承担单位：中冶建筑研究总院有限公司

项目负责人：李荣

项目起止时间：2017 年 7 月～2020 年 6 月

项目经费：总经费 5941 万元，其中专项经费 1741 万元

3.1.1 研究背景

在我国城镇化建设进程中，应用高性能绿色建材是解决建筑全寿命过程的"四节一环保"等共性关键问题的主要途径。过去十多年中，高性能纤维增强复合材料（简称复材，FRP）因其轻质高强、耐腐蚀、施工便捷等优点在结构加固修复中迅猛发展并广泛应用，成为一类新的结构材料。随着我国工程建设需求的不断发展，研发新一代复合材料与新型结构关键技术成为提升建筑能效、品质和建设效率的必然趋势，"把复合材料从结构加固拓展到新建结构"成为建筑行业新一轮技术变革的重要内容。

3.1.2 研究目标

针对目前纤维增强复合材料产品工程化应用配套技术不完备的问题，提升纤维增强复合材料产品的均匀性、稳定性及适用性，研发缠绕管、拉挤型材、大拉力索等新型纤维增强复合材料产品及其对应的新型结构体系，提出设计理论与方法，形成工程化应用成套技术，建立纤维增强复合材料及结构综合性能评价方法，形成技术标准，建成新产品示范生产线并开展工程示范，为我国纤维增强复合材料结构应用的规范化、高效益和可持续发展提供技术支撑。

3.1.3 研究内容

本项目将研究基于复合材料性能高效利用及性能提升的结构设计理论与方法；结构用网格、筋、缠绕管、拉挤型材、索这 5 类复合材料产品高质量、稳定化、标准化的生产技术；复合材料网格、筋增强混凝土结构的受力性能、设计方法、连接技术等应用关键技术；复合材料缠绕管、拉挤型材构件及节点的受力性能，新型组合构件及复合材料结构的设计方法；大拉力复合材料拉索性能控制提升方法、高效锚固和连接技术，复合材料拉索轻量化大跨结构的静、动力性能和设计方法；复合材料及其结构在复杂环境下的性能演化规律及其综合性能评价方法；新型复合材料结构集成化应用技术，开展工程示范。

3.1.4 预期效益

建立复合材料性能高效利用及结构综合性能提升设计理论与方法；形成高性能复合材料定型产品及其对应的新型结构体系不少于 5 种；形成相关国家/行业/团体标准（送审稿）不少于 5 项；建成相关示范生产线不少于 5 条，示范工程不少于 9 项、总面积不少于 2 万 m^2；申请/获得发明专利不少于 20 项；发表论文不少于 75 篇；培养研究生 60 名以上。研究成果可应用于建筑、桥梁、海洋等建设行业，加快工程建造进度，降低全寿命周期成本，市场容量巨大，社会和经济效益显著。

作者： 李荣（中冶建筑研究总院有限公司）

3.2 协同互补利用大宗固废制备绿色建材关键技术研究与应用

项目编号：2017YFC0703100
项目牵头承担单位：天津水泥工业设计研究院有限公司
项目负责人：王文龙
项目起止时间：2017 年 7 月～2020 年 12 月
项目经费：总经费 8391 万元，其中专项经费 1291 万元

3.2.1 研究背景

我国工业及城市固废量大、面广、害多，资源化利用缺根本性突破，环境社会压力巨大。利用固废制备绿色建材是实现大规模利用的重要途径，符合环保业和绿色建筑业的发展需求，也是生态文明和社会绿色、循环、低碳发展的必然要求。但是，用固废制备绿色建材存在关键瓶颈，即性能与成本的矛盾：固废制备

的产品与用天然原料相比，性能不能低而成本不能高，否则就难以市场接受。然而，由于固废本身价值低、成分复杂多变、预处理要求高，恰恰难以兼顾性能与成本：追求高性能即导致成本上升，控制成本则产品性能失去竞争力。

本项目提出固废协同互补和两级跃迁的创新理念，拟通过不同物理、化学和矿物特性的固废的协同互补实现其特性与价值重构，先制备出快硬、早强、高强而低成本的硫铝系高活性材料，再作为中间载体协同固废制备节能保温材料等高性能绿色建材。该创新思路能以全产业链协同开发的模式为固废价值跃迁和绿色建材产业发展开辟一创新途径。

3.2.2 总体目标

通过本项目实施，基于协同互补和两级跃迁创新理念，建立一条突破常规的固废制备绿色建材创新路径，形成相应的核心理论、关键技术、支撑工艺和装备以及特有的绿色建材产品体系，完成固废制备低成本硫铝系高活性材料及高性能绿色建材产品的工程和应用示范，以绿色循环产业链模式推动固废利用和绿色建材产业发展。

3.2.3 研究内容

针对城市污泥、矿化垃圾、生活垃圾焚烧灰渣等典型城市大宗固废，赤泥、脱硫石膏、粉煤灰、煤矸石、矿渣等典型工业大宗固废，以及污染土壤，研究固废制备硫铝系高活性材料及轻质保温材料、绿色节能墙材过程的基本特性和热力学特征，建立固废特性数据库；并基于低碳度与跃迁度分析构建"固废→低成本硫铝系高活性材料→高性能绿色建材产品→应用与再利用"的全周期环境影响评价体系。并形成固废制高活性粉体材料工艺技术，实现固废到高活性粉体材料到绿色建材的工程示范，真正意义上实现固废到绿色建材的资源转化。

3.2.4 预期效益

可建立一套特色的固废制备绿色建材创新技术体系，可促进固废的大规模资源化利用，可实现低成本、高性能绿色建材制备，可促进建筑工业化发展，可促进社会绿色、循环发展。

作者：王文龙　张超（山东大学）

3.3 基于工业及城市大宗固废资源化利用绿色建材制备

项目编号：2017YFC0703200

项目牵头承担单位：咸阳陶瓷研究设计院
项目负责人：李建强
项目起止时间：2017 年 7 月～2020 年 12 月
项目经费：总经费 6326 万元，其中专项经费 1326 万元

3.3.1 研究背景

我国固废排放量巨大，资源化利用制备建材是固废大宗消纳的有效途径。随着新型城镇化建设和战略性新兴产业加速发展，新型固废不断产生、总量快速增加、组分日趋复杂，综合利用难度加大。《关于重点产业布局调整和产业转移的指导意见》、《"十三五"国家战略性新兴产业发展规划》等国家政策均要求建材产业向节能、利废的绿色建材方向发展。

3.3.2 研究目标

选取具有代表性的城市与战略性新兴产业大宗固废，研究绿色建材制备过程中矿物相定向转变及结构调控等关键科学问题，突破固废高效活化、重金属固化等关键技术、形成固废高参量制备轻质节能墙体材料、保温材料及装配式建筑用板材的成套技术装备、产品体系及工程示范，建立标准和规范，行程全过程环境安全和经济综合评价体系。

3.3.3 研究内容

项目研究内容主要包括：（1）城市污泥和矿化垃圾制备绿色建材关键技术研究与示范；（2）生活垃圾焚烧灰渣和污染土壤制备轻集料关键技术研究与示范；（3）低活性废渣制备轻质高强保温材料及高品质装饰板材关键技术研究与示范；（4）非活性尾矿高温烧结制备轻质绿色建材关键技术研究与示范；（5）非活性尾矿低温热压制备轻质保温材料关键技术研究与示范；（6）大宗固废制备绿色建材的环境评价体系研究。

项目拟解决两大关键科学问题：（1）大宗固废制备绿色建材过程中的矿物相定向转变规律及结构调控机制；（2）有害物质的迁移转化及深度固化机制。

3.3.4 预期效益

成果推广应用 5～10 年后，预计年消纳固废约 4000 万吨，产生经济效益约1000 亿元，节能约 450 万吨标准煤，减排 1400 万吨二氧化碳。大幅度提高我国大宗固废利用率、推进建材工业的转型升级、促进我国战略性新兴产业可持续快速发展。

作者：李建强（中国科学院过程工程研究所）

3.4　建筑垃圾资源化全产业链高效利用关键技术研究与应用

项目编号：2017YFC0703300

项目牵头承担单位：中国建筑发展有限公司

项目负责人：张大玉

项目起止时间：2017年7月～2020年12月

项目经费：总经费6348万元，其中专项经费1348万元

3.4.1　研究背景

我国建筑垃圾产生量巨大，约35亿吨/年，其中拆建垃圾15亿吨，工程弃土20亿吨，但资源化率不足5％，远低于发达国家和地区的70％～98％。现有资源化技术侧重于建筑垃圾制备再生建材，缺乏建筑垃圾资源化全产业链的综合研究，特别缺少源头减量和分类、高效率低成本稳定生产成套处置工艺和装备、大规模再生利用技术的系统化研究，造成建筑垃圾处置成本高、推广应用难等问题，严重制约建筑垃圾资源化发展，亟待研究解决。

3.4.2　总体目标

统筹建筑垃圾资源化全产业链关键环节，立足减量化和系统化，解决建筑垃圾产生、分类、再生处置及工程应用的关键问题，研发适于城镇化建设、符合建筑工业化发展方向、利于大规模利用的材料与制品、工艺与装备、技术与标准，进行工程示范，引领行业发展。

3.4.3　研究内容

（1）建筑垃圾源头减量化的规划、设计、施工技术与标准体系；建筑垃圾现场分类技术与装备。

（2）骨料应用品质提升的模块化工艺与新型装备；低成本连续稳定生产成套技术。

（3）再生混合混凝土性能与制备；大粒径粗骨料与普通粒径粗骨料的再生混凝土综合应用技术。

（4）高性能再生骨料混凝土标准化装配构件的制备及节点连接技术；装配式再生混凝土结构设计理论与关键技术。

（5）再生高品质装饰混凝土复合保温墙板制备技术与工艺；与装配式结构的

连接构造技术。

（6）砖混类再生骨料蓄水及吸附性能和高渗蓄功能性再生材料及制品制备技术；渗蓄功能材料在海绵城市设施工程中的综合应用技术。

（7）典型区域、不同类型渣土类建筑垃圾理化特性及资源化利用数据库；在道路工程中规模化应用技术。

（8）集成资源化全产业链关键技术，工程示范。

3.4.4 预期效益

全部达到指南规定考核指标，其中标准（送审稿）8 项、新技术/装备/工艺 18 项，申/获发明专利 24 项，高于指南要求。项目实施预期可提升行业技术水平，推动绿色建筑和工业化的可持续发展，解决建筑垃圾造成的资源和环境问题，促进循环经济发展，具有良好的社会和经济效益。

作者： 张大玉（北京建筑大学）

4 绿色高性能生态结构体系

4 Green high-performance eco-structure system

4.1 高性能组合结构体系研究与示范应用

项目编号：2017YFC0703400

项目牵头承担单位：清华大学

项目负责人：樊健生

项目起止时间：2017 年 7 月～2020 年 6 月

项目经费：总经费 3141 万元，其中专项经费 2531 万元

4.1.1 研究背景

我国土木工程建设存在资源消耗大、安全可靠性不足、使用功能差、抗灾能力弱等问题，面临可持续发展的严峻挑战。为适应绿色建筑及建筑工业化的发展趋势，满足不同工程领域的新需求，研发具有资源节约、安全耐久等特征的高性能组合结构新体系是推进绿色建筑和建筑工业化的重要发展方向。

4.1.2 研究目标

本项目以建立绿色高性能生态结构体系为导向，以关键技术研究为主线，以面向工程应用为目标，将研发适用于工业与民用建筑、城市桥梁、地下空间等领域的新型高性能组合结构体系，并提出相应的设计理论与方法。基于高性能组合结构建筑和基础设施的抗灾能力、建造效率和经济效益等综合性能的提升，为我国工程建设的先进工业化和绿色化方向的可持续发展提供技术支撑。

4.1.3 研究内容

项目将针对高性能组合结构体系在工程建设全寿命周期内设计、施工及运维阶段的目标需求，并根据工业与民用建筑、城市桥梁、地下空间结构等工程领域的不同特征，主要开展如下研究：

（1）研发适用于不同工程领域需求的新型高性能组合结构体系，实现充分发挥高性能材料使用效率、简化结构构造和提高体系综合性能等目标；同时针对新

型结构形式，发展高性能组合结构体系抗灾理论及设计方法。

（2）全面且深入地研究高性能组合结构构件的材料、界面、构件、节点及结构体系等多个尺寸层次下的力学性能，揭示其在服役过程中静力荷载、冲击及爆炸等强动载、地震及火灾等自然灾害、海洋等恶劣侵蚀环境等多种因素影响下的复杂灾变行为特征。

（3）开发组合结构辅助建造仿真程序，研究组合结构体系的优化施工组织模式及质量控制方法，并进行工程示范；基于适用于组合结构体系的数据监测、传输及挖掘技术的研发，建立全寿命可靠性评价指标体系及优化设计理论方法。

4.1.4 预期效益

本项目以发展高性能组合结构体系设计理论与方法为目标，预期效益指标达到：结构能效提高 15％、建造周期降低 20％、结构使用寿命延长 10～20 年、综合成本降低 10％以上。研究成果将为高性能组合结构体系的技术进步和全面应用形成强有力的技术支撑，为我国绿色建筑及建筑工业化的快速发展形成强力助推，具有重大的社会和经济意义。

作者：樊健生（清华大学）

4.2 绿色生态木竹结构体系研究与示范应用

项目编号：2017YFC0703500

项目牵头承担单位：重庆大学

项目负责人：刘伟庆

项目起止时间：2017 年 7 月～2020 年 12 月

项目经费：总经费 4524 万元，其中专项经费 1424 万元

4.2.1 研究背景

新型城镇化建设是我国当前的一项重要任务，在新型城镇化建设中采用绿色生态木竹结构体系，是我国实现绿色发展的一条重要途径，也是我国发展绿色建筑及建筑工业化的一个重要方向。本项目基于我国绿色建筑及建筑工业化的发展要求，研发适宜于不同地域环境的低成本、低能耗和高效能绿色生态木结构和竹结构体系。研发出不少于 6 种可用于城镇居住与公共建筑的绿色高效能生态木竹结构体系，提出相应的设计理论与设计方法及防灾减灾技术指标，形成高效能木竹结构体系成套技术，提出相应的技术经济量化指标和评价方法，并进行工程示范，为我国木竹结构建筑向工业化和绿色化方向发展提供技术支撑。

4.2.2　研究目标

与传统木竹结构体系相比，本项目提出的高效能生态木竹结构体系承载能力与耐久性能提高 20％以上，可更充分利用高强复合材料、现代增强技术，加工与安装效率更高，综合成本有效降低。本项目拟发表高水平 SCI 和 EI 收录论文不少于 60 篇，申请或授权发明专利不少于 30 项；编制国家或行业标准（送审稿）3 部；编制技术图集或设计指南 5 部；建设标准化木竹构件生产线 3 条；完成工程示范不少于 6 项，总面积达 3 万 m^2。

4.2.3　研究内容

本项目将研究低层和多层城乡居住建筑、大型公共建筑的高效能木竹结构体系及其设计理论、建造技术；聚焦体系研发、性能机理、理论分析、设计计算、构造技术、集成示范、检测评价等全链条中的关键问题进行研究。本项目着力解决高效能木竹结构体系的受力性能和破坏机理，灾害、环境、荷载耦合作用，组合结构形式与连接失效模式，全寿命设计理论等重大科学问题；解决木竹结构体系中材料分级及防护处理，一体化关键预制构件研发，结构构件多层次增强，防灾减灾、部品与部件配套、高效集成与工业化建造，结构安全性、舒适性和耐久性检测评价等关键技术问题。

4.2.4　预期效益

本项目提出的高效能绿色生态木竹结构体系成套技术全面应用于城镇居住建筑和大型公共建筑后，将取得显著的经济效益和社会效益。采用本项目提出的成套技术，可显著降低建筑综合成本，加快工程建造进度，显著提高经济效益。高效能绿色生态木竹结构体系成套技术的全面应用，也将推动我国绿色建筑与建筑工业化的快速发展，社会效益巨大。

作者：刘伟庆（南京工业大学）

5 建筑工业化

5 Building industrialization

5.1 工业化建筑隔震及消能减震隔震技术

项目编号：2017YFC0703600

项目牵头承担单位：广州大学

项目负责人：谭平

项目起止时间：2017 年 7 月～2020 年 12 月

项目经费：总经费 6077 万元，其中专项经费 1327 万元

5.1.1 研究背景

本项目面向我国大规模城镇化进程中建筑产业工业化及其防震减灾的重大需求，寻求突破工业化建筑预制装配式结构在地震高烈度区推广应用的关键技术瓶颈，构建与工业化建筑结构技术融合的隔震、消能减震成套技术成果并完成工程示范。

5.1.2 研究目标

项目旨在对工业化建筑隔震和消能减震关键技术问题实施攻关，核心目标是突破传统预制装配式结构"等同现浇"的固有理念、设计与施工模式，重点通过研发新型隔震、消能减震技术及其融合一体的工业化建筑体系，降低预制装配隔震建筑构件或模块连接区抗震性能要求，采用消能部件部分替代预制装配建筑构件或模块连接部件，在保证连接"受力"性能的同时兼具"消能减震"能力，创新预制装配式建筑结构体系。实现工业化建筑隔减震结构抗罕遇、极罕遇地震的性能目标，培育相关产业链，促进我国工业化建筑整体防震减灾能力的提升，具有重要的社会经济效益。

5.1.3 研究内容

本项目拟解决四方面的关键科学技术问题：

（1）研发工业化建筑隔震、消能减震新体系，解决现有装配式建筑结构抗震

性能提升的问题。

（2）研发适合于工业化建筑的新型隔震和消能减震装置及其节点连接成套技术，解决其与预制装配技术融合以及在长服役期、强震作用下的性能控制问题。

（3）建立适合于工业化建筑隔震、消能减震结构的优化设计理论和性能设计方法，解决工业化建筑隔减震结构设计受制于传统抗震设计理论的问题。

（4）解决工业化建筑隔减震体系预制—施工流程的可行性和标准化问题。

围绕上述 4 方面关键技术问题，项目组织产学研单位联盟，采用切实可行的技术路线，通过学科交叉与融合、多层次反馈论证的研究方法，分为技术研发、技术论证、技术成型三个层面，技术路径形成"研发—论证—成型"三层面联动循环反馈回路来落实整个项目的实施。

5.1.4　预期效益

拟通过本项目的执行，形成一套"新结构体系—新型隔减震装置—节点连接技术—设计方法—施工技术、产品标准、技术规程—示范工程"技术成果，实现更为优化的预制装配式隔震及消能减震结构体系，提高预制装配率，提升工业化建筑结构的抗震性能，总体上形成适合于我国国情的工业化建筑的隔震与消能减震技术体系。

作者：谭平（广州大学）

5.2　工业化建筑部品与构配件制造关键技术及示范

项目编号：2017YFC0703700
项目牵头承担单位：中国建筑标准设计研究院有限公司
项目负责人：郁银泉
项目起止时间：2017 年 07 月～2020 年 12 月
项目经费：总经费 11934 万元，其中专项经费 3934 万元

5.2.1　研究背景

为贯彻落实《国家中长期科学和技术发展规划纲要（2006—2020 年)》"精致建造和绿色建筑施工技术与装备"、《国民经济与社会发展第十三个五年规划纲要》"推广装配式建筑和钢结构建筑""深入实施《中国制造 2025》""加快发展新型制造业，推动生产方式向柔性、智能、精细化转变"，围绕"十三五"期间建筑业领域科技需求，针对目前我国建筑业普遍存在的粗放、手工业的建造方式，资源能源利用率低的现状，实现传统生产方式向现代工业化生产方式转变的

时代要求，亟待开展工业化建筑部品与构配件关键制造技术方面的研究，加快推进工业化建筑部品与构配件制造行业技术提升。

5.2.2 总体目标

本项目旨在建立建筑业与部品、构配件制造业之间的对话关系；完成制造业在实现模块化、系列化、标准化制造过程中所必备的模数协调、公差配合等基础理论研究；应用智能化、信息化技术手段，实现制造业技术升级。

5.2.3 研究内容

通过开展工业化建筑空间与全产业链建筑部品与构配件的多维度协调方法、公差标准及标准化接口技术等方面的研究，建立面向制造业的相关产品的模数协调准则；建立满足工业化建筑装配需求的产品体系及部品库，完善其产品和技术标准体系，并建立高性能部品与构配件性能指标体系，搭建全产业链成套技术体系；通过采用工业设计理论和模数化、标准化设计方法，研究工业化建筑部品与构配件全过程数字化加工生产、一体化成型、产品管理控制等关键制造技术；研究用于复杂造型混凝土建筑部品与装饰构配件的新型复合材料模板制备和自动化成型工艺等现代化柔性生产关键制造技术；开发基于机器人焊接技术的在线质量监测与动态评价技术，建立钢结构构件智能化制造在线质量控制体系；全面提升我国部品与构配件制造技术水平。

5.2.4 预期效益

通过本项目研究，推动工业化建筑部品与构配件由订制式向订购式转变，降低资源消耗，提高劳动效率，推动建筑业由粗放型向集约型的转化，由手工业的建造方式向工业化的装配式方向转化。同时可引领行业的技术创新，具有显著技术、经济、社会和环境效益。

作者：郁银泉（中国建筑标准设计研究院有限公司）

5.3 钢结构建筑产业化关键技术及示范

项目编号：2017YFC0703800
项目牵头承担单位：中冶建筑研究总院有限公司
项目负责人：侯兆新
项目起止时间：2017 年 7 月～2020 年 12 月
项目经费：总经费 14867 万元，其中专项经费 3167 万元

5.3.1 研究背景

改革开放以来，我国钢结构建筑得到快速发展，但发展不平衡。在工业厂房、大跨度建筑领域达到很高的应用水平，但在量大面广的多高层建筑领域的发展仍然滞后，特别是在住宅建筑中，钢结构占比不到1％，远低于发达国家20％～30％的平均水平。另外，产业化水平与发达国家相比有较大差距，在技术层面上，制约钢结构建筑产业化发展的瓶颈主要在三个方面：一是缺乏适合产业化特征的典型结构体系建筑及其产业化成套技术；二是关键共性技术缺乏产业化和产品化解决方案；三是典型结构体系建筑缺乏可以产业化推广的工程示范。

5.3.2 研究目标

本项目针对我国钢结构建筑产业化发展现状问题，提出三大研究内容和目标：一是研究和优化装配式钢结构体系建筑并形成产业化成套集成技术；二是重点突破关键共性技术和产品，提出产业化解决方案；三是将典型钢结构体系建筑与关键共性技术结合起来，开展设计、施工、运维一体化工程示范，以期实现产业化推广。

5.3.3 研究内容

项目研究内容着力点在工程化和产业化上，聚焦5类适合我国国情和产业化要求的典型钢结构体系建筑，开展产业化技术集成研究并进行工程示范，包括新型剪力墙钢结构体系建筑、新型框架钢结构体系建筑、模块化钢结构体系建筑、装配式板柱钢结构体系建筑和交错桁架钢结构体系建筑；重点突破3类关键共性技术，提出产业化解决方案并实现产品，包括高效装配化连接技术、轻质环保围护体系技术、防火防腐装饰一体化防护技术；开发全过程、全专业协同一体化智能建造技术平台，实现典型钢结构体系建筑和共性关键技术系统集成建造的目标。

5.3.4 预期效益

通过本项目实施，制约我国钢结构建筑产业化发展所面临的施工较慢、地区适应性较差、标准或规范滞后、成套技术落后、产业化程度低、工程应用推广不足等诸多现实问题将得到系统的解决，钢结构建筑的适用性、经济性和工业化水平将得到显著提升。通过产业化生产线和示范园区建设以及示范工程的实践，也将大力推动装配式钢结构建筑的应用，促进钢结构建筑产业化发展；新建钢结构建筑占比大幅提升，接近或达到发达国家的应用水平。

作者：侯兆新（中冶建筑研究总院有限公司）

5.4 施工现场构件高效吊装安装关键技术与装备

项目编号：2017YFC0703900

项目牵头承担单位：中国建筑第七工程局有限公司

项目负责人：焦安亮

项目起止时间：2017 年 7 月～2020 年 12 月

项目经费：总经费 4613 万元，其中专项经费 1263 万元

5.4.1 研究背景

现阶段我国工业化建筑已进入高速发展期，国务院《关于进一步加强城市规划建设管理工作的若干意见》强调大力推广装配式建筑，"力争用 10 年左右时间，使装配式建筑占新建建筑的比例达到 30％"。但目前装配式建筑施工装备尚未突破，采用传统装备施工存在自动化程度低、就位难度大、施工效率低、劳动强度高、安全保障困难等问题，已经成为制约装配式建筑发展的瓶颈之一。因此研发适合我国国情、具有自主知识产权的装配式建筑施工新技术与新装备，已成为我国工业化建筑施工现代化发展的迫切需求。

5.4.2 总体目标

针对传统装备在装配式建筑施工中存在的问题，创新研发装配式建筑主体结构和外立面施工关键技术，形成集构件自动取放、吊运、调姿、就位、接缝施工于一体的自动化、数字化、模块化、平台式大型装配式建筑高效吊装安装综合装备及模块化组合、信息化控制的外立面施工多功能自动升降平台，并进行工程示范应用，提高施工现场构件吊装安装效率和安全，为我国工业化建筑施工现代化提供技术和装备支撑。

5.4.3 研究内容

重点研究集构件吊运和安装等功能于一体的专用起重平台技术与装置；构件自动取放、调姿、寻位安装及临时定位支架技术与装置；构件吊装安装数字化自动控制技术与系统；构件接缝施工混凝土专用提模及快速布料技术与装置；模块化组合、信息化控制的外立面施工多功能自动升降作业平台技术与装备；装备工程应用协调保障技术与工程示范。

5.4.4 预期效益

本项目研发形成的装配式建筑高效吊装安装综合装备以及外立面施工自动升

降作业平台装备以及相关的技术标准和施工工法，将有效解决装配式建筑施工领域的面临的共性问题，提高构件吊装安装施工效率，提升施工质量，减少劳动投入量，更为重要的是减少施工现场建筑垃圾排放和非实体性材料消耗，综合效益显著。主要体现在以下几个方面：

（1）促进建筑生产方式转变，契合以人为本理念，社会效益显著。本项目研究将建立装配式建筑构件自动化施工的高效吊装安装关键技术，形成装配式建筑构件自动化施工装备安装质量检测技术，建立自动化施工装备标准施工工艺体系、质量体系、安全体系，同时形成管理标准，形成自主知识产权的装配式建筑构件自动化施工关键技术成果，使我国在该领域的研究达到国际先进水平，社会效益明显。装配式建筑构件自动化施工技术从根本上改善了建筑施工现场工人作业条件，减轻劳动的强度，降低施工安全风险结和高强度施工环节的工人投入，与国家提出的"以人为本"的发展理念相吻合。

（2）提高标准化生产程度，可产生显著的经济效果。项目研究成果有助于促进装配式建筑构件标准化生产、快速机械化安装，有效提高构件安装精度，显著提供工程施工质量。装备主要为钢结构，可以周期循环使用，适合大范围推广应用，明显降低施工成本。

（3）研究成果将实现装配式建筑高效安全施工，生态环境效益显著。研发的装配式建筑高效吊装安装综合装备和多功能自动升降作业平台，与标准化施工紧密结合，将使非实体性材料大幅度下降，大量减少污染物排放，与传统施工方式相比，现场施工效率提高 15％，用工量将减少 50％以上；同时，施工装备可循环使用，减少施工阶段非实体材料投入。项目研究成果促进了我国绿色建造的发展。

作者：焦安亮（中国建筑第七工程局有限公司）

5.5 预制混凝土构件工业化生产关键技术及装备

项目名称：预制混凝土构件工业化生产关键技术及装备
项目编号：2017YFC0704000
项目牵头承担单位：中国建筑科学研究院
项目负责人：李守林
项目起止时间：2017 年 7 月～2020 年 12 月
项目经费：总经费 4475 万元，其中专项经费 1275 万元

5.5.1 研究背景

我国建筑工业化正处于快速发展阶段，但作为产业基础的预制构件生产装备

存在机械化、自动化、信息化等关键技术瓶颈，面临市场急需、国外设备不适应国情、国内设备尚不能满足需求的紧迫形势，导致构件质量和生产效率低、生产噪声大且对多品种构件适应性差，影响工程质量和施工效率，制约了装配式建筑的规模化发展。

5.5.2　研究目标

项目从构件生产工艺关键环节研究突破技术瓶颈，融合信息化工业化技术，形成预制混凝土构件生产关键技术与装备，提高构件的生产质量与效率，节约原材料，降低生产能耗与噪声，减少排放，为预制构件工业化生产提供装备技术支撑。

5.5.3　研究内容

（1）外墙板构件钢筋开口网片柔性焊接技术与设备，研究横纵筋同步供料、双侧断续区智能布筋、一体化柔性焊接等技术，解决开口网片加工的费工费料问题。

（2）墙板构件钢筋骨架自动组合成型技术与设备，研究钢筋骨架模块化分解、自动组合成型等技术，解决钢筋骨架加工效率低、精度差的问题。

（3）复杂预制构件混凝土数字化智能精确布料技术与设备，研究网格化浇筑模型规划、智能控制等技术，解决复杂构件布料精准度低的问题。

（4）大型构件复合振动密实与高精度成型技术，研究低水灰比混凝土复合频谱振动密实机理、构件尺寸精度控制等技术，解决构件高效高精度生产理论与工艺不足问题。

（5）构件台振系统与模振系统的成型技术与设备，研究复合频谱台振系统、可变模腔成组立模系统等技术，解决大型模台成型能力不足、振动噪声大的问题。

（6）可扩展组合式长线台座法生产技术与装备，研究生产线平面布局、可移动功能设备、模具快速拼装等技术，解决多品种构件生产柔性低的问题。

（7）构件生产关键技术及装备的系统集成与示范应用，研究基于上述关键装备的生产线系统集成及适用性技术。

5.5.4　预期成果和效益

预期形成钢筋开口网片柔性焊接生产线、墙板关键钢筋骨架自动组合成型生产线、预制混凝土构件长线台座法生产系统、平模振动成型系统、成组立模成型系统、混凝土自动布料系统等生产线/新产品/新装置，将为我国装配式建筑持续发展提供装备支撑，经济、社会和生态效益显著。

作者：李守林（中国建筑科学研究院）

6 建 筑 信 息 化

6 Building informatization

6.1 新型建筑智能化系统平台技术

项目编号：2017YFC0704100

项目牵头承担单位：清华大学

项目负责人：赵千川

项目起止时间：2017 年 6 月～2020 年 12 月

项目经费：总经费 8138 万元，其中专项经费 3388 万元

6.1.1 研究背景

建筑智能化系统是提供舒适、节能、安全的建筑空间的重要保障，物联网等信息技术的飞速发展为建筑智能化的研究提供了新机遇。传统的集中式建筑控制系统无法满足现代建筑在灵活性、可扩展性、可重构性等方面的要求，缺乏统一的智能建筑标准化方法以实现设备和子系统之间互联互通，使得智能机电设备的高效开发以及智能建筑的有效管理变得困难，这些是建筑智能化系统所面临的关键问题。

6.1.2 研究目标

本项目从物联网和分布式架构的概念出发，通过多学科交叉与融合，系统地研究开发新型建筑智能化系统平台及其应用所需要的基础理论、核心技术、软件工具、智能设备和标准规范，实现工程示范，最终建立面向大型公共建筑的扁平化、无中心建筑智能化系统平台的理论与技术体系。

6.1.3 研究内容

为实现上述目标，本项目拟解决如下 4 个方面的关键科学技术问题：

（1）扁平化、无中心的建筑智能化体系架构和关键分布式算法理论；

（2）建筑空间单元和机电设备的标准化模型；

（3）智能建筑平台的专用编程语言和开发环境；

（4）建筑空间、机电系统、人员分布的自辨识及运行管理自组织方法。

围绕上述关键问题，本项目重点研究如下 4 个方面的内容：

（1）研究扁平化、无中心建筑智能化系统平台的新理论，建立平台新架构；

（2）建立建筑空间单元和机电设备标准模型，开发新型智能机电设备；

（3）设计面向建筑管理运行的应用任务描述与求解编程语言，研发新型开发工具；

（4）研究建筑空间、机电系统和人员管理的新方法，并开发新型应用技术。

本项目共设置 8 个研究课题以覆盖上述 4 个方面的重点研究内容，课题设置分为 3 个层次，自顶而下分为新型智能化平台、平台应用技术、综合应用。

6.1.4 预期效益

本项目将建立支持建筑空间及机电设备互联互通的数据集和标准；系统支持节点数不小于 5000 个、并发任务数不少于 1000 个；开发工具在 10 家以上设计院应用；智能机电设备不少于 30 种、应用软件不少于 20 种，分别在 5 个以上示范工程应用；室内人员状况的监测误差小于 10%；专利 10 项；综合示范不少于 5 个、总面积不少于 10 万 m²，各工程中智能设备或软件不少于 30 项，运行测试大于半年，并形成报告。

通过本项目的实施，将建立扁平化、无中心的新型建筑智能化系统的基础理论和关键技术，力图形成一支具有国际一流水平的优势科研大团队，培养出智能建筑领域的学术领军人，担任相关领域的国际著名期刊编辑，力争培养 1～2 位本领域国家级人才。

项目研究成果的应用将提高现代大型公共建筑的能源、舒适、安全等方面的性能指标，为"十三五"期间我国新型城镇化建设和绿色建筑大规模发展提供理论支持和技术支撑，催生新型无中心建筑智能化平台及相关配套智能机电设备的产业发展，产生重大的社会经济效益。

作者： 赵千川（清华大学）

6.2 基于全过程的大数据绿色建筑管理技术研究与示范

项目编号：2017YFC0704200

项目牵头承担单位：上海市建筑科学研究院

项目负责人：张蓓红

项目起止时间：2017 年 7 月～2020 年 6 月

项目经费：总经费 8485 万元，其中专项经费 2485 万元

6.2.1　研究背景

过去的十年，我国已在 33 个省市建立了大型公共建筑能耗监测平台，累计监测建筑 7300 余栋，形成了海量能耗数据资源，初步建立了建筑节能信息化管理体系。但随着我国绿色建筑发展要求的不断提高，既有平台在建筑全过程管理中的作用尚未得到充分发挥，仍存在数据种类不够全面、数据准确度存疑和数据应用性欠佳等问题。

6.2.2　研究目标

本项目目标将突破绿色建筑全过程管理中的大数据关键科学与技术问题，为绿色建筑管理信息化、定量化及精准化提供涵盖基础数据保障、关键技术支撑、工程应用实践、集成管理示范的综合技术体系，实现数据采集安全可靠、数据存储共联共享、数据模型规范统一、数据应用全面展开，最大限度挖掘建筑运行大数据的价值，全面提升绿色建筑信息化管理水平和绿色运行性能，有力支撑绿色建筑可持续发展。

6.2.3　研究内容

针对目前各大城市已建成的公共建筑能耗监测平台，建立建筑及其机电系统的标准化描述方法，实现不同功能系统的信息标准化集成，保障实测海量数据的安全及质量，建立能耗预测模型、用能诊断技术以及基于数据挖掘技术的建筑能效评价体系，提出基于实时运行数据和建筑实际使用需求优化运行策略，形成绿色建筑大数据集成管理技术，充分发挥能耗监测平台在建筑运行管理中的作用，提升绿色建筑的信息化管理水平。

6.2.4　预期效益

本项目研究将为建筑能耗监测平台建设和绿色建筑管理的信息化、定量化及精准化提供综合技术体系，建立"标准统一、安全可靠、互联共享、应用便捷"的绿色建筑大数据管理平台。项目成果将显著提升我国绿色建筑信息化管理水平和能源利用效率，提高我国绿色建筑产业竞争力，同时也将为政府主管部门和行业领域决策提供技术支撑，对促进节能减排和生态文明建设将发挥重要作用。

作者：张蓓红（上海市建筑科学研究院）

第四篇 | 交 流 篇

　　2017 年，在各地方政府积极推动下，地方绿色建筑取得了新的进展。一是进一步强化绿色建筑顶层设计，通过颁布绿色建筑法规、制定绿色建筑激励机制、发布建筑节能与绿色建筑规划等方式引导绿色建筑健康发展；二是进一步完善绿色建筑标准体系，多个省市制定绿色生态城区、绿色建筑工程验收、既有建筑绿色化改造、绿色养老建筑等相关标准，为绿色建筑高质量发展提供技术支撑；三是进一步拓展绿色建筑内涵，积极推动超低能耗建筑、建筑工业化、健康建筑研究及成果的应用。

　　本篇收录了北京、天津、河北、上海、湖北、湖南、广东、重庆、深圳、厦门 10 个地区开展绿色建筑相关工作情况，侧重从地区建筑业总体情况、绿色建筑总体情况、发展绿色建筑的政策法规情况、绿色建筑标准和科研情况等几方面结合本地区绿色建筑亮点及特色做交流介绍。

　　希望读者通过本篇内容，能够对这些地区的绿色建筑总体发展状况有一个概括性了解，并为推动全国其他地区的绿色建筑发展起到促进作用。

Part IV | Experiences

In 2017, with the active promotion of local governments, new progresses have been made in local green building. One measure is further strengthening the top design of green building to guide the healthy development of green building through the promulgation of green building regulations, formulation of green building incentive mechanism, release of building energy efficiency and green building planning. Another measure is further improving the green building standard system. A number of provinces and cities develop standards for green eco-city, completion acceptance of green building construction, green retrofitting of existing building, and green pension building to provide technical support for high quality development of green building. The third measure is further expanding the contents of green buildings, and actively promoting the application of research achievements of ultra-low energy building, building industrialization and healthy building.

This part includes the relevant work on green building in 10 regions such as Beijing, Tianjin, Hebei, Shanghai, Hubei, Hunan, Guangdong, Chongqing, Shenzhen and Xiamen, focusing on the overall situation of the construction industry, the overall situation of green building, the development of green building policies and regulations, green building standards and scientific research.

This part hopes to provide readers with a general overview of green building development in these areas and to promote green buildings in other parts of the country.

1 北京市绿色建筑总体情况简介

1 General situation of green building in Beijing

1.1 建筑业总体情况

2017 年 1～3 季度，北京市有资质的施工总承包、专业承包建筑业企业完成建筑业总产值 6644.4 亿元，同比增长 13.2%。1～3 季度，全市有资质的施工总承包、专业承包建筑业企业签订合同额 26656.3 亿元，同比增长 23.8%。9 月末，全市有资质的施工总承包、专业承包建筑业企业房屋建筑施工面积 60365.8 万 m²，同比增长 8.7%，其中，本年新开工面积 12001.8 万 m²，增长 11.6%。房屋竣工面积 4416.9 万 m²，增长 3.8%。北京承诺 2020 年碳排放总量达峰，建筑节能作为节能减排的重点领域面临严峻挑战。

"十三五"时期北京市建筑节能将结合首都城市总体功能定位，实施全市民用建筑能源消费总量和能耗强度双控，狠抓能源需求侧调控和能源供给侧改革，控制民用建筑碳排放总量。在建筑规模总量一定的前提下，到 2020 年民用建筑能源消费总量控制在 4100 万吨标准煤以内，2020 年新建城镇居住建筑单位面积能耗比"十二五"末城镇居住建筑单位面积平均能耗下降 25%，建筑能效达到国际同等气候条件地区先进水平。北京市建筑节能领域将深入贯彻落实创新、协调、绿色、开放、共享的发展理念，全面深入促进高星级、高品质绿色建筑发展，提高绿色建筑建设标准和运营管理水平，提升绿色生态示范区发展水平，推动绿色建筑全产业链发展，努力建设绿色建筑示范城市。

1.2 绿色建筑总体情况

2017 年北京市通过绿色建筑标识认证的项目 48 项，建筑面积共计 767.92 万 m²。其中运行标识 4 项，建筑面积 73.50 万 m²；设计标识 44 项、建筑面积约 694.42 万 m²。公共建筑 30 项，共计 390.24 万 m²，住宅建筑 18 项，共计 377.69 万 m²。其中一星级标识项目数量为 6 项，建筑面积 78.48 万 m²，二星级项目 33 项，建筑面积 488.30 万 m²；三星级项目 9 项，建筑面积 201.14 万 m²。二星级及以上项目占比达到 88%，二星级及以上建筑面积占比达到 90%。

截至 2017 年 12 月，北京市通过绿色建筑标识认证的项目共 274 项，建筑面积达 3201.28 万 m^2。其中运行标识 36 项，建筑面积 506.18 万 m^2；设计标识 238 项，建筑面积 2695.10 万 m^2。公共建筑 180 项，共计 1787.99 万 m^2，住宅建筑 91 项，共计 1397.70 万 m^2，工业建筑 1 项，共计 1.4 万 m^2，综合建筑 2 项，共计 14.18 万 m^2。其中一星级标识项目数量为 34 项，建筑面积 307.20 万 m^2，二星级项目 131 项，建筑面积 1701.90 万 m^2；三星级项目 109 项，建筑面积 1192.17 万 m^2。二星级及以上项目占比达到 88%，二星级及以上建筑面积占比达到 90%。

北京市规划和国土资源管理委员会依据《北京市绿色建筑施工图审查要点》对 2013 年 6 月 1 日后取得建设规划许可证的项目进行审查，要求新建项目基本达到绿色建筑等级评定一星级以上标准。截至 2017 年 12 月底，北京市共有 2986 个项目，约 1.45 亿 m^2 的新建项目通过了绿色建筑施工图审查，实现了绿色建筑的规模化发展。

1.3 发展绿色建筑的政策法规情况

（1）北京市发展和改革委员会、北京市统计局、北京市环境保护局、中国共产党北京市委员会组织部《关于印发北京市绿色发展指标体系及北京市生态文明建设考核目标体系的通知》（京发改〔2017〕2044 号）

2017 年 12 月，北京市发改委等部门按照《北京市生态文明建设目标评价考核办法》的要求，联合印发《北京市绿色发展指标体系》和《北京市生态文明建设考核目标体系》，作为对各区生态文明建设评价考核的依据。绿色发展指标体系采用综合指数法进行测算，结合"十三五"规划纲要和相关部门规划目标，测算各区绿色发展指数和资源利用指数、环境治理指数、环境质量指数、生态保护指数、增长质量指数、绿色生活指数 6 个分类指数。"城镇绿色建筑面积占新建建筑比重"作为建设领域的唯一指标纳入绿色发展指标体系。

（2）北京市规划和国土资源管理委员会《关于新建政府投资公益性建筑和大型公共建筑全面执行绿色建筑二星级标准的通知》（市规划国土发〔2017〕1828 号）

按照《北京市民用建筑节能管理办法》（市政府令第 256 号）、《中共北京市委北京市人民政府关于全面深化改革提升城市规划建设管理水平的意见》的要求，2017 年 8 月北京市规划委发布通知，要求自 2017 年 10 月 1 日起，新建政府投资公益性建筑（政府投资的学校、医院、博物馆、科技馆、体育馆等满足社会公众公共需要的公益性建筑）和大型公共建筑（单体建筑面积超过 2 万 m^2 的机场、车站、宾馆、饭店、商场、写字楼等大型公共建筑）全面执行绿色建筑二星级及以上标准。北京市规划委按照北京市《绿色建筑评价标准（DB11/T 825—2015）》制定了《北京市绿色建筑施工图审查要点（2017 年修订）》。2017 年 10 月 1 日后取得建设工程规划许可证的房屋建筑类项目按此审查要点进行绿色建筑施工图专项审查。

（3）北京市规划和国土资源管理委员会、北京市住房和城乡建设委员会《关于北京市绿色建筑标识管理有关工作的通知》（市规划国土文［2017］64 号）

根据《住房城乡建设部办公厅关于绿色建筑评价标识管理有关工作的通知》（建办科［2015］53 号）、北京市住房和城乡建设委员会《关于发布北京市地方标准〈绿色建筑评价标准〉的通知》（京建发［2016］56 号）的有关要求，因地制宜开展绿色建筑标识评价工作，加强标识评价规范化管理。

（4）北京市建筑节能工作联席会议办公室《关于印发〈各区 2017 年建筑节能任务分解指标〉的通知》

为确保北京市建筑节能主要任务指标的实现，北京市建筑节能工作联席会议办公室将全市各区 2017 年的建筑节能主要指标印发给各区人民政府，要求相关部门认真落实，采取有力措施确保完成。

各区 2017 年建筑节能任务涵盖以下十个方面：①严格执行民用建筑节能设计标准、②推进绿色建筑高星级发展、③加快发展装配式建筑、④实施超低能耗建筑示范、⑤推广可再生能源建筑应用、⑥开展既有居住建筑节能改造工作、⑦继续开展公共建筑电耗限额管理、⑧开展公共建筑节能绿色化改造、⑨继续实施抗震节能型农民住宅建设与改造、⑩开展建筑节能监督检查，并根据各区具体情况进行了任务指标分解。

（5）北京市住房和城乡建设委员会、北京市财政局、北京市规划和国土资源管理委员会《关于印发〈北京市超低能耗建筑示范工程项目及奖励资金管理暂行办法〉的通知》（京建法［2017］11 号）

为贯彻实施《北京市推动超低能耗建筑发展行动计划（2016—2018 年）》，规范超低能耗建筑示范项目和奖励资金的管理，2017 年 6 月发布通知要求本市行政区域内的超低能耗建筑均按本办法实施项目管理。奖励资金的适用范围为社会投资超低能耗建筑示范项目。建设单位在取得土地使用权时承诺实施超低能耗建筑示范的，只对超出承诺范围的部分予以奖励。政府投资超低能耗建筑示范项目的增量成本由政府资金承担。示范项目的确认和专项验收由专家进行评审。2017 年 10 月 8 日之前确认的项目按照 1000 元/m² 进行奖励，且单个项目不超过 3000 万元；2017 年 10 月 9 日～2018 年 10 月 8 日确认的项目按照 800 元/m² 进行奖励，且单个项目不超过 2500 万元；2018 年 10 月 9 日～2019 年 10 月 8 日确认的项目按照 600 元/m² 进行奖励，且单个项目不超过 2000 万元。暂行办法规定的示范项目的申报要求和申报程序，明确了示范项目的各环节管理要求。

（6）北京市住房和城乡建设委员会、北京市财政局、北京市规划和国土资源管理委员会、北京市发展和改革委员会《关于印发〈北京市公共建筑节能绿色化改造项目及奖励资金管理暂行办法〉的通知》（京建法［2017］12 号）

为落实《北京市公共建筑能效提升行动计划（2016—2018 年）》（京建发［2016］325 号）相关要求，规范公共建筑节能绿色化改造项目及奖励资金管理，2017 年 6 月发布通知要求本市行政区域内依据相关技术标准对公共建筑的供暖通风空调系统、动力系统、供配电与照明系统、监测与控制系统、围护结构、给排水系统等进行一项或多项节能改造并达到节能率要求的项目按照本办法实施项目管理。普通公共建筑节能率不低于 15％、大型公共建筑节能率不低于 20％的项目，按 30 元/m² 的奖励标准给予市级资金奖励。暂行办法规定的示范项目的申报要求和申报程序，明确了示范项目的各环节管理要求。

（7）北京市住房和城乡建设委员会关于发布《2017 年〈北京市建设工程计价依据——预算消耗量定额〉绿色建筑工程》的通知（京建发［2017］310 号）

为满足绿色建筑工程项目的计价需要，助推绿色建筑发展，合理确定和有效控制其工程造价，2017 年 8 月编制发布了 2017 年《〈北京市建设工程计价依据——预算消耗量定额〉绿色建筑工程》（以下简称"绿色定额"），绿色定额是按照国家和本市有关绿色建筑评价标准、设计规范、施工验收规范、质量评定标准、安全技术操作规程、施工现场安全文明施工及环境保护等要求，参考全国和本市有关定额、行业标准及典型工程资料编制的预算消耗量定额，适用于北京市行政区域内的房屋建筑与装饰、通用安装、市政、园林绿化、城市轨道交通工程新建、扩建；建筑整体更新改造和市政改建等工程绿色定额与 2012 年《北京市建设工程计价依据——预算定额》配套使用。

（8）北京市住房和城乡建设委员会关于执行《2017 年〈北京市建设工程计价依据——预算消耗量定额〉绿色建筑工程》有关规定的通知（京建法［2017］22 号）

为贯彻执行 2017 年《〈北京市建设工程计价依据——预算消耗量定额〉绿色建筑工程》（以下简称"绿色定额"），2017 年 10 月，北京市住建委再次发布文件对绿色定额的执行明确要求。绿色定额作为国有资金投资工程编制建设工程预算、编制最高投标限价的依据，作为编制工程投标报价、确定工程施工承包合同签约合同价的参考依据；作为在正常施工条件下完成规定计量单位合格产品所消耗的人工、材料、施工机具的数量标准；绿色定额中人工、材料、施工机具等要素的价格执行预算编制当期的市场价格，市场价格不包含增值税可抵扣进项税。与 2012 年《北京市建设工程计价依据——预算定额》配套使用。绿色建筑工程需要补充的项目，按《2012 预算定额的补充预算定额申报流程》（京建发［2014］57 号）规定的流程办理。绿色定额自 2017 年 12 月 1 日起执行。

（9）北京市规划国土委发布《关于启动 2017 年北京市绿色生态示范区评选工作的通知》（市规划国土发［2017］245 号）

为落实《北京市发展绿色建筑推动生态城市建设实施方案》、《北京市发展绿色建筑推动绿色生态示范区建设奖励资金管理暂行办法》，北京市规划和国土资源管理委员会于 2017 年 7 月发布《关于启动 2017 年北京市绿色生态示范区评选工作的通知》（市规划国土发［2017］245 号），正式启动 2017 年北京市绿色生态示范区评选工作。2017 年的评选范围在往年产业园区参评的基础上进行拓展，将居住区纳入市级绿色生态示范区评选。经资料初审、现场核查、专家评审，2017 年度大望京科技商务创新区和中关村高端医疗器械产业园两个功能区获得"北京市绿色生态示范区"称号。

1.4 绿色建筑标准和科研情况

1.4.1 绿色建筑标准

（1）编制北京市地方标准《绿色建筑示范区运营管理标准》

根据北京市质量技术监督局关于印发《2016 年北京市地方标准制修订项目计划》的通知（京质监发［2016］22 号），《绿色建筑示范区运营管理标准》作为一类推荐性标准被批准开展制订工作，制订工作起止年限为 2016 年～2017 年。该标准用于规范在建和已建北京市绿色建筑示范区的运营管理，提出绿色建筑示范区在土地土地资源高效集约利用、生态环境、绿色建筑、能源节约利用、水资源节约、固废资源化利用、绿色交通、公众参与等方面开展绿色运营管理的基本要求，为园区管委会或开发管理单位提供建设和运营管理过程中应遵循的基本原则和行动导则。

（2）编制地方标准《绿色生态示范区规划设计评价标准》

为贯彻落实党的十九大精神，推进北京城市总体规划实施，北京市规划和国土资源管理委员会组织编制了《绿色生态示范区规划设计评价标准》，目前该标准已进入上网公示征求意见阶段。本标准是在借鉴国内外绿色生态规划设计实践和研究成果的基础上，结合北京市近年来评选工作的实践，经认真调查研究和征求意见后制定。本标准共分为 12 章 1 个附录，主要技术内容包括：1. 总则；2. 术语；3. 基本规定；4. 用地布局；5. 生态环境；6. 绿色交通；7. 绿色建筑；8. 水资源；9. 低碳能源；10. 固体废弃物；11. 信息化；12. 人文关怀与绿色产业。

（3）编制印发《北京市绿色建筑评价技术指南（2016）》

为规范和引导绿色建筑的健康发展，进一步规范和指导北京市的绿色建筑标识评价工作，北京市住建委根据新版《绿色建筑评价标准》DB11/T 825—2015 组织编写《北京市绿色建筑评价技术指南（2016）》，已于 2017 年 8 月出版。《指南》比较系统地总结了近年来北京市绿色建筑标识评价工作的实践经验，深入阐明了标识项目评价要义，解读了北京市绿色建筑在节地、节能、节水、节材、室内环境、施工管理、运营管理各方面更加因地制宜的技术标准要求和内涵。每款条文均通过"条文说明及扩展""评价要点""计算方法及模板""实施策略""建议提交材料""与其他条款关联"和"与国标区别"等部分进行详细阐述，同时结合"参考案例"以加深理解。

（4）编制印发《北京市绿色建筑适用技术推广目录（2016）》

2016 年 12 月北京市住房和城乡建设委员会发布了《北京市绿色建筑适用技术推广目录（2016）》（京建发［2016］469 号），推广 67 项节地、节能、节材、节水、室内健康等绿色建筑适用技术。

1.4.2 科研情况

（1）全球环境基金（GEF）五期"中国城市规模的建筑节能和可再生能源应用项目"

本项目为全球环境基金（GEF）5 期"中国城市规模的建筑节能和可再生能源应用"赠款项目，旨在通过支持中国可持续能源议程中三个重要领域的政策改进，解决挑战中国可持续城市化发展的关键问题。项目执行期 5 年，2013 年开始，2018 年结束。目前，已经开展的子项目包括：《北京市建筑节能管理规定》修订及发布地方性法规调研、开展修订北京市《公共建筑节能设计标准》、《绿色建筑工程施工验收规范》的调研及制订、绿色建筑标识认证信息化平台建设、北京市大型公共建筑能耗比、北京市城市形态研究、修订北京市《绿色建筑评价标准》DB11/T 825—2011、建筑室内 PM2.5 控制技术研究、住宅产业现代化全产业链相关支撑政策研究、超低能耗建筑用保温材料及外保温系统技术研究、旧城区绿色节能改造研究与示范、施工现场硬装地面工业化技术研究与推广、北京市绿色建筑与建筑节能 2030 发展路线图及政策支持机制研究、北京市绿色建筑工程验收体系研究、装配式建造技术在既有建筑绿色化改造中的应用研究、寒冷地区装配式超低能耗建筑技术研究与试点、北京市装配式建筑技术目录编制等项目。

（2）《北京市绿色生态示范区评估监管体系研究》课题

随着近年来北京市绿色生态示范区评选工作的常态化开展，在评选工作完成之后，如何监督已获得绿色生态示范区称号的项目在实际建设过程中落实各项措施和指标，分阶段评价验收绿色生态示范区建设的实际效果，已成为规划评审和监管部门面临和关注的重点问题。本课题研究北京市绿色生态示范区评估监管体系，为规划管理部门开展对绿色生态示范区实际建设效果的监管评价工作提供科学依据和技术支撑，切实保证城市生态环境质量的有效改善。

课题通过对评估监管的研究，初步理清了绩效评估时序。绿色生态示范区获评第一年为评定年：确认示范区生态建设的生态目标和顶层设计，优化实施路径，确认绩效评估内容及考核指标。获评第二年为深化实施年：示范区深化落实目标体系，完善基础设施建设，推进开工面积。获评第三年为绩效评估年：评估实际生态效益，反馈优化目标设计。获评第四年为持续实施年：生态示范区评估周期常态化，反馈调整机制形成，持续深化建设。未来，北京市绿色生态示范区评选和评估将始终保持开放性和动态性，形成园区沟通反馈机制，建立监测平台与数据库对示范区进行动态追踪，以评选和评估工作常态化进一步助推北京市生态城市建设。

（3）《北京城市副中心行政办公区绿色建筑工程项目验收和运营管理技术导则研究》课题

为保障北京城市副中心行政办公区绿色建筑工程质量，北京市住建委组织开展《北京城市副中心行政办公区绿色建筑工程项目验收和运营管理技术导则研究》课题研究。北京城市副中心行政办公区全部建筑将达到绿色建筑二星级水平，其中三星级绿色建筑的比例达到70%。课题围绕城市副中心行政办公区绿色建筑工程，重点形成具有针对性的绿色建筑工程竣工验收技术标准，切实保障城市副中心行政办公区绿色建筑性能；同时以提升城市副中心行政办公区绿色建筑工程运行维护水平为目标，制定北京城市副中心行政办公区绿色建筑工程验收和运维技术导则，为圆满完成城市副中心行政办公区高星级、高标准、高品质绿色建筑全面发展的建设目标提供全过程管理的技术支撑。

1.5 地方绿色建筑大事记

2017年1月11日，北京市发布《北京市保障性住房预制装配式构件标准化技术要求》，用以规范保障性住房预制装配式构件的规格和种类，引导各类保障性住房性能进一步提高，提升群众居住品质。

2017年1月18日，北京市规划委勘设测管办发布《北京市绿色建筑施工图审查要点（2016年修订版）》，对照新版北京市地方标准《绿色建筑评价标准》DB11/T 825—2015将原2014版《北京市绿色建筑（一星级）施工图审查要点（试行）》进行了修订，要求2017年4月1日后取得建设工程规划许可证的房屋建筑类项目按照新的2016版审查要点执行。

2017年2月22日，北京市发布《北京市人民政府办公厅关于加快发展装配式建筑的实施意见》（京政办发〔2017〕8号）。

2017年3月3日，北京市签订了第一批共3个项目的高标准商品住宅建设监管协议。创新土地招拍挂方式，推进高标准商品住宅建设，将绿色生态指标纳入土地招拍挂环节，通过市场化手段进行有效约束，探索了新的发展模式。

2017年3月15日，北京市住建委发布《〈北京市建设工程计价依据——预算消耗量定额〉装配式房屋建筑工程》。

2017年4月11~13日住房城乡建设部专项检查组对北京市2016年度建筑节能、绿色建筑与装配式建筑实施情况进行了专项检查。

2017年5月2日，北京市住建委印发《北京市工程质量安全提升行动工作方案》（京建发〔2017〕165号），推动城市建设由"速度型"向"质量型"转变。

2017年5月22日，北京市发布《北京市发展装配式建筑工作联席会议制度》（京装配联办发〔2017〕1号）和《北京市发展装配式建筑2017年工作计划》（京装配联办发〔2017〕2号）。

2017年6月1日，"低碳生态城市展览"在北京市规划展览馆四层低碳生态展厅开幕。

2017年6月9日，北京市住房和城乡建设委员会发布《关于在本市建设工程施工现场推广使用绿色照明产品的通知》（京建发〔2017〕216号）。

2017年6月26日和8月4日，北京市住建委组织召开装配式建筑公益讲座2期，培训人员近400人。

2017年9月，北京市住房城乡建设委会同市规划国土委、项目所在区住房城乡建设委和区规划分局共同组织超低能耗专家组对2016~2017年度申报的超低能耗示范项目进行了评审。朝阳区垡头焦化厂公租房（17号、21号、22号）等9个项目作为北京市首批超低能耗建筑示范项目获得财政奖励资金约1亿元。

2017年9月11日，北京市金融工作局等八家单位联合发布《关于构建首都绿色金融体系的实施办法》（京金融〔2017〕152号），以绿色金融助力首都绿色发展。其中第二条要求加强银行绿色金融创新发展，对符合国家产业政策和经济转型的绿色项目加大贷款贴息力度。第十条明确积极发展绿色保险，支持保险机构开发绿色建筑保险等绿色保险品种，服务好首都绿色发展项目。

2017年9月20~21日，北京市住建委组织全市装配式建筑培训，面向各委办局、各区、委内相关部门的从事装配式建筑相关工作的管理人员，培训人数160余人。

2017年9月28日，北京市住建委组织召开北京市公共建筑能耗限额管理和节能改造工作新闻座谈会，宣贯限额管理工作、绿色化改造政策等。目前，北京市纳入公共建筑限额管理9610栋建筑，建筑面积约1.27亿m^2，占全市公共建筑的面积比例达到43%，电耗占比达到56%。

2017 年 9 月 30 日，《北京市共有产权住房规划设计宜居建设导则（试行）》开始实施。《导则》明确要求共有产权住房全面实施装配式建造、全装修成品交房，执行绿色建筑二星级及以上标准。

2017 年 10 月 12～14 日，北京市住建委组团参加在中国国际展览中心举办的第十六届中国国际住宅产业暨建筑工业化产品与设备博览会，本届中国住博会以"发展装配式建筑、促进绿色发展"为主题。

2017 年 11 月 9 日，北京市获批首批"国家装配式建筑示范城市"，北京住总集团等 15 家企业获批"国家装配式建筑产业基地"。

2017 年 11 月 22 日，北京市规划国土委组织召开 2017 年度北京市绿色生态示范区评选总结大会。

2017 年 12 月 1 日起，北京市所有按照国家和本市《绿色建筑评价标准》要求进行设计、施工及验收的新建、扩建和整体更新改造的建筑等工程，按照新的计价依据——2017 版《〈北京市建设工程计价依据——预算消耗量定额〉绿色建筑工程》执行计价。

2017 年 12 月 7 日，住房城乡建设部陈宜明总工程师、科技节能司苏蕴山司长、住建部科促发展中心俞滨洋主任等一行 8 人前往装配式建筑产业基地——北京恒通创新赛木科技有股份有限公司调研。

2017 年 12 月 8 日，由北京建筑材料科学研究总院、天津市建筑设计院和河北省建筑科学研究院主办，京津冀三地住房和城乡建设管理部门支持的"2017 京津冀超低能耗建筑发展论坛"在北京市西国贸酒店召开。住建部陈宜明总工程师、倪江波副司长，三地城乡建设委、建设厅相关负责同志以及京津冀住建系统的有关负责同志出席论坛，来自京津冀地区的相关技术和管理人员共计 350 余人参加了本次论坛。

2017 年 12 月 25 日，北京日报以"提升人居环境　建设美丽首都"为主题，专版报道了北京市在提升人居环境方面的工作成绩和 2017 年获得中国人居环境奖的四个项目：北京市东城区东四南历史街区保护更新公众参与项目、北京市装配式建造公租房项目、北京市中国建筑科学研究院近零能耗示范楼项目、北京市新首钢城市更新改造项目。

2017 年 12 月 26 日，北京市出台《关于在本市装配式建筑工程中实行工程总承包招投标的若干规定（试行）》，明确了装配式建筑的发包方式、监管模式、评标办法等内容。

2017 年，北京市住建委多次组织召开公共建筑节能绿色化改造培训会，宣传《北京市公共建筑节能绿色化改造项目及奖励资金管理暂行办法》对节能绿色化改造的资金奖励政策。

2017 年，北京市住建委共发布《绿色建筑·北京在行动》电子期刊 4 期，宣传绿色建筑工作动态、政策措施、技术标准、典型项目、区域示范和先进经验等。

2017年，北京市共有8个项目获得全国绿色建筑创新奖，其中1个一等奖、4个二等奖、3个三等奖。

作者：赵丰东[1] 乔渊[1] 郭宁[1] 叶嘉[2] 孟宇[2] 胡倩[2]（1.北京市住房和城乡建设科技促进中心；2.北京市勘察设计和测绘地理信息管理办公室）

2 天津市绿色建筑总体情况简介

2 General situation of green building in Tianjin

2.1 建筑业总体情况

2017 年，天津市建筑业逐步提质增效，截至 2017 年 11 月，天津市房屋建筑工程施工总面积 8400.14 万 m²，较 2016 年同期下降 8.1 ％；房屋建筑工程新开工面积 2226.48 万 m²，较 2016 年同期下降 4.2％；房屋建筑工程竣工面积 553.03 万 m²，较 2016 年同期下降 72.7％。

2.2 绿色建筑总体情况

截至 2017 年 11 月，天津市通过绿色建筑评价标识的项目共计 41 项，较 2016 年增加 12 项。其中公共建筑设计标识共 20 项，一星级 9 项，二星级 10 项，三星 1 项；住宅建筑设计标识共 9 项，一星级 5 项，二星级 2 项，三星级 2 项；公共建筑运行标识 3 项，二星级 1 项，三星级 2 项；住宅建筑运行标识二星级 1 项；住宅＋公共建筑 8 项，一星级 3 项，二星级 5 项。截至 2017 年底，天津市共有 300 余个通过绿色建筑评价标识的建筑项目，29 个项目获得国家绿色建筑创新奖，全市绿色建筑竣工和在建项目已超过 8000 万 m²。

2.2.1 加快绿色生态城区建设

天津市在绿色建筑发展中充分发挥中新天津生态城的示范引领作用，先后实施了东丽湖、于家堡金融商务区、塘沽南部生态新城、新梅江居住区、团泊新城、武清商务区等 10 个绿色生态城区项目，实现绿色建筑集中连片发展，各片区编制包括绿色建筑、绿色产业、可再生能源应用等内容的生态指标体系，并依据生态指标，编制能源、水资源利用及绿色交通等专项规划，将生态指标要求落实到每一个地块，确保区域整体绿色发展。

2.2.2 提升绿色建筑品质

天津市采取措施不断加强新建绿色建筑监管。严格执行《天津市绿色建筑设计标准》，开展绿色建筑专项检查，研究制定天津市绿色建筑设计深度图样和绿色施工方案，出台《天津市绿色建筑竣工验收标准》，加强绿色建筑质量监督，确保新建民用建筑 100％执行绿色建筑标准。

此外，天津市着力打造精品绿色建筑示范。积极开展 2017 年度全国绿色建筑创新奖组织申报工作，推动绿色建筑技术进步。研究制定绿色建筑发展支持政策，推进高星级绿色建筑、绿色建筑运营标识项目的实施，提高绿色建筑发展质量。

2.2.3 促进绿色产业发展

天津市以绿色建筑的发展为抓手，注重培育发展绿色产业，拉动绿色经济。发展绿色产业，首要任务是抓好企业的绿色发展，提升天津住宅集团、天津市建筑设计院等一批天津市建筑领域企业绿色发展能力，注重绿色建筑与节能产业创新；壮大培育了一批绿色建筑服务企业，促进绿色建筑检测、咨询、合同能源管理等服务企业蓬勃发展，新成立企业近 20 余家，70 余家企业增加或转型开展绿色建筑服务业务，为绿色建筑市场注入了活力。

2.2.4 深化既有建筑绿色化改造

天津市是国家公共建筑节能改造首批三个重点城市之一，按照重点城市示范建设要求，天津市应完成公共建筑节能改造 400 万 m^2，平均节能率不小于 20％。至 2017 年 6 月，天津市已完成改造项目 406.1 万 m^2，平均节能率 20.3％，超过国家下达的改造任务指标，改造效果满足要求，超额提前完成既有建筑绿色化改造的任务。

此外，天津市积极开展既有城区绿色改造，鼓励和引领旧城区绿色化改造，通过政府与私人企业合作，建立旧城区改造的 PPP 融资模式。以新梅江居住区为旧城绿色化改造示范，推动和平区等周边城区按照绿色生态标准进行绿色化改造，实现旧城区居住环境和生态环境的整体提升。

2.2.5 普及绿色生活理念

天津市大力创建绿色建筑良好发展氛围。加大绿色建筑知识的普及力度，搭建天津市绿色建筑展厅，多次在媒体进行宣传报道，引导市民绿色生活、绿色出行，积极开展公共建筑能效提升活动。

2.3 出台绿色建筑的政策法规

2.3.1 出台《天津市节能"十三五"规划》

2017 年 3 月，天津市工信委编制出台《天津市节能"十三五"规划》，《规划》指出到 2020 年，天津市万元地区生产总值能耗下降到 0.414 吨标准煤（按 2010 年价格计算），比 2015 年的 0.499 吨标准煤下降 17％。"十三五"期间，全市将实现节约能源 2100 万吨标准煤。

在建筑业方面，《规划》指出，要加强建筑领域的节能，强化重点企业节能管理。全面实施新建建筑节能标准，实施既有建筑节能改造，到 2020 年完成居住建筑节能改造面积 2000 万 m^2，完成既有公共建筑节能改造 300 万 m^2。

2.3.2　发布《天津市 2016 年度各区建筑节能和绿色建筑目标考核情况通报》

为全面推进建筑节能各项重点任务的落实，天津市组织开展了 2016 年度各区和功能区建筑节能和绿色建筑目标考核工作，主要考核了天津市 16 个区、滨海新区 8 个功能区以及海河教育园区的建筑节能和绿色建筑的情况，并于 2017 年初发布了《天津市 2016 年度各区建筑节能和绿色建筑目标考核情况通报》，以使各区学习借鉴先进区和功能区的工作经验，认真整改存在的问题，补齐短板，积极推进 2017 年全市建筑节能和绿色建筑工作，为加快生态文明建设做出新贡献。

2.3.3　发布《天津市 2017 年建筑节能和科技工作要点》

为贯彻落实天津市 2017 年城市工作会议精神，加快美丽天津建设，推进建筑节能和科技工作再上新水平，天津市制定了《天津市 2017 年建筑节能和科技工作要点》，明确总体思路为：全面贯彻市委市政府决策部署，认真落实天津城市工作会议精神，牢固树立创新、协调、绿色、开放、共享的发展理念，强化责任担当，开拓创新、整合资源、提高效率，根据建筑节能和建设科技工作"十三五"发展规划，积极推进建设科技发展，完善建设标准体系，提升建筑节能和绿色建筑发展水平，全面推进装配式建筑发展。

确立了全面推进装配式建筑发展、大力提升建筑能效、持续提高绿色建筑品质、积极推进建设科技创新、完善工程建设标准体系、强化党风廉政建设六大工作要点，以指导天津市建筑节能和科技工作的顺利开展。

2.4　绿色建筑标准和科研情况

2.4.1　绿色建筑标准

（1）完成《天津市建筑安装工程装配式（绿建）项目预算基价》的修编

天津市相关单位和专家在现行《天津市建筑安装工程节能项目预算基价》的基础上修编了《天津市建安工程装配式（绿建）项目预算基价》，将与天津市

2016 计价依据配套使用，同期实施。《天津市建筑安装工程装配式（绿建）项目预算基价》是国内率先针对装配式建筑预算基价的标准，具有创新性和领先性。

（2）完成《天津市公共建筑能耗标准》（DB/T 20—249—2017）的修编

基于长期监测的数据，经过数据分析、征求意见，依据国家和地方相关标准，充分考虑了天津市公共建筑的类型特点、建筑用能特征、未来功能需求提升增加的能耗等，提出了办公建筑、商场建筑、旅馆建筑、学校建筑（不含高等院校）和医院建筑的供暖和非供暖能耗指标体系，并给出了相关修正方法，具有较强的操作性，为天津市公共建筑能耗管理及低能耗建筑的认定提供了依据。

（3）完成《中新天津生态城绿色建筑运营管理导则》的编制

为规范和引导中新生态城绿色建筑的运营管理行为，在运营阶段有效降低建筑的运行能耗，最大限度地节约资源和保护环境，天津城建大学、天津市建筑设计院完成了对《中新天津生态城绿色建筑运营管理导则》的编制，并通过专家的评审。

《导则》借鉴国内外相关标准的编制经验，吸取了新加坡绿色建筑运营管理的理念，结合中新天津生态城的特点，充分考虑了绿色建筑运营的实际及发展需要，对于生态城的绿色建筑运营管理具有较强的指导作用；《导则》采取"管理要求＋技术要求＋行为引导"的架构，与《中新天津生态城绿色建筑评价标准》相对应，从"四节一环保"的角度，对运营管理提出明确要求，具有创新性和可操作性，对生态城实现 100%绿色建筑的目标具有重要的保证和支撑作用。

（4）完成生态城绿色建筑评价标准与国家标准对标的工作

2016 年《中新天津生态城绿色建筑评价标准》（DB/T 29—192—2016）编制完成后，2016 年 5 月 13 日住房城乡建设部办公厅印制的第 3 期部际联席会议纪要——中新天津生态城联合工作委员会第七次会议纪要中，明确提出支持生态城绿色建筑评价标准与国家标准对标的工作要求，以标准主编单位天津城建大学、天津市建筑设计院为主的编制专家积极开展了对标工作。凡是在生态城区域内取得绿色建筑标识的项目，将无须再通过国家级评审，即可获得相应的国家绿色建筑评价标识。生态城成为国内首个绿建对标试点区域。

按照国家和天津市绿色建筑管理相关规定，经有资格的评价机构评价后，对于达到中新天津生态城绿色建筑入门级的项目将颁发国家一星级绿色建筑评价标识；获得银奖的绿色建筑项目将颁发国家二星级绿色建筑评价标识；获得金奖或白金奖的绿色建筑项目将颁发国家三星级绿色建筑评价标识。

2.4.2　绿色建筑科研情况

（1）完成"中新天津生态城绿色建筑群建设关键技术研究与示范"的研究

由天津大学、生态城绿色建筑研究院、天津城建大学、建设综合勘察研究设计院有限公司等单位联合承担的"十二五"国家科技支撑计划项目《中新天津生态城绿色建筑群建设关键技术研究与示范》，项目以天津生态城为载体，运用系统理论与方法，研究城市可持续发展目标下的绿色建筑群关键技术集成并进行示范，旨在形成生态城市绿色建筑技术指标体系，构建科技成果产业化平台，为生态城市建设提供科技支撑。

课题组经过为期3年的试验研究、生产实践和工程应用，完成了天津生态城绿色建筑规划设计关键技术集成与示范、天津生态城绿色建筑评价关键技术研究与示范、天津生态城绿色建筑运营管理关键技术集成与示范、天津生态城地源热泵能源系统高效利用技术研究与示范四项研究任务，在绿色建筑领域，取得了大量的创新性成果，对生态城绿色建筑的实践具有重要的指导作用。

（2）开展"绿色建筑运营检测与评价方法"的研究

天津市建委组织开展了绿色建筑运营检测与评价方法的研究课题。课题根据绿色建筑动态运营的特点，制定与之相适应的检测方法和评价指标，避免目前以静态检测结果评价带来的指标偏移。现有的绿色建筑检测技术标准只有检测方法，缺少规范性的报告格式和检测结论要求，在绿色建筑运营评价阶段仍需要根据检测结果进行人为分析评判，与绿色建筑评价的衔接性较差。天津市绿色建筑运营检测评价方法将根据运营评价的要求，丰富完善绿色建筑检测报告内容，检测报告结论明确支撑评价结果，使绿色建筑检测报告与后期的绿色建筑运营评价做到紧密衔接，成为绿色建筑运营评价过程的有机组成部分。

2.5 绿色建筑大事记

2017年5月17日，中挪绿色设计创新中心在天津成立，中心旨在促进中国、挪威两国在智慧城市、绿色创新产业、科技等各领域广泛合作，促进研究院所、院校和企业之前的沟通与交流，搭建中挪两国创新资源合作对接的有效平台。

2017年6月11日，加拿大木业和中加天津生态示范区签订了关于在天津中加低碳生态城区试点示范项目深化合作的谅解备忘录，进一步扩大木结构建筑技术、绿色节能技术、木结构装配化产品在低碳示范区项目中的应用，并探索将低碳生态城区的建设模式和成功经验在条件适宜的地区推广和复制。

2017年9月，天津大学新校区第一教学楼、中新天津生态城公屋展示中心、天津梅江华厦津典川水园和天津京蓟圣光万豪酒店4个项目获得全国绿色建筑创新奖二等奖。

2017年11月，住建部公布第一批装配式建筑示范城市和产业基地名单，天津市被认定为首批装配式建筑示范城市，天津达因建材有限公司、天津大学建筑设计研究院、天津市建工集团（控股）有限公司、天津市建筑设计院、天津住宅建设发展集团有限公司、中冶天工集团有限公司等入选第一批装配式建筑产业基地。目前，天津已形成年产满足 800 万 m² 建筑面积的钢筋混凝土和 600 万 m² 建筑面积的钢结构建筑生产线。

2017 年 12 月 18 日，生态城绿色建筑研究院与曹妃甸生态城管委会签署了绿色建筑合作框架协议。根据协议，生态城绿色建筑研究院将与曹妃甸生态城在绿色建筑发展和绿色生态城区建设方面展开全方位的战略合作和优势互补，助力曹妃甸生态城绿色城区的全面升级。

作者：王建廷　程响（天津市绿色建筑委员会）

3 河北省绿色建筑总体情况简介

3 General situation of green building in Hebei

3.1 绿色建筑总体情况

2017 年新建建筑居住建筑全面执行 75％节能设计标准，被动式低能耗建筑取得突破，可再生能源建筑应用比例大幅上升，公共建筑节能监管体系进一步完善，自 2017 年 5 月 1 日起，全省行政区域内均执行绿色建筑标准。把绿色建筑纳入整个工程建设管理程序，实施《河北省绿色建筑施工图审查要点》，推进绿色建筑第三方认证工作。绿色建筑全面加快发展，有力地促进了新型城镇化品质的提高。

3.2 发展绿色建筑的政策法规情况

（1）《河北省绿色建筑施工图审查要点》（冀建［2016］21 号）

2016 年 12 月 26 日，印发《河北省绿色建筑施工图审查要点》（冀建［2016］21 号），2017 年 1 月 1 日起实施。《要点》的印发，代表着我省现阶段绿色建筑发展的基本水平，为河北省绿色建筑的进一步发展提供了重要的技术依据，也是推动河北省建设领域节能减排的又一项重要举措。

（2）河北省住房和城乡建设厅《关于在新建居住建筑中全面执行 75％节能标准和在新建民用建筑中全面执行绿色建筑标准的通知》（冀建科［2017］3 号）

2017 年 1 月 22 日，河北省住房和城乡建设厅印发《关于在新建居住建筑中全面执行 75％节能标准和在新建民用建筑中全面执行绿色建筑标准的通知》（冀建科［2017］3 号）。要求自 2017 年 5 月 1 日起，河北省行政区域内申报施工图设计审查的新建（含改建、扩建）居住建筑，均执行 75％节能标准；新建（含改建、扩建）民用建筑（含居住建筑和公共建筑），均执行绿色建筑标准。

（3）《河北省住房和城乡建设厅关于印发〈河北省建筑节能与绿色建筑发展"十三五"规划〉的通知》（冀建科［2017］12 号）

2017 年 4 月 12 日，印发《河北省住房和城乡建设厅关于印发〈河北省建筑节能与绿色建筑发展"十三五"规划〉的通知》（冀建科［2017］12 号）。"十三五"期间，发展目标是新建城镇居住建筑全面执行 75％节能设计标准；建设被动式低能耗建筑 100 万 m² 以上；城镇新建建筑全面执行绿色建筑标准。绿色建筑重点任务：扩大规模，提升品质；开展施工图审查；强化绿色施工和运营管理。

3.3　绿色建筑标准和科研情况

3.3.1　编制绿色建筑相关标准

（1）2017 年 5 月 19 日，河北省工程建设标准《绿色建筑设计标准》发布，自 2017 年 8 月 1 日起实施。

（2）2017 年 9 月 1 日，河北省工程建设标准《被动式低能耗建筑施工及验收规程》实施，这是中国第一部超低能耗建筑验收标准。

（3）2017 年 1 月 20 日，河北省《医院建筑能耗监管系统技术规程》发布，自 2017 年 5 月 1 日起实施。

（4）目前在编标准有河北省《绿色建筑竣工验收标准》《被动式低能耗公共建筑节能设计标准》等。

3.3.2　绿色建筑科研情况

（1）开展《雄安新区绿色建筑发展应用研究》课题研究

本课题主要是结合雄安新区规划建设，研究适宜雄安新区的绿色建筑技术目录和绿色建材清单；研究绿色建筑质量的全过程管理制度，从绿色监理、绿色施工、绿色运行等方面明确各部门责任和不同阶段工作衔接机制；编写雄安新区绿色建筑发展应用课题研究报告。

（2）开展《河北省绿色建筑后评估体系研究与试点活动》课题研究

为贯彻落实住房城乡建设部《建筑节能与绿色建筑发展"十三五"规划》"绿色建筑质量提升行动"中加强绿色建筑运营管理的要求，推动《绿色建筑后评估技术指南》的应用，确保各项绿色建筑技术措施发挥实际效果，开展此课题研究。

（3）开展《河北省工业建筑绿色设计策略》课题研究

主要研究内容：调研国内外及河北省工业绿色建筑的发展现状；调研河北省工业建筑现有的基本状况；通过工业建筑与民用建筑的特点分析、绿色评价体系的对比，确定工业建筑的绿色设计中存在的问题；从工业绿色建筑的设计理念、设计原则及设计要点来探讨绿色工业建筑的设计策略；研究得出河北省工业建筑绿色设计策略的结论，并依据研究成果进行展望。

（4）开展《河北省装配式超低能耗绿色建筑发展研究》课题研究

主要研究内容：研究河北省装配式建筑现有基础条件；调研国内外装配式超低能耗绿色建筑发展现状、预测发展趋势；分析河北省在技术成熟度、标准政策支撑度、市场认知接受度等方面对发展装配式超低能耗建筑的影响；研究得出河北省发展装配式超低能耗绿色建筑的结论，并依据研究成果提出科学、合理的发展建议。

（5）开展《绿色建筑发展存在问题及对策研究》课题研究

主要研究内容：调查统计已有的绿色建筑工程技术落实情况及实施效果，分析存在问题，研究解决对策；并对现有的绿色建筑政策法规及管理制度进行梳理，评估对绿色建筑发展立法的必要性和可行性。总结分析现有绿色建筑经验及问题的基础上，结合绿色建筑工作面临的新形势和新特点，探索有效的绿色建筑开发与管理模式，构筑绿色建筑运行效果和管理制度模型，为河北省绿色建筑下一步发展的方向和重点提供依据和建议。

（6）开展《75％节能标准居住建筑不同建造形式增量成本及不同冷热源形式对比分析》课题研究

主要研究内容：对装配式建筑增量成本进行分析，得到装配式建筑增量成本情况，并提出降低其增量成本的建议；对满足河北省居住建筑节能设计标准的居住建筑建立模型，进行能耗分析，得到节能75％标准下建筑耗热量指标；针对我国目前常用的热源形式进行了对比分析，总结不同热源形式的优缺点。结合理论与实践的技术经济性对电采暖、空气源热泵、地源热泵、燃气锅炉、燃煤锅炉、市政热源六种热源的经济适用性进行分析，为热源形式的选择提供参考依据。

（7）开展《寒冷地区低层建筑太阳能热水采暖研究》课题研究

主要研究内容：通过对寒冷地区农村住宅的采暖现状进行调研分析，进一步总结归纳了寒冷地区农村建筑的采暖现状和存在的问题；对太阳能热水采暖系统的理论进行总结归纳，分析适宜在农村建筑采用的太阳能热水采暖系统；依据寒冷地区的农村建筑现状，利用 Dest 能耗模拟软件分类建立非节能建筑、节能65％建筑、节能75％建筑、被动式低能耗建筑的数学模型，并针对邢台、石家庄、北京、唐山四个地市的气象数据，模拟不同状况下的采暖热负荷，分析无辅助太阳能热水采暖技术在寒冷地区农村建筑中应用的技术和经济可行性；结合某农村建筑的实际工程进行测试和校验，验证无辅助热源的太阳能热水采暖系统的技术和经济可行性。

3.4 地方绿色建筑大事记

（1）河北省有 8 个项目获得 2017 年度河北省绿色建筑创新奖，其中一等奖 1

项，河北省建筑科技研发中心中德被动式低能耗建筑示范房；二等奖 3 项，分别是河北省建筑科技研发中心 1 号木屋 2 号科研楼、石家庄铁道大学基础教学楼、河北师范大学图书馆及公共教学楼。三等奖 4 项，分别是隆化县福地华园小区、迁安市马兰庄新农村示范区住宅、石家庄市国际城四期 52～67 号、70 号住宅楼、保定军校大厦·金顶宝座小区。

（2）2017 年 9 月 7 日，河北省住房和城乡建设厅《关于申请将〈河北省绿色建筑发展条例〉列入 2017 年一类立法项目的函》（冀建科函［2017］28 号），在省人大城建环资工委的支持下，获得省人大常委会领导批示，将《河北省绿色建筑发展条例》列入 2018 年立法计划，优先安排在 2018 年上半年审议。

作者： 赵士永[1]　康熙[1]　郑鉴[2]（1. 河北省建筑科学研究院；2. 河北省墙材革新和建筑节能管理办公室）

4 上海市绿色建筑总体情况简介

4 General situation of green building in Shanghai

4.1 绿色建筑总体情况

2017 年，上海市通过绿色建筑评价标识认证的项目共计 84 项，总建筑面积达 704.72 万 m²，其中公建项目 46 项，总建筑面积达 337.66 万 m²；住宅项目 35 项，总建筑面积达 355.11 万 m²；工业项目 3 项，总建筑面积达 11.95 万 m²。

截至 2017 年 12 月 31 日，上海市累计通过绿色建筑评价标识认证的项目达 482 项，总建筑面积达 4137.90 万 m²，其中公建项目 318 项，总建筑面积达 2610.79 万 m²；住宅项目 156 项，总建筑面积达 1498.21 万 m²；工业项目 8 项，总建筑面积达 28.91 万 m²。

4.2 绿色建筑政策法规情况

2017 年，上海市绿色建筑领域的政策法规制度重点从建立绿色建材评价标识工作试点和完善公共建筑节能监管制度等方面颁布实施了相关的政策，后续可有效推进上海市绿色建材和大型公共建筑节能监管工作的落实。同时，上海主管部门积极推进上海市绿色建筑地方立法工作，力争为绿色建筑领域健康发展提供更好的法治环境。

4.2.1 继续完善绿色建筑条例编制

2017 年，上海市住建委继续委托上海市绿色建筑协会开展绿色建筑条例立法工作的前期调研工作。前期开展对绿色建筑领域产业链发展现状与存在问题的调查研究，系统论证实施开展《上海市绿色建筑条例（草案）》的必要性与可行性。2017 年，市住建委继续委托市绿色建筑协会进一步开展立法研究的编制工作，在全面梳理上海市相关政策制度的基础上，结合城市发展中长期相关规划，对推动绿色建筑发展的具体地方立法条文编制工作实施了深入的研究。条例编制过程中充分听取了行业主管部门、研究单位、法律专家和行业协会等条例涉及的相关单位的意见，目前形成《上海市绿色建筑条例（草案）》。

4.2.2 推动绿色建材评价工作试点

绿色建材作为绿色建筑的重要组成部分，是近几年绿色建筑领域的重要推进工作之一。2017年上海市住房和城乡建设管理委员会联合上海市经济和信息化委员会积极推进绿色建材专项工作，颁布系列政策文件，包括《关于成立上海市绿色建材评价标识工作专家委员会的通知》（沪建建材联〔2017〕315号），《关于开展上海市绿色建材评价标识试点工作的通知》（沪建建材联〔2017〕359号），《关于全面开展上海市绿色建材评价标识（试点）申报工作的通知》（沪建建材联〔2017〕846号），组织编制上海《绿色建材评价通用技术标准》，成立了绿色建材评价标识工作专家委员会。对预拌混凝土、预拌砂浆、砌体材料、建筑水性涂料、建筑节能玻璃开展绿色建材试评价。

4.2.3 完善公共建筑节能监管制度

为了进一步夯实上海市建筑节能监管体系建设成果，切实加强上海市国家机关办公建筑和大型公共建筑能耗监测系统（以下简称"建筑能耗监测系统"）建设和运行的监督管理，推进建筑能耗监测系统实施进度，保障建筑能耗监测系统稳定、持续、高效运行，上海市住房和城乡建设管理委员会及时组织编制《上海市国家办公建筑和大型公共建筑能耗监测系统管理办法》，并于2017年12月底编制完成。该管理办法明确上海市建筑能耗监测系统工作的职责分工，包括建设运行管理以及监管责任等，另对系统运行工作机制也进行了明确，将系统的运行管理制度化、常规化，有力保障了国家机关办公建筑和大型公共建筑能耗监测系统的建设成果。2017年初编制发布《2016年上海市国家机关办公建筑和大型公共建筑能耗监测及分析报告》，设立专项课题深挖建筑节能潜力，研究用电需求侧管理。

4.3 绿色建筑标准和科研情况

4.3.1 绿色建筑相关标准

（1）《绿色建筑工程验收标准》（DG/TJ 08—2246—2017）

推动绿色建筑由设计向运行发展，组织编制《绿色建筑工程验收规范》，自2018年2月1日起实施。标准主要技术内容包括：1 总则；2 术语；3 基本规定；4 室外总体工程；5 建筑与室内环境工程；6 结构工程与绿色施工；7 给排水工程；8 供暖通风与空调工程；9 电气与智能化工程；10 绿色建筑分部工程质量验收以及附录。标准为进一步规范上海市绿色建筑工程质量管理，统一绿色建筑工程验收要求，保障绿色建筑工程质量提供了支撑。

（2）《绿色养老建筑评价标准》（DG/TJ 08—2247—2017）

该标准由上海市建筑科学研究院、精科远景环境与资源保护科学研究院等单位联合编制，自 2018 年 4 月 1 日起实施。

标准主要技术内容包括：1 总则；2 术语；3 基本规定；4 节地与室外环境；5 节能与能源利用；6 节水与水资源利用；7 节材与材料资源利用；8 室内环境质量；9 施工管理；10 运营管理；11 提高与创新。该标准重点结合了上海现有养老建筑的工程建设实践情况，并参考国家和上海市最新养老建筑领域的标准规范，对绿色养老建筑的绿色适老化关键评价指标进行了深入分析和专题讨论，广泛征求了有关方面意见，对具体内容进行了反复的讨论、协调及修改，使标准更好地指导上海绿色养老建筑的推广应用工作。

（3）《上海市绿色生态城区评价标准》

组织编制《上海市绿色生态城区评价标准》，计划于 2018 年上半年发布，并成立绿色生态城区评价专家委员会。同时，积极排摸试点创建区域，浦东、普陀、宝山等区已启动绿色生态城区建设工作，北前滩、桃浦科技智慧城、新顾城等集中开发区域正在编制绿色生态城区专业规划。

（4）其他标准

2017 年，上海市还启动了《绿色建筑评价标准》《住宅建筑绿色设计标准》和《公共建筑绿色设计标准》的修编工作，及《绿色通用厂房（库）评价标准》等工程建设规范的编制工作。同时，上海市住房和城乡建设管理委员会协调相关部门编制了《上海市新建全装修住宅建筑工程设计文件编制深度规定》、《居住建筑室内装配式装修工程设计规范》、《全装修住宅工程监管要点》、《装配式保障房标准房型及通用构件图集》等。并鼓励制订团体标准，督促相关协会出台了《全装修房用合成树脂乳液内墙涂料》《全装修房用水性木器漆涂料》等团体标准。

4.3.2 绿色建筑科研项目

（1）承担的国家级科研项目

2017 年上海市各相关单位牵头负责"十三五"国家重点研发计划项目共 3 项，分别为：《基于全过程的大数据绿色建筑管理技术研究与示范》《建筑围护材料性能提升关键技术研究与应用》和《建筑室内空气质量控制的基础理论和关键技术研究》；并承担项目中多项课题的研发任务，如《绿色建筑性能后评估技术标准体系研究》《绿色建筑运行能耗预测与用能诊断关键技术》《近零能耗建筑性能检测及评价技术》《围护结构与功能材料一体化体系集成技术研究与应用》《基于绿色施工全过程工艺技术创新研究与示范》等。

（2）市级科研项目

2017 年，上海市住房和城乡建设管理委员会开展的科研项目主要有：《农村绿色建房技术》《绿色建筑的节水与水资源利用技术指南》《上海地区绿色施工评价体系研究与应用》等。

上海市科学技术委员会在绿色建筑领域的科研项目主要有：《上海市建筑节能与绿色建筑技术创新服务平台》《绿色建筑技术应用全生命期效应评估及全过程建设管控模式研究与应用》《上海地区低碳建筑施工阶段及拆除阶段应用评价标准研究》和《装配式建筑高效安装工程系统及控制技术研究》等。

（3）依托上海市绿色建筑协会开展的相关工作

2017 年，受上海市住房和城乡建设管理委员会等相关部门委托，协会编制了《上海绿色建筑发展报告（2016）》《2017 年上海市建筑信息模型技术应用与发展报告》，开展了《绿色建筑运行标识的推进机制研究》《上海市建筑信息模型（BIM）应用三年行动计划（2018—2020）》《BIM 应用情况调查分析》等研究。

作者：上海市绿色建筑协会

5 湖北省绿色建筑总体情况简介

5 General situation of green building in Hubei

5.1 建筑业总体情况

"十二五"期间，湖北省将生态文明建设与新型城镇化紧密结合，大力推进建筑节能与绿色建筑发展，取得了显著成效。五年新增建筑节能能力 365.6 万吨标煤，是"十二五"规划目标（300 万吨标煤）的 1.22 倍；城镇新建建筑节能标准执行率设计阶段达到 100%，施工阶段由"十一五"末的 96.5% 上升到99.0%；发展绿色建筑 293 个项目，总建筑面积 2123 万 m²，是"十二五"规划目标（1000 万 m²）的 2.12 倍。其中，取得国家绿色建筑标识项目 170 个，建筑面积 1541.51 万 m²；可再生能源建筑应用项目 3562 项，建筑面积 7354.37 万m²，是"十二五"规划目标（5000 万 m²）的 1.47 倍。其中，太阳能光热应用建筑面积 6034.06 万 m²，浅层地能应用建筑面积 1320.31 万 m²；太阳能光电应用 97.01 兆瓦；完成既有建筑节能改造 804.56 万 m²，是"十二五"规划目标（600 万 m²）的 1.34 倍。其中，居住建筑节能改造 362.35 万 m²，公共建筑442.21 万 m²；已完成 186 栋公共建筑能耗监测设备安装，接入省级监测平台128 栋，是规划任务的 64%。

"十二五"期间，全省建筑节能领域共形成年节约 365.6 万吨标准煤的持续节能能力，实现技术节能量 848 万吨标准煤，减排二氧化碳 2240 万吨，超额完成了省政府下达的节能减排任务，主要规划目标全面完成，其中绿色建筑、可再生能源建筑应用等指标均提前一年完成目标任务。

5.2 绿色建筑总体情况

根据湖北省《关于开展绿色建筑省级认定工作的通知》（鄂建文［2014］72号）的要求，2017 年全省新建民用建筑全部按《湖北省绿色建筑省级认定技术条件（试行）》要求进行项目设计、审查、施工、监理、验收、备案。此外，有 76个项目共计 782.65 万 m² 建筑获得了绿色建筑评价标识证书，其中公建项目 28 项，总建筑面积达 159.52 万 m²，住宅项目 48 项，总建筑面积达 623.13 万 m²。

5.3　发展绿色建筑的政策法规情况

（1）《关于 2016 年全省建筑节能与绿色建筑工作专项检查情况的通报》（鄂建函〔2017〕61 号）。

文件对 2016 年 12 月省厅组织 4 个检查组对全省 17 个市（州、直管市、神农架林区）及所属的 14 个县（市、区）建筑节能与绿色建筑工作进行专项检查的情况进行了总结，下一步工作提出了要求。

（2）《关于印发〈2017 年全省建筑节能与绿色建筑发展工作意见〉的通知》（鄂建墙〔2017〕2 号）

为贯彻落实党中央、国务院关于做好节能减排与绿色生态发展的要求，根据省人民政府印发的《湖北省住房和城乡建设事业"十三五"规划纲要》，持续推进建设领域节能减排，不断提升建筑节能和绿色建筑发展水平，制定了 2017 年年度目标为：全省新增建筑节能能力 72 万吨标煤，发展绿色建筑 1100 万 m^2，可再生能源建筑应用 1550 万 m^2，既有建筑节能改造 190 万 m^2；巩固"禁实"成果，县以上城区新型墙材占比达到 91%，新墙材应用率达到 96%；散装水泥供应量 6700 万吨，预拌混凝土供应量 6300 万 m^3，预拌砂浆供应量 100 万吨。

（3）《关于 2016 年度全省建筑节能与绿色建筑发展目标任务完成情况及考核结果的通报》（鄂建墙〔2017〕1 号）

文件总结了 2016 年全省新建建筑节能、绿色建筑发展、可再生能源建筑应用、既有建筑节能改造、绿色建材应用等各个方面完成及考核情况。

（4）《关于印发湖北省"十三五"建筑节能与绿色建筑发展规划的通知》（鄂建墙〔2017〕3 号）

文件从主要工作进展、主要工作成效两个方面对"十二五"工作进行了回顾，提出"十三五"全省建筑节能与绿色建筑发展总体要求，明确主要目标、重点任务和保障措施，该文件是引领全省"十三五"建筑节能与绿色建筑发展的指导性规划。

（5）《关于扎实推进绿色生态城区和绿色建筑省级示范工作的通知》（鄂建文〔2017〕48 号）

文件提出为贯彻落实中央和湖北省城市工作会议精神，在新型城镇化进程中，坚持绿色发展理念，进一步推动绿色建筑发展。"十三五"期间，省住建厅会同省发改委、省财政厅将继续组织开展绿色生态城区和绿色建筑省级示范工作，并从提高认识、抓好示范、组织申报和搞好宣传四个方面对具体工作提出了要求。

（6）《关于公布 2017 年省级绿色生态城区和绿色建筑示范创建项目的通知》

（鄂建文［2017］72 号）

为贯彻落实中央和我省城市工作会议精神，进一步推动湖北省绿色建筑发展，根据《关于扎实推进绿色生态城区和绿色建筑省级示范工作的通知》（鄂建文［2017］48 号）要求，通过各地申报，省住建厅组织专家评审、公示，经省住建厅、发改委、财政厅研究，确定 2017 年省级绿色生态城区示范创建项目 2 个，绿色建筑集中示范创建项目 17 个，高星级绿色建筑示范创建项目 2 个。

（7）《关于 2017 年度省级建筑节能以奖代补资金竞争性分配情况的公示》（公示［2017］1 号）

省住建厅对按规定使用 2016 年度省级奖补资金并且年度考核等次为"超额完成"和"完成"的市县进行综合打分排名，确定排名前 30 位为 2017 年度省级建筑节能 2000 万元以奖代补资金的奖励对象，并按"贡献大、得益多"、"完成好、奖补多"的原则计算出各市县相应的分配金额。

（8）《关于组织申报 2017 年度湖北省建设科技计划项目和建筑节能示范工程的通知》（鄂建办［2017］250 号）

为进一步发挥建设科技和建筑节能示范工程在城乡建设领域中的引领作用，为新型城镇化发展提供技术保障，2017 年度省住建厅在城乡统筹研究、城镇住房保障机制研究、城镇化推进研究、建筑节能技术、绿色生态建筑技术、建筑能耗监测及既有建筑节能改造技术、新型建筑结构与施工技术以及信息化应用技术等八个方向重点开展。

（9）《关于印发 2017 年全省建筑节能与勘察设计监理综合检查实施方案的通知》（鄂建办［2017］298 号）

根据《关于开展 2017 年全省建筑节能与勘察设计监理工作综合检查的通知》（鄂建办［2017］227 号）要求，省住建厅决定于 9 月份按"双随机"方式对全省建筑节能和勘察设计监理工作进行监督检查。

（10）《关于中央财政资金支持建筑节能项目核查及验收工作的通知》（鄂建办［2017］348 号）

根据《住房城乡建设部办公厅关于加快中央财政资金支持建筑节能项目实施及验收工作的通知》（建办科［2017］58 号）要求，决定于今年年底前对全省 14 个国家可再生能源建筑应用示范市县（区）及省级公共建筑能耗监测平台建设运行情况进行核查验收。从核查验收对象、核查验收内容、核查验收方式及时间安排以及注意事项四个方面对核查验收情况进行了说明。

（11）《关于 2017 年度湖北省建设科技计划项目和建筑节能示范工程的公示》（公示［2017］5 号）

省住建厅组织专家对全省立项申报的 2017 年度湖北省建设科技计划项目和建筑节能示范工程进行了评审，确定"地下工程抗渗防腐材料的配制及应用技术研究"等 69 个项目为 2017 年度湖北省建设科技计划项目，"黄石市城市综合馆项目"等 23 个项目为 2017 年度湖北省建筑节能示范工程。

（12）《关于 2017 年全省建筑节能与勘察设计监理工作综合检查的情况通报》（鄂建办〔2017〕398 号）

文件从基本情况、主要做法、存在的问题和下步工作要求四个方面对全省 17 个市、州、直管市、神农架林区及所属 20 个县（市、区）的建筑节能与勘察设计监理行业监管工作抽查情况进行了通报。

（13）《关于组织开展 2017 年度建筑节能与墙材革新工作目标责任考核的通知》（鄂建办〔2017〕411 号）

文件从考核依据、考核对象、资料报送及考核内容几个方面对 2017 年度建筑节能与墙材革新工作目标责任考核提出了要求。

（14）《市城建委关于印发〈武汉市绿色建筑第三方评价试点工作方案〉的通知》（武城建规〔2017〕1 号）

为促进绿色建筑规模化快速健康发展，积极转变政府职能，推行绿色建筑标识实施第三方评价，文件从指导思想、总体目标、基本原则、组织管理、评价机构、评价标识、标识管理、保障措施八个方面对武汉市绿色建筑第三方评价提出了要求，用于指导武汉市绿色建筑标识第三方评价工作。

（15）《市城建委关于进一步加强绿色建筑和建筑节能质量管理的通知》（武城建规〔2017〕8 号）

文件从进一步落实建设工程参建各方的质量责任（设计单位、施工图审查机构、施工单位、监理单位、工程质量检测单位）、强化监管主体依法监管的责任（建筑节能管理部门、设计管理部门及设计审查管理部门、建设工程质量监督管理部门、建设工程造价管理部门、建设工程招标投标管理部门）等方面对切实加强绿色建筑和建筑节能质量管理，提高工程质量、安全和监督管理水平提出了要求。

5.4　绿色建筑科研情况

2017 年，在绿色建筑方面开展了大量的研究工作，正在进行的科研课题如表 4-5-1 所示。

湖北省 2017 年绿色建筑相关科研情况　　　　　　　　　表 4-5-1

序号	项目名称
1	地下工程抗渗防腐材料的配制及应用技术研究
2	生态型透水道路材料在海绵城市市政道路设计中的优化应用研究

序号	项目名称
3	融雪排水抗滑沥青路面材料设计与铺装技术
4	高模量沥青混凝土长寿命关键技术研究
5	低收缩抗裂水泥土路面基层材料制备与施工技术
6	基于表面能理论的高性能破碎卵石沥青混凝土制备与施工技术研究
7	耐久性重载排水沥青路面结构与材料性能研究
8	彩色排水沥青混合料在海绵城市中的应用研究
9	宜昌市磷石膏资源化利用特性分析研究
10	节能窗热工性能与构造优化研究
11	宜昌市胶结砾岩在道路基层中的应用研究
12	随县万和镇青苔石材工业园机制砂
13	磷石膏改性及资源化利用研究
14	磁性材料/TiO 纳米管异质结复合物对水砷（Ⅲ）的同步可见光催化氧化与吸附去除
15	装配式建筑密封粘结用 MS 胶的研制及产业化
16	尾矿渣对路面建筑材料性能影响的研究
17	固定厚度下有效提高低频声吸收性能的"三明治"式复合建筑吸声材料研究
18	泡沫混凝土废料的再利用及其产品的性能优化
19	湖北省绿色建筑碳排放量计算方法研究
20	基于绿色建筑理念的养老建筑设计研究
21	夏热冬冷地区校园类建筑绿色建筑适宜技术应用导则
22	基于气候适应性设计的夏热冬冷地区城市风道构建和适宜性研究——以襄阳市为例
23	夏热冬冷地区低能耗建筑集成系统优化设计应用研究
24	既有医院建筑能效提升技术体系研究与工程示范
25	湖北长江经济带既有建筑绿色改造适用技术研究
26	基于大数据分析的湖北省绿色建筑适宜集成技术措施研究
27	湖北省太阳能热水系统设计标准
28	汉口滨江商务区海绵城市建设技术应用研究
29	汉阳四新示范区海绵城市建设试点
30	海绵城市信息物理融合系统
31	鄂西北地区城乡规划建设中的海绵城市技术应用研究
32	湖北省建设科技创新现状调研及建设科技创新（2018—2020）专项规划

5.5 大 事 记

2017年3月，省绿色建筑与节能专业委员会组织多名成员参加在北京召开的第十三届国际绿色建筑与建筑节能大会暨新技术与产品博览会。

2017年9月，省住建厅组织召开地方标准《绿色建筑设计与工程验收标准（送审稿）》专家评审会，在听取编写组对该标准编制情况的介绍，经质询和逐章逐条认真讨论后，专家组一致同意该标准通过评审。该标准计划于2018年3月开始实施。

2017年11月，省绿色建筑与节能专业委员会组织多名成员参加在长沙召开的第七届夏热冬冷地区绿色建筑联盟大会，大会以"绿色建筑引领工程建设全面绿色发展"为主题，主要研讨了绿色建筑设计与实践、装配式建筑与绿色施工、绿色市政与绿色景观等方面的发展政策措施和趋势。

2017年11月13日，省绿色建筑与节能专业委员会邀请中国中建设计集团有限公司总建筑师薛峰在华中科技大学举办了主题为《建筑师主导的绿色建筑设计》的演讲活动。

2017年11月28日，省绿色建筑与节能专业委员会邀请中国城市规划设计研究院副院长李迅在武汉科技大学举办了《从绿色建筑走向绿色城市》的演讲活动。

2017年12月11日，省绿色建筑与节能专业委员会邀请南京工业大学吕伟娅教授在宜昌第一中学举办了《海绵城市建设研究与实践》的演讲活动。

2017年10~12月，省绿色建筑与节能专业委员会在湖北省举办了三场绿色建筑青少年科普教育活动，三场绿色、生态科普教育活动，参加的学生总数约1000人。

作者：饶钢　唐小虎　丁云（湖北省土木建筑学会绿色建筑与节能专业委员会）

6 湖南省绿色建筑总体情况简介

6 General situation of green building in Hunan

6.1 建筑业总体情况

2017 年前三季度，湖南省资质以上总承包和专业承包建筑业企业 2257 家，完成建筑业总产值 5427.15 亿元，同比增长 11.5%，增速比上半年回落 0.9 个百分点，比去年同期提高 0.9 个百分点。

(1) 安装、装饰装修工程增速快，建筑工程生产回落。前三季度，建筑工程产值 4717.47 亿元，同比增长 10.6%，比上半年回落 1.3 个百分点，占全部建筑业总产值比重为 86.9%，较上半年低 0.6 个百分点；安装工程产值 389.76 亿元，增长 22.8%；建筑业中的装饰装修完成产值 215.21 亿元，增长 19.7%；其他产值 319.91 亿元，增长 12.3%。

(2) 直接承揽工程稳定，在外承揽工程快速增长。前三季度，全省建筑业企业直接从建设单位承揽工程完成的产值 5347.69 亿元，同比增长 11.2%；从建设单位以外承揽工程完成的产值 101.86 亿元，增长 35.2%。

(3) 国有企业增速稳定，外商投资企业增速减缓。前三季度内资企业完成产值 5406.2 亿元，同比增长 11.7%；其中，国有及国有控股企业完成产值 2293.3 亿元，增长 9.9%。港、澳、台商投资企业完成产值 14.6 亿元，增长 0.8%，外商投资企业生产总产值 6.3 亿元，下降 42.8%。

(4) 国有及国有控股建筑业企业经营效益较好。前三季度全省建筑业企业实现营业收入 5069.54 亿元，增长 10.1%；实现利润总额 152.93 亿元，增长 6.3%；上缴增值税 92 亿元。其中，国有及国有控股建筑业企业营业收入 2316.68 亿元，增长 10.2%；实现利润总额 60.08 亿元，增长 13.1%，占全部利润总额的比重为 39.3%；上缴增值税 34.1 亿元。

6.2 绿色建筑总体情况

2017 年，湖南省通过绿色建筑评价标识认证的项目共计 99 项，总建筑面积达 894.54 万 m²，其中公建项目 64 项，总建筑面积达 427.7 万 m²；住宅项目 35

项，总建筑面积达 466.8 万 m²。截至 2017 年 12 月，湖南省累计通过绿色建筑评价标识认证的项目达 349 项，总建筑面积达 3811.33 万 m²，其中公建项目 215 项，总建筑面积达 1534.57 万 m²；住宅项目 132 项，总建筑面积达 2163.06 万 m²；工业建筑 2 个，总建筑面积达 113.7 万 m²。

6.3　发展绿色建筑的政策法规情况

（1）《湖南省发展和改革委员会关于印发〈湖南省"十三五"节能规划〉的通知》（湘发改环资〔2017〕59 号）

2017 年 1 月 23 日，湖南省发展和改革委员会印发《湖南省"十三五"节能规划》。"十二五"期间，城镇新建绿色建筑标准实施率为 20%。"十三五"时期明确具体目标：全省新建建筑全面执行 65% 节能率设计标准；提高绿色建筑在新建建筑中的比例，对建筑面积达到一定规模和政府投资的项目，按照绿色建筑标准进行建设，从设计、施工到竣工验收进行全过程监管，到 2020 年，全省新建建筑中绿色建筑比例达到 30% 以上，长株潭地区达到 50%。推动规模化发展绿色建筑，通过完善建筑工业化标准体系，积极创建建筑工业化产业示范基地，全面开展建筑工业化试点示范建设，逐步引导房地产开发项目采用建筑工业化方式建造。大力发展绿色建材在建筑领域的应用，建立绿色建材认证标识制度以及针对绿色建材产业链不同环节的认证体系，组织开展绿色建材评价工作。

（2）湖南省住房和城乡建设厅建筑节能与绿色建筑、建设科技与标准化工作 2017 年工作要点

2017 年工作思路是，全面贯彻党的十八大和十八届三中、四中、五中、六中全会精神，认真落实中央、省委城市工作会议和科技创新大会要求，根据全国、全省住房城乡建设工作会议部署，牢固树立创新、协调、绿色、开放、共享理念，开拓创新、整合资源、提高效率，重点抓好建筑绿色发展、建设科技创新与标准化以及组织管理等工作。开展建筑绿色低碳发展调研，研究出台《湖南省建筑节能与绿色建筑发展条例》。制（修）定湖南省绿色建筑设计标准、湖南省绿色建筑评价技术细则。推动省会城市和重点城市新建建筑以及全省政府投资的公益性建筑、2 万 m² 以上大型公共建筑、保障性住房全面执行绿色建筑标准。完善装配式建筑技术体系，加强政府引导和扶持，通过市场机制，大力推广装配式绿色建筑，充分发挥装配式建筑促进行业节能减排的作用。强化绿色建筑评价标识项目质量管理，实施绿色建筑第三方评价机制，加强评价的监督指导。加快推进绿色建材评价工作，充实绿色建材专家库，编制《绿色建材评价技术细则》，征集绿色建材星级评价企业创建计划，发布绿色建材产品目录。

6.4 绿色建筑标准和科研情况

6.4.1 绿色建筑标准

（1）《湖南省居住建筑节能设计标准》DBJ 43/001—2017 和《湖南省公共建筑节能设计标准》DBJ 43/003—2017

由湖南大学主编的《湖南省居住建筑节能设计标准》DBJ 43/001—2017 和《湖南省公共建筑节能设计标准》DBJ 43/003—2017 已于 2017 年 2 月 28 日发布，2017 年 6 月 1 日在全省范围内实施。

（2）《湖南省绿色建筑评价技术细则（2017）》

由湖南省建筑设计院有限公司主编的《湖南省绿色建筑评价技术细则（2017）》已于 2017 年 9 月 18 日发布，目前已由中国建筑工业出版社正式出版。

（3）《湖南省绿色建筑设计标准》DBJ 43/T007—2017

由湖南省建筑设计院有限公司主编的《湖南省绿色建筑设计标准》DBJ 43/T007—2017 已于 2017 年 12 月 29 日发布，2018 年 3 月 1 日在全省范围内实施。

（4）《湖南省建筑工程绿色施工评价标准》DBJ 43/T101—2017

由湖南建工集团有限公司主编的《湖南省建筑工程绿色施工评价标准》DBJ 43/T101—2017 已于 2017 年 12 月 29 日发布，2018 年 3 月 1 日在全省范围内实施。

6.4.2 科研情况

（1）《湖南省绿色建筑工程验收标准》（项目编号：BZ201607）

由长沙市城市建设科学研究院和湖南省绿色建筑产学研创新平台主编，现已完成征求意见稿，全省征求意见，课题起止时间为 2016 年 1 月到 2018 年 8 月。

（2）《湖南省绿色生态城区评价标准》（项目编号：BZ201409）

由湖南省建筑设计院有限公司和湖南绿碳建筑科技有限公司主编，现已完成初稿。

（3）湖南省工程建设标准设计图集——《居住建筑节能 65% 围护结构构造》（项目编号：湘 2017J907）

由湖南大学设计研究院有限公司主编，适用于湖南省新建、改建、扩建居住建筑围护结构的建筑节能设计。

（4）湖南省工程建设标准设计图集——《垂直绿化和屋顶绿化》（项目编号：湘 2017J908）

由湖南大学设计研究院有限公司主编，适用于湖南省新建、改建、扩建的低多层建（构）筑物的内外墙面和挑台。

（5）《湖南省建筑外遮阳技术研究》（项目编号：KY201618）

由湖南绿碳建筑科技有限公司和湖南省绿色建筑产学研创新结合平台主编，现已完成初稿。

（6）《湖南省建筑环境模拟技术研究》（项目编号：KY201619）

由湖南绿碳建筑科技有限公司和湖南省绿色建筑产学研结合创新平台主编，现已完成初稿。

（7）《湖南省绿色住区使用后评价研究》（项目编号：KY201624）

由湖南大学和湖南省绿色建筑产学研结合创新平台主编，现已完成初稿。

（8）《湖南省建筑太阳能利用适宜性研究》（项目编号：KY201626）

由湖南大学和湖南省绿色建筑产学研结合创新平台主编，现已完成初稿。

（9）《湖南省住宅土建装修一体化设计研究》（项目编号：KY201647）

由长沙理工大学和湖南省绿色建筑产学研结合创新平台主编，现已完成初稿。

（10）《湖南地区保障性住房绿色建筑应用技术评价体系》（项目编号：BZ201409）

由湖南省建筑科学研究院和湖南省绿色建筑产学研结合创新平台主编，现已完成初稿。

作者：王柏俊（湖南省建设科技与建筑节能协会绿色建筑专业委员会）

7 广东省绿色建筑总体情况简介

7 General situation of green building in Guangdong

7.1 绿色建筑总体情况

7.1.1 绿色建筑的发展

2017 年，广东省住房和城乡建设厅提出的年度发展 5000 万 m^2 的绿色建筑面积任务，实际发展绿色建筑面积达 5907 万 m^2，新增绿色建筑评价标识项目 670 项，其中公共建筑项目 388 项，建筑面积 2571 万 m^2；居住建筑项目 274 项，建筑面积 3236 万 m^2；综合建筑 7 项，建筑面积 90 万 m^2；工业建筑 1 项，建筑面积 9.57 万 m^2。截至 2017 年 12 月底，广东省累计通过绿色建筑评价标识认证项目面积超过 1.8 亿 m^2。

7.1.2 绿色建筑评价创新

（1）经广东省住房和城乡建设厅研究决定，鼓励条件成熟的地市申请开展国标一星级和省标一星、二星、三星绿色建筑评价标识工作，截至 2017 年 12 月，授权 6 个地市级一星级绿色建筑评价标识机构。

（2）广东省采用网络评审系统，利用网络系统对绿色建筑进行绿色建筑标识评审，节省评审时间，加快评审效率，促进广东省绿色建筑快速健康发展。

（3）广东省住房和城乡建设厅授权广东省建筑节能协会组织评审专家到偏远地区进行现场评审，传播绿色建筑概念，促进广东省绿色建筑发展。

7.2 发展绿色建筑的政策法规情况

（1）《广东省住房和城乡建设厅关于印发〈广东省"十三五"建筑节能与绿色建筑发展规划〉的通知》（粤建科〔2017〕145 号）

为大力发展建筑节能与绿色建筑，广东省住房和城乡建设厅在 2017 年 7 月 7 日将《广东省"十三五"建筑节能与绿色建筑发展规划》印发给广东省地级以上市住房城乡建设、规划、房地产主管部门，提出 2020 年前广东省城镇新建民用建筑全面执行一星级及以上绿色建筑标准的目标。

（2）《广东省住房和城乡建设厅 广东省财政厅关于组织申报 2018 年度省级治污保洁和节能减排专项资金（建筑节能）入库项目的通知》（粤建科函［2017］2865 号）

2017 年 10 月 9 日，广东省住房和城乡建设厅联合广东省财政厅发布 2018 年度省级治污保洁和节能减排专项资金（建筑节能）入库项目申报通知，对获得国标或省标二星（含二星）以上等级的绿色建筑设计评价标识，并且已按对应的绿色建筑评价标识等级要求进行设计、施工和竣工验收合格的绿色建筑示范项目，给予 80 万～150 万元的奖励；对已竣工验收合格，并获得国标或省标一星（含一星）以上等级的绿色建筑运行评价标识（运行标识证书在申报时未过期）的绿色建筑示范项目，给予 100 万～250 万元的奖励。

（3）《珠海经济特区绿色建筑管理办法》（珠海市人民政府令第 119 号）

2017 年 11 月 13 日，珠海市人民政府印发《珠海经济特区绿色建筑管理办法》（珠海市人民政府令第 119 号），从绿色建筑的规划、建设、运营、改造等环节提出相应要求，要求珠海市发展和改革、国土、规划、质监、环境保护、科技、工业和信息化等行政管理部门按照各自职责做好绿色建筑管理相关工作。要求珠海市新建民用建筑应当执行一星级以上绿色建筑标准；使用财政性资金投资的公共建筑等应当执行二星级以上绿色建筑标准。

7.3　绿色建筑标准和科研情况

（1）广东省住房和城乡建设厅《关于发布广东省标准〈广东省绿色建筑评价标准〉的公告》（粤建公告［2017］6 号）

2017 年 3 月 14 日，广东省住房和城乡建设厅批准《广东省绿色建筑评价标准》为广东省地方标准，编号为 DBJ/T 15—83—2017。标准自 2017 年 5 月 1 日起实施，原广东省标准《广东省绿色建筑评价标准》DBJ/T 15—83—2011 同时废止。《广东省绿色建筑评价标准》DBJ/T 15—83—2017 由广东省住房和城乡建设厅负责管理，由主编单位广东省建筑科学研究院集团股份有限公司负责具体技术内容的解释。广东省建筑节能协会参与修订新省标的编制工作，并为标准编制提供绿色建筑相关数据支撑。

（2）《广东省绿色建筑评价与标识体系研究与实施》

该课题以绿色建筑评价与标识体系以及相关管理政策为研究对象，结合广东本地气候特点和工程实践中积累的相关问题，对现行绿色建筑评价和标识体系进行细化和优化，并对绿色建筑验收和后期监督的相关技术和管理问题进行研究，使开展相关工作的技术及管理依据更完善，并更具适用性和可操作性。

（3）出版《广东建筑节能与绿色建筑现状与发展报告（2015—2016）》

广东省建筑节能协会根据实际情况组织专家编撰的有关广东省建筑节能和绿色建筑全面、系统、与时俱进的现状与发展报告，以期对广东省的建筑节能行业起到积极的促进作用。目前正在编制《2017—2018 年发展报告》。

（4）进一步完善绿色建筑评价标识工作制度

广东省建筑节能协会在已有的绿色建筑评价标识工作制度基础上，进一步规范和优化了绿色建筑评价标识工作流程。具体包括：①制订了绿色建筑标识评价全过程的"框架图"，明确参评各方的工作内容和时限要求，让各方可提前准备，确保项目各环节如期进行，提高整个工作流程的效率。②修改完善了整套绿色建筑标识评价工作用表，规范了绿色建筑评价标识申报材料的提交要求。③完成了分别对应新国标和新省标的两套绿色建筑评价标识申报材料模板。④提出了针对评审机构、专家和申报单位等各参评主体的规章制度，明确了参评各方的工作要求和责任。

作者： 黄晓霞　陈诗洁（广东省建筑节能协会）

8 重庆市绿色建筑总体情况简介

8 General situation of green building in Chongqing

8.1 建筑业总体情况

2017 年 1～10 月，重庆房地产开发投资 3193.17 亿元，同比增长 7.7%。其中，住宅投资 2106.48 亿元，同比增长 15.3%。住宅投资占房地产开发投资的比重为 66.0%。房地产开发企业房屋施工面积 25199.13 万 m^2，同比下降 5.1%。其中，住宅施工面积 16232.19 万 m^2，下降 6.8%。房屋新开工面积 4507.78 万 m^2，同比增长 13.1%，住宅新开工面积 2984.13 万 m^2，同比增长 21.6%。房屋竣工面积 2895.88 万 m^2，下降 14.4%，住宅竣工面积 1924.66 万 m^2，下降 16.3%。

8.2 绿色建筑发展总体情况

8.2.1 绿色建筑评价标识

2017 年，重庆市通过绿色建筑评价标识认证的项目共计 33 个，总建筑面积 633.4 万 m^2，其中公建项目 7 个，总建筑面积 63.13 万 m^2；住宅项目 26 个，总建筑面积 570.27 万 m^2。其中三星级 2 个，总建筑面积 5.68 万 m^2；二星级 20 个，总建筑面积 396.26 万 m^2，一星级 11 个，总建筑面积 231.46 万 m^2。

截至 2017 年，重庆市绿色建筑标识项目共 143 个，总面积为 2502.63 万 m^2。其中 2009 版重庆《绿色建筑评价标准》共完成 64 个项目，地方组织评审 58 项，国家组织完成 6 项，总面积为 990.94 万 m^2；2014 版重庆《绿色建筑评价标准》，共完成 79 项，地方组织完成 74 项，国家组织完成 5 项，总面积为 1511.69 万 m^2。

8.2.2 绿色建筑量质双提升

2017 年 1 月 1 日～12 月 6 日，重庆市城镇新建公共建筑和主城区新建居住建筑全面执行绿色建筑一星级标准，面积为 2696.62 万 m²，新增绿色建筑项目共计 3241.24 万 m²，新建城镇建筑执行绿色建筑标准的比例达到 45% 以上，有望提实现国家确定的"到 2020 年绿色建筑占新建建筑的比例到达 50%"的目标。其中新增二星级及以上绿色建筑项目 401.94 万 m²，同比增长了 17.59%。

8.2.3　节能改造目标超额完成

重庆市被列为第二批国家重点城市，争取到中央财政补助资金 7000 万元，按要求应再完成不少于 350 万 m² 的改造项目并实现单位建筑面积能耗下降 20% 以上的目标。截至 2017 年 8 月初，以政府机关办公建筑、医院和商场为重点，累计实施第二批国家公共建筑节能改造重点城市示范项目 95 个 387 万 m²，其中有 250 万 m² 已改造完毕，有望 2017 年底提前超额完成示范任务。

经统计测算，重庆市首批和第二批重点城市示范项目全部改造完成并投入使用后，能实现单位建筑面积能耗下降 22% 以上，每年可节电 1.5 亿度、减排二氧化碳 15 万吨、节约能源费用 1.2 亿元，并有效改善老旧公共建筑室内热环境、光环境、声环境和空气环境等功能品质，节能减排效果明显，社会经济效益显著。

8.2.4　绿色建材稳步推进

按照重庆市城乡建委《城乡智慧建设工作方案》要求，应用现代信息技术，推动建材行业大数据互联融合、开放共享，构建建材智慧应用公共服务系统，实现对绿色建材、部品构件的行业管理、推广应用与信息展示等功能。推动建筑材料智慧应用，完善绿色建材评价体系和应用机制，扶持龙头企业，树立行业标杆，推动绿色建筑产业化基地建设。完成了首批 8 家预拌混凝土生产企业的绿色建材评价，并启动了第二批预拌混凝土评价工作。

8.2.5　推行可再生能源建筑规模化应用工程

加强可再生能源建筑应用项目储备，鼓励地表水源、太阳能丰富（巫溪、巫山、奉节等）的区域集中连片推进可再生能源建筑应用，指导新建大型公共建筑应用可再生能源，引导体量较大、条件成熟的新建项目申报示范，推进具备条件的既有建筑节能改造项目应用可再生能源供暖或制备生活热水，全年新增可再生能源建筑应用面积 100 多万 m²。新增 2 个可再生能源建筑应用示范项目：江北嘴中央商务区可再生能源区域集中供冷供热项目三期 244 万 m² 建成投用，至此，江北城 CBD 区域江水源工程全部建成，可为江北城 CBD 400 余万 m² 公共建筑集中提供空调冷热源，是目前国内规模最大的江水源热泵区域能源系统；悦来新城会展公园（配套服务用房）采用土壤源热泵技术 1 万 m²。

8.2.6 重庆市建筑产业现代化示范工程基地

新增重庆市建筑产业现代化示范工程 15 个，建筑面积 239.9 万 m²，新增 4 个建筑产业现代化示范基地，进一步提升重庆市建筑产业现代化配套产业支撑能力，有助于形成龙头企业带动、产业资源集聚、社会分工明确，行业协同发展的新格局，为接下来进一步推动装配式建筑发展打下了基础。

8.2.7 绿色建筑咨询机构发展建设

（1）重庆市绿色建筑咨询单位情况简表

2017 年度（截至 12 月 1 日），在重庆市开展绿色建筑工程咨询的单位，经重庆市绿色建筑专业委员会整理，共计 40 家，已完成登记备案的单位 33 家。

（2）2017 年度绿色建筑咨询工作开展情况

重庆市绿色建筑专业委员会根据实际参与评审统计，2017 年 1 月 1 日～2017 年 12 月 1 日，共有 16 个绿色建筑咨询单位参与绿色建筑技术咨询工作，共组织了 30 个绿色建筑项目评审。其中按评价类型分，5 个公共建筑，25 个住宅建筑；按评价等级分铂金级 2 个，20 个金级项目，6 个银级项目；按评价阶段分为 26 个设计阶段项目，1 个竣工阶段项目，1 个运行阶段项目。

8.2.8 宣传推广工作

（1）培训活动

2017 年 6 月 12 日，组织召开了"中欧企业既有建筑节能改造技术培训与交流会"，全市节能服务公司共计 70 余人参加了培训。

2017 年 6 月 13 日，组织开展了"绿色施工技术培训会"，来自全市施工、建设等单位共 80 余人参加了培训。

2017 年 10 月 27 日，对市管工程项目、绿色生态住宅小区、绿色建筑开发建设单位管理技术人员近 200 人进行了建筑节能与绿色建筑专项培训（图 4-8-1）。

图 4-8-1 专项培训（一）

2017年10月31日，对全市区县城乡建委管理人员150余人进行了建筑节能与绿色建筑专项培训（图4-8-2）。

图4-8-2　专项培训（二）

（2）交流研讨

2017年3月29日，重庆市/西南地区建筑绿色化发展研讨会暨"强化绿色建筑发展质量，促进建筑绿色化全面推进"主题论坛隆重召开，来自重庆市从事绿色建筑建设、设计、咨询等工作的200余位人员参了会议（图4-8-3）。

图4-8-3　研讨会及专题论坛

2017年，重庆市建筑节能协会组织召开建筑节能门窗行业座谈会，全市建筑节能门窗行业50家骨干企业共80余人参加了此次会议，就提升产品质量，加快技术升级，保证建筑节能门窗行业健康持续发展座谈交流。会后，组织参观了重庆天旗实业有限公司车间、研发室、展厅。

2017年5月20～21日，作为全市建筑节能科普基地，参加由市科委组织的全市科技活动周活动，在观音桥步行街参与"未来生活梦幻体验展"和"科普嘉年华"重大科普示范活动。

2017年7月31日，由重庆大学、中冶赛迪工程技术股份有限公司、重庆科技学院、重庆钢结构产业有限公司、中冶建工集团有限公司等12家单位共同发起成立装配式建筑围护系统校企协同创新中心，开展技术交流与合作，旨在通过行业协作，推动标准应用，树立工程示范，最终推动装配式建筑产业发展。

2017 年 8 月 17 日，由西南地区绿色建筑基地、重庆市绿色建筑专业委员会组织召开"绿色建筑设计与施工管理 BIM 技术应用"交流会，来自四川、贵州、重庆等地的从事绿色建筑相关领域的勘察、设计、施工、建设、咨询服务等 42 家单位，共计百余名代表参加了交流会（图 4-8-4）。

图 4-8-4　交流会

8.2.9　国际合作交流

2017 年 2 月 22 日，由新加坡建设局建筑研究创新院助理总裁、可持续环境发展署副高级署长吴贵生带队，新加坡建设局可持续环境发展署绿色标志（新发展项目）执行经理蔡汝伟等 11 人到访重庆市绿色建筑专业委员会、西南地区绿色建筑基地，双方就中新两国绿色建筑的发展进行了学术交流座谈。

2017 年 6 月 24～28 日，由中国绿色建筑与节能委员会副主任、西南地区绿色建筑基地主任、重庆市绿色建筑专业委员会主任、重庆大学城市建设与环境工程学院院长李百战教授领队的代表团，参加在美国加州长滩召开的美国 ASHRAE 年会，并对美国劳伦斯伯克利国家实验室进行了访问交流。

2017 年 11 月 5 日，第八届建筑与环境可持续发展国际会议（SuDBE2017）与第八届室内环境与健康分会学术年会（IEHB2017）在重庆沙坪坝举行。大会由重庆大学主办，西南地区建筑绿色基地协办，来自英国、美国、爱尔兰、瑞典、丹麦、巴西、日本、中国等 15 个国家和地区的 300 余名专家学者参加了本次会议，其中境外专家 30 名。本次会议为期 4 天，会议期间主要围绕室内环境与健康、长江流域建筑供暖空调系统、绿色建筑与低碳生态城市、绿色建筑标准体系等主题展开研讨（图 4-8-5）。

图 4-8-5 第八届建筑与环境可持续发展国际会议

8.3 发展绿色建筑的政策法规情况

为了规范行业发展，牢固树立创新、协调、绿色、开放、共享的发展理念，加快城乡建设领域生态文明建设，全面实施绿色建筑行动，促进我市建筑节能与绿色建筑工作深入开展，重庆市城乡建委颁布技术发展规范文件，不断完善评价体系，促进绿色建筑科学发展。重庆市城乡建委发布的相关政策法规如下：

《关于完善重庆市绿色建筑项目资金补助有关事项的通知》

《重庆市可再生能源建筑应用示范项目和资金管理办法》

《关于将聚酯纤维棉热物理性能指标取值列入〈重庆市建筑材料热物理性能计算参数目录〉的通知》

《关于发布〈重庆市绿色建材分类评价技术导则—预拌混凝土〉和〈重庆市绿色建材分类评价技术细则—预拌混凝土〉的通知》

《关于发布〈瓦材、压型金属板坡屋面岩棉板保温系统应用技术要点〉的通知》

《关于印发〈重庆市可再生能源建筑应用示范项目和资金管理办法〉的通知》

《关于印发〈可再生能源建筑应用不利条件专项论证审查要点〉的通知》

《关于发布〈重庆市绿色建材分类评价技术导则—建筑砌块（砖）〉和〈重庆市绿色建材分类评价技术细则—建筑砌块（砖）〉的通知》

《绿色建筑竣工、运行项目现场查勘技术要点》

8.4 绿色建筑标准与科研情况

8.4.1 绿色建筑标准

为推动绿色建筑相关技术标准体系完善，进一步加强绿色建筑发展的规范性建设，2017年重庆市已发布和在编的地方绿色建筑相关标准包括：

《重庆市绿色建筑评价技术指南》

《重庆市机关办公建筑能耗限额标准》

《重庆市公共建筑能耗限额标准》

《重庆市建筑工程初步设计文件编制技术规定》

《重庆市建筑工程施工图设计文件编制技术规定》

《重庆市建筑工程初步设计文件技术审查要点》

《重庆市建筑工程施工图设计文件技术审查要点》

《重庆市绿色保障性住房技术导则》

《重庆市建筑能效（绿色建筑）测评与标识技术导则》

《重庆市既有公共建筑绿色改造技术导则》

《重庆市公共建筑节能改造节能量认定标准》

《民用建筑立体绿化应用技术规程》

《建筑能效（绿色建筑）测评与标识技术导则》（修订）

《既有建筑外窗节能改造应用技术标准》

《重庆市空气源热泵应用技术标准》

《重庆市绿色建材产业化基地建设水平提升路线研究》

8.4.2 课题研究

2017年以来，重庆市针对西南地区特有的气候、资源、经济和社会发展的不同特点，广泛开展绿色建筑关键方法和技术研究开发。

（1）国家级科研项目

"十三五"国家重点研发计划课题："基于能耗限额的建筑室内热环境定量需求及节能技术路径"（课题编号：2016YFC0700301），课题总经费1880万元，其中专项经费780万元；

"十三五"国家重点研发计划课题"建筑室内空气质量运维共性关键技术研究"（课题编号：2017YFC0702704），课题总经费450万元，其中专项经费250万元；

"十三五"国家重点研发计划子课题"舒适高效供暖空调统一末端关键技术

研究"（子课题编号：2016YFC0700303-2），子课题总经费 220 万元，其中专项经费 220 万元；

"十三五"国家重点研发计划子课题"建筑热环境营造技术集成方法研究"（子课题编号：2016YFC0700306-3），子课题总经费 170 万元，其中专项经费 170 万元；

"十三五"国家重点研发计划子课题"绿色建筑立体绿化和地道风技术适应性研究"；

"十三五"国家重点研发计划子课题"建筑室内空气质量与能耗的耦合关系研究"（子课题编号：2017YFC0702703-05），子课题总经费 20 万元，其中专项经费 20 万元。

（2）地方级科研项目

重庆市绿色建筑与建筑节能工作配套能力建设项目："绿色建筑实施质量与发展政策研究"；

重庆市绿色建筑与建筑节能工作配套能力建设项目："重庆市绿色保障性住房技术导则"编制；

重庆市绿色建筑与建筑节能工作配套能力建设项目：《重庆市空气源热泵应用技术标准》研究与编制；

重庆市绿色建筑与建筑节能工作配套能力建设项目：《重庆市机关办公建筑能耗限额标准》《重庆市公共建筑能耗限额标准》研究与编制；

重庆市绿色建筑与建筑节能工作配套能力建设项目：《重庆市公共建筑节能改造重点城市示范项目效果评估研究》；

重庆市绿色建筑与建筑节能工作配套能力建设项目：《重庆地区超低能耗建筑技术（被动式房屋节能技术）适宜性及路线研究》；

重庆市绿色建筑与建筑节能工作配套能力建设项目：《近零能耗建筑技术体系研究》；

重庆市绿色建筑与建筑节能工作配套能力建设项目：《绿色建筑室内物理环境健康特性研究》。

作者：李百战　丁勇　张永红　王晗（重庆大学；重庆市绿色建筑专业委员会）

9 深圳市绿色建筑总体情况简介

9 General situation of green building in Shenzhen

9.1 建筑业总体情况

2016 年深圳拥有建筑业企业 849 家，年末从业人员 60.62 万人，建筑业总产值达 2346.95 亿元；全市房屋建筑施工面积 8501.07 万 m^2，房屋建筑竣工面积 1212.85 万 m^2。另据悉，深圳 2016 全年建筑业增加值 525.32 亿元，比上年增长 9.0%；截至 2016 年底，全市民用建筑面积达 4.34 亿 m^2，其中居住建筑面积约 3.36 亿 m^2，公共建筑面积约 0.98 亿 m^2。2017 年 1~9 月，全市报建工程总计 2096 项，建筑面积达 2665 万 m^2，报建工程总造价约 834 亿元。

9.2 绿色建筑总体情况

截至 2017 年第三季度，全市累计新建节能建筑面积超过 1.4 亿 m^2，绿色建筑面积超过 6655 万 m^2，累计 746 个项目获得绿色建筑评价标识；其中公建项目 415 项、总建筑面积达 3032 万 m^2，住宅项目 325 项、总建筑面积达 3450 万 m^2；累计 39 个项目获得国家或深圳市最高等级绿色建筑评价标识，13 个项目获得全国绿色建筑创新奖。建有 10 个绿色生态园区。既有建筑节能改造面积累计达 2783 万 m^2，绿色物业管理试点项目 345 个。据估算，全市综合节能量累计已超过 799 万吨标准煤，相当于节省用电 197 亿度、减排二氧化碳 1932 万吨。

9.3 发展绿色建筑的政策法规情况

（1）关于修改《深圳经济特区建筑节能条例》的决定（深圳市第六届人民代表大会常务委员会公告 第六十九号）

2017 年 4 月 27 日，深圳市第六届人民代表大会常务委员会第十六次会议审议了深圳市人民政府提出的《〈深圳经济特区环境保护条例〉等十五项法规修正案（草案）》，决定对《深圳经济特区建筑节能条例》做出修改，删除了第十二条第二款及第二十条第二款，并对第十四条"建筑物能效测评和标识制度"、第三十四条"太阳能集热配置条件"、第四十二条"施工图设计文件审查"三处内容做了重新定义。该决定自公布之日起施行。

（2）关于修改《深圳经济特区城市雕塑管理规定》等六项规章的决定（深圳市人民政府令第 293 号）

2017 年 1 月 4 日深圳市人民政府六届六十六次常务会议通过《深圳市人民政府关于修改〈深圳经济特区城市雕塑管理规定〉等六项规章的决定》，对《深圳市绿色建筑促进办法》（2013 年 7 月 19 日深圳市人民政府令第 253 号发布）进行修订，删除了第十三条第二款，并对第三十二条"绿色建筑评价标识制度实行第三方评价机"、第三十六条"评价标识费用"两处内容进行修改。本决定自公布之日起施行。

（3）《深圳市执行〈绿色建筑评价标准〉GB/T 50378—2014 施工图设计文件审查要点》

《审查要点》由深圳市住房和建设局组织编制，并于 2017 年 4 月发布实施。适用于深圳市新建、改建、扩建的民用建筑施工图设计是否符合《绿色建筑评价标准》GB/T 50378—2014 的自查与审查。

（4）《深圳市住房和建设局关于加快推进装配式建筑的通知》（深建规〔2017〕1 号）

为全面促进我市装配式建筑的发展，保障建筑工程质量和安全，降低资源消耗和环境污染，深圳市住房和建设局发布了《深圳市住房和建设局关于加快推进装配式建筑的通知》，明确了装配式建筑不同责任主体在工程建设过程中的职责。

（5）《深圳市装配式建筑住宅项目建筑面积奖励实施细则》（深建规〔2017〕2 号）

深圳市住房和建设局、深圳市规划和国土资源委员会组织制定，并于 2017 年 1 月 20 日印发了《深圳市装配式建筑住宅项目建筑面积奖励实施细则》，旨在促进我市装配式建筑住宅项目发展，提高住宅建设的效率和质量，实现住宅建设领域节能减排。

（6）《深圳市住房和建设局关于装配式建筑项目设计阶段技术认定工作的通知》（深建规〔2017〕3 号）

为保障我市装配式建筑项目的技术认定工作规范有序，深圳市住房和建设局发布了《深圳市住房和建设局关于装配式建筑项目设计阶段技术认定工作的通知》（深建规〔2017〕3 号），对设计阶段技术认定以及认定后不同工程阶段都提出了相应要求。

（7）《深圳市建筑废弃物再生产品应用工程施工图设计文件审查要点》

为贯彻执行国家有关节能减排、保护环境、绿色建筑的技术经济政策，切实促进建筑废弃物再生产品在深圳市建设工程项目中应用与推广，依据《深圳市建筑废弃物再生产品应用工程技术规程》SJG 37—2017，深圳市住房和建设局组织编制了《深圳市建筑废弃物再生产品应用工程施工图设计文件审查要点》，于2017 年 9 月 11 日印发。

9.4 绿色建筑标准和科研情况

9.4.1 绿色建筑标准

（1）修订《深圳市绿色建筑评价规范》

为做好与国家标准《绿色建筑评价标准》GB/T 50378—2014 的衔接，结合我市绿色建筑评价实践及绿色建筑发展需求，深圳市住房和建设局委托深圳市建筑科学研究院股份有限公司修订了《深圳市绿色建筑评价规范》，现已完成征求意见稿。

（2）发布实施《深圳市装配式建筑工程消耗量定额》（2016）

为了规范装配式建筑工程的计价行为，推进装配式建筑市场健康发展，合理确定与有效控制装配式建筑工程造价，深圳市住房和建设局根据《深圳市建设工程造价管理规定》（深圳市人民政府令第 240 号）委托深圳市建设工程造价管理站组织编制了《深圳市装配式建筑工程消耗量定额》（2016），自 2017 年 2 月 1日起实行。该定额是国有资金投资的装配式建筑工程编制投资估算、设计概算、施工图预算和最高投标限价的依据，对其他工程仅供参考。

（3）编制《〈民用建筑绿色设计规范〉深圳市实施细则》等三项技术规范

《〈民用建筑绿色设计规范〉深圳市实施细则》强调在《民用建筑绿色设计规范》的框架下结合深圳的地域特征、技术经济发展状况等有效地进行绿色建筑设计工作；《公共建筑能耗管理系统技术规程》旨在通过提高运行管理人员的技术素质、增强节能意识、严格管理制度、加强监督、加强监测和能耗测评等工作，通过合理的技术管理措施，不断提高运行管理水平，降低公共建筑系统能耗；《公共建筑中央空调控制系统技术规程》通过开展对中央空调控制系统全过程的研究，提出空调控制系统设计、施工、验收和运行的技术方法，对中央空调自控系统进行全过程规范，填补深圳市中央空调控制系统的技术标准空白，旨在提高公共建筑空调系统运行能效水平，降低公共建筑实际运行能耗。三项技术规范由深圳市住房和建设局组织相关单位编制，目前已完成征求意见稿。

（4）编制《深圳市建设行业绿色建筑信息模型技术应用指南》

2017 年 9 月，由深圳市绿色建筑协会编制的《深圳市建设行业绿色建筑信息模型技术应用指南》顺利结题验收。指南的出台，将提高深圳市绿色建筑建设行业单位的 BIM 技术应用能力，推动行业实现建设绿色建筑的 BIM 技术价值，促进深圳市乃至全国建筑业转型升级、提升绿色建筑业信息化水平。

（5）编制《深圳市绿色建筑工程验收规范》

2017年8月，由深圳市绿色建筑协会、深圳市建筑科学研究院股份有限公司主编的《深圳市绿色建筑工程验收规范》启动编制工作。编制组通过对省内外绿建项目施工和验收方法进行调研梳理，整理适合深圳市绿建发展的验收规范和指标，增强其可操作性，对加强施工质量管理、统一施工质量验收、提高工程测评效果具有十分重要的意义。

（6）编制《深圳市绿色建筑运营测评技术规范》

2017年9月，由深圳市绿色建筑协会、深圳市建筑科学研究院股份有限公司主编的《深圳市绿色建筑运营测评技术规范》启动编制工作。规范分为总则、术语、基本规定、节地与室外环境、节能与能源利用、节水与水资源利用、室内环境质量、提高与创新等篇章，旨在更好地指导绿色建筑运营阶段能耗监测工作科学、有序开展。

（7）编制《深圳市既有公共建筑绿色化改造的工作机制研究》

2017年12月，由深圳市绿色建筑协会、深圳市绿大科技有限公司、深圳市建筑科学研究院股份有限公司主编的《深圳市既有公共建筑绿色化改造的工作机制研究》启动编制工作。该课题针对深圳行政区域范围内不同时期建成的正在使用的公共建筑，研究在以现代绿色生态的理念和评价标准对其进行改造的过程中，使整个工作程序、规则有机联系和有效运转的工作机制。

9.4.2 科研情况

（1）成立深圳市建设科学技术委员会

为加大促进建设科技创新和技术进步的力度，推进工程建设领域决策的科学化，提升城市建设管理水平，积极应对城市建设和发展中的各种风险和问题，更好地服务深圳市城市建设和可持续发展，经深圳市政府同意，2016年10月28日成立深圳市建设科学技术委员会。

2017年建设科学技术委员会开展了多项工作并取得显著成效：

① 牵头编制《深圳市装配式建筑发展专项规划（2017—2020）》；

② 协助市住房建设局开展"深圳市公共住房户型研究设计竞赛"；

③ 指导并参与"适应深圳市发展需求的装配式建筑体系研究课题""深圳市建筑废弃物受纳场突发事故应急预案"等重大课题研究；

④ 指导并参与广东省标准《建筑基坑施工监测技术标准》《深圳市前海合作区地铁安保区基坑技术导则》《保障性住房标准设计图集》《道路工程利用建筑废弃物技术规程》和《深圳市绿色建筑评价规范》等重要技术规范编制；

⑤ 为坪山赤坳水库大坝加固、春风隧道结构、坂银通道大跨度盖梁、广电

大厦等重大复杂工程提供咨询或建议;

⑥ 为深圳市住房租赁交易服务平台建设等重大项目提供技术论证;

⑦ 组织数字建造、工程质量安全、装配式建筑、地下工程与地铁工程、既有建筑结构安全与加固等高端学术论坛;

⑧《加快深圳国际科技、产业创新中心建设总体方案》等政策制定提供咨询意见。

(2) 建立院士工作站

以两院院士为核心,依托重点研发机构,建立院士工作站作为联合开展建设科技研究的高层次科技创新平台。2016 年 8 月 15 日成立深圳市住房和建设局聂建国院士工作站;2017 年 2 月 18 日成立中建科技集团院士工作站(深圳),以孟建民院士为核心,孟建民建筑研究中心和中建科技集团深圳公司为主要合作团体,致力于装配式建筑及 EPC 工程总承包等领域的研究与实践。

(3) 建立深圳市建筑信息模型(BIM)专家库

为加快推进建筑信息模型(BIM)应用,充分发挥市建设科学技术委员会技术指导作用,促进深圳市建筑信息模型(BIM)更好更快推广应用,2017 年深圳市住房和建设局组织开展了深圳市建筑信息模型(BIM)专家征集工作,共征集到第一批入库专家 68 名。

(4) 发布《深圳市大型公共建筑能耗监测情况报告(2016 年度)》

根据《深圳经济特区建筑节能条例》、《深圳市绿色建筑促进办法》等有关文件的要求,深圳市住房和建设局组织相关单位编制了《深圳市大型公共建筑能耗监测情况报告(2016 年度)》。该报告对全市接入能耗监测平台的公共建筑 2016 年度能耗数据进行了总结、分析,面向社会予以公开,为各区政府节能主管部门了解辖区内及其他行政区公共建筑能耗现状,开展公共建筑用能监管提供参考依据,同时也供建筑业主、社会节能服务公司等进行横向比较对标,了解自身建筑能耗水平,以便有针对性开展节能改造工作。

(5) 编制《深圳市 2017 年度第一批建设工程新技术推广应用目录》

根据《深圳市建设工程新技术推广应用管理办法》(深建字〔2006〕134 号),深圳市住房和建设局授权委托深圳市建设科技促进中心组织开展了深圳市 2016 年建设工程新技术认证工作。经申请人申请、资料审查、专家评审、网上公示等程序,共有 3 项新技术通过认证,列入《深圳市 2017 年度第一批建设工程新技术推广应用目录》,分别是:溶液调湿空调、单面钢质隔墙装饰板在墙面装饰的施工技术、保温装饰一体化板外墙外保温系统(芯材模塑聚苯板)。

(6) 编制《深圳市绿色建筑技术与产品推广目录》

由深圳市住房和建设局委托深圳市绿色建筑协会编制的《深圳市绿色建筑技术与产品推广目录》,旨在为深圳市绿色建筑与建筑节能设计、工程招标采购、施工与监理、监督检验等环节提供技术和管理依据。

（7）成立深圳市绿色建筑协会专家委员会

深圳市绿色建筑协会作为深圳市绿色建筑标识第三方评价机构之一，以及深圳市建筑专业高、中级专业技术资格第八评审委员会，承接深圳市绿色建筑评价标识及绿色建筑工程师职称的评审工作；近年来协会还多次承接市住房和建设局相关标准、规范编制、行业培训、课题研究等工作。为加快提升协会的综合服务能力，给政策制定、行业及企业发展提供更好的专业技术支撑，2017 年 4 月，深圳市绿色建筑协会专家委员会正式成立，截至目前，已接收近 500 份申报资料，组织召开两次评审会，有 177 位行业专家入库。

9.5 重 点 工 作

（1）绿色建设全过程、集成化系列培训

在深圳市建筑节能科技财政资金的支持下，根据深圳市住房和建设局的统一部署，深圳市绿色建筑协会于 2017 年 7～11 月期间开展了以"绿色建筑认知与实践、施工图审查要点、绿色建材与绿色施工、工程验收与绿色运营、既有建筑改造、建筑废弃物循环再利用、装配式、BIM 应用及海绵城市"等为主题的绿色建设全过程、集成化系列培训，共计十场，邀请了 50 余位国家及地方绿色建筑资深专家授课，行业 1500 余位管理和技术人员先后参加了培训。

（2）《绿色生态城区评价标准》GB/T 51255—2017 华南地区宣贯会

2017 年 11 月 17 日，中国城市科学研究会绿色建筑与节能专业委员会主办，深圳市绿色建筑协会承办，中国绿色建筑推广基地（南方中心）协办的国标《绿色生态城区评价标准》GB/T 51255—2017 华南地区宣贯会在深圳举行，5 位国家级专家围绕国标各章节内容进行了解读。来自华南地区的绿色建筑规划、设计、咨询、工程承包、交通与市政基础设施建设、环境治理和生态保护等有关单位的专业技术人员，以及各地方绿色建筑与建筑节能相关单位、行业组织领导、专家等参加培训，了解绿色建筑发展的理念与动态，以及绿色建筑由单体绿建向城区绿建发展的大趋势的技术要求。

（3）可持续建筑环境全球会议

2017 年 6 月，三年一届、被视为现今可持续建筑及建造业界中极具影响力的国际盛会——可持续建筑环境全球会议在香港举办。在大会组委会的支持及深圳市住房和建设局指导下，深圳市绿色建筑协会、深圳市建筑科学研究院股份有限公司联合组织了高水准的分论坛"点绿成金的探索——中国城市化进程的绿色实践"，深圳以独特的风采向世界呈现了一场精彩、专业的建筑盛宴。

（4）第 19 届国际植物学大会

2017 年 7 月，六年一届的全世界植物科学领域规模最大、水平最高的学术会议——国际植物学大会首次来中国在深圳亮相。深圳市绿色建筑协会创新性融入"建筑与植物和谐共生、友好对话"的理念，在大会上举办了以"发展立体绿化·建设绿色人居"为主题的分论坛。该论坛成为国际植物学大会实现跨界融合、跨学科交流、思维创新碰撞的重大举措，是本届大会的创新和一大亮点，为绿色建筑发展谱写新的篇章。会议期间，还举行了隆重的"深圳市绿色建筑协会立体绿化专业委员会成立大会暨授牌仪式"，首批委员会代表联合发表《"发展立体绿化·建设绿色人居"倡议书》，号召行业携手，共建美好家园、美丽中国。

（5）深圳绿色建筑标识评价工作

2016 年 9 月 20 日，深圳市住房和建设局于发布了《深圳市住房和建设局关于认真贯彻落实〈住房和城乡建设部办公厅关于绿色建筑评价标识管理有关工作的通知〉的通知》（深建科工［2016］41 号），列明深圳市建设科技促进中心、深圳市绿色建筑协会为深圳市绿色建筑标识第三方评价机构。2017 年，在两家评价机构的共同努力下，标识评价工作的服务质量被提升、评审流程被优化、评审效率大大提高。

（6）建筑工程（绿色建筑）专业技术资格评审

2017 年 11 月 19 日，经过绿色建筑工程师职称评审专家的综合评定，又一年度《深圳市建筑专业高、中级专业技术资格第八评审委员会评审通过人员名单》产生。2014 年职称设立至今，深圳已诞生 191 名有初、中、高级职称的绿色建筑工程师。

深圳市绿色建筑协会作为深圳市职称评审工作的日常工作部门之一，通过学习和交流，业务能力与服务质量不断得到提升。2017 年工作创新点有：新增"绿色运营"评审内容，使评审工作不断精细化，更加科学合理；题库建设不断补充完善，已涵盖了绿色建筑相关政策、国家及地方评价标准、绿色施工、绿色建材、建筑工业化、绿色运营等绿色建筑产业链上的专业内容，总题量完全可以支撑临时抽取、即时滚动成卷的高端要求，保证了测评的科学性、公平性；制定了"绿色建筑工程师职称评审工作流程及相关附件"一整套较为成熟的工作体系，保障评审工作严谨、高效地开展，至今保持着零投诉的佳绩，行业和主管部门给予高度评价。

（7）第十九届高交会绿色建筑展

2017 年 11 月 16～21 日，由深圳市住房和建设局作为技术指导单位、深圳市建设科技促进中心和深圳市绿色建筑协会共同组织的"绿色建筑展"，在第十九届中国国际高新技术成果交易会上隆重展出，这已是"绿色建筑展"连续第五年亮相高交会。本届绿色建筑展以"创新绿色发展，提升建筑品质"为主题，分为四大特色板块——"建设科技专题馆""绿色之家""企业展团""展会活动"，将绿色生态城市建设过程中的政策法规、创新技术与优秀产品、实践成果等进行集中展示。该展会配合举办有高端论坛、专家面对面等丰富多彩的活动，已成为南方地区一个专业化、国家级、国际性的绿色建筑商贸交易平台。

（8）绿色生态城市发展高峰论坛·深圳

2017 年 11 月 18 日，在深圳市住房和建设局、新加坡建设局的支持下，深圳市绿色建筑协会、深圳市建设科技促进中心、深圳市建筑科学研究院股份有限公司、中国城市科学研究会绿色建筑与节能专业委员会、中国城市科学研究会生态城市研究专业委员会共同主办了第十九届高交会绿色建筑展主题论坛——"绿色生态城市发展高峰论坛·深圳"。本次论坛邀请到十余位国内外优秀专家，共同探讨绿色生态城市建设的新思路，共吸引了三百余位国内外行业人士、行业组织代表等参会。

作者：王向昱[1]　谢容容[1]　唐振忠[2]　许媛媛[2]（1. 深圳市绿色建筑协会；2. 深圳市建设科技促进中心）

10 厦门市绿色建筑总体情况简介

10 General situation of green building in Xiamen

10.1 绿色建筑总体情况

2017 年厦门市通过绿色建筑评价标识的项目共计 12 个，总建筑面积 181.226 万 m^2。

2017 年厦门市通过绿色建筑施工图审查的项目共计 185 个，总建筑面积 1201.0259 万 m^2，绿色建筑占比为 96%，居全省第一。

10.2 发展绿色建筑的政策法规情况

（1）《关于我市保障性住房按照绿色建筑标准建设的通知》（厦建科 〔2011〕 21 号）

2011 年 8 月，厦门市出台《关于我市保障性住房按照绿色建筑标准建设的通知》（厦建科 〔2011〕 21 号），要求全市新建保障性住房应按绿色建筑标准进行建设。

（2）《厦门市绿色建筑行动实施方案》（厦府办 〔2014〕 11 号）

2014 年 1 月厦门市政府办公厅发布《厦门市绿色建筑行动实施方案》（厦府办 〔2014〕 11 号），将强制实施绿色建筑范围扩大到所有民用建筑。全市 2014 年起新立项的政府投融资项目、安置房、保障性住房，通过招拍挂、协议出让等方式新获得建设用地的民用建筑全部执行绿色建筑标准；2016 年起办理施工许可的存量土地的民用建筑项目全部执行绿色建筑标准。

（3）《厦门市绿色建筑财政奖励暂行管理办法》（厦建科 〔2015〕 40 号）。

2015 年 11 月 11 日，厦门市建设局和财政局联合发布《厦门市绿色建筑财政奖励暂行管理办法》（厦建科 〔2015〕 40 号），对主动执行绿色建筑标准，并取得绿色建筑运行标识项目的建设单位，以及购买该绿色建筑（住宅）的业主，实施财政奖励。

（4）《厦门经济特区生态文明建设条例》

2014 年 10 月 31 日，厦门市十四届人大常委会第 22 次会议通过《厦门经济特区生态文明建设条例》，2015 年 1 月 1 日开始施行。《条例》第四十三条规定：新建政府投融资项目、安置房、保障性住房，以招拍挂、协议出让的方式新获得建设用地的民用建筑应当按照绿色建筑的标准进行建设，以一星级绿色建筑为主，鼓励建设二星级及以上等级的绿色建筑。

10.3　绿色建筑财政奖励实施情况

厦门市贯彻落实财政部、住房城乡建设部"绿色建筑奖励要让购房者受益"的精神要求，对主动执行绿色建筑标准并取得运行标识的存量土地的民用建筑，实施财政奖励奖励。2015 年 11 月 11 日，厦门市建设局和财政局联合发布《厦门市绿色建筑财政奖励暂行管理办法》（厦建科［2015］40 号），明确了财政奖励标准。一是对开发建设绿色建筑的建设单位给予市级财政奖励。奖励标准为：一星级绿色建筑（住宅）每平方米 30 元；二星级绿色建筑（住宅）每平方米 45 元；三星级绿色建筑（住宅）每平方米 80 元；除住宅、财政投融资项目外的星级绿色建筑每平方米 20 元。二是对购买高星级绿色建筑商品住房的业主给予返还契税的奖励。奖励标准为：对购买二星级绿色建筑商品住房的业主给予返还 20％契税，购买三星级绿色建筑商品住房的业主给予返还 40％契税的奖励，契税奖励实行先征后奖原则。

厦门市 2016 年发放绿色建筑财政奖励 2400 万元；2017 年发放绿色建筑财政奖励 2165 万元。厦门建发中央湾区珊瑚海小区是全省第一个获得绿色建筑财政奖励的建筑，也是全国第一个购房业主获得绿色建筑财政奖励的项目，共有 948 户购房业主获得契税返还奖励，既对广大业主普及了绿色建筑知识，又共享了绿色发展实惠，示范效果显著。

10.4　绿色建筑与绿色建材第三方评价情况

（1）绿色建筑第三方评价

2017 年，根据住建部的部署，厦门市逐步推进绿色建筑向第三方评价方式转变，批准厦门市建筑节能管理中心、厦门市土木建筑学会、福建省建筑节能产品与检测企业工程技术研究中心为市级绿色建筑第三方评价机构，负责全市绿色建筑评价标识的审定、公示、公告和颁发证书、标识。

（2）绿色建材第三方评价

根据住建部和工信部关于开展绿色建材评价的工作部署，厦门市确定绿色建材日常管理机构为厦门市建筑节能管理中心，批准厦门市建筑科学研究院、福建省建筑科学研究院、中国建筑科学研究院、中国建材检验认证集团厦门宏业有限公司等单位作为绿色建材第三方评价机构。

作者：蔡立宏（厦门市建筑节能管理中心）

第五篇 | 实践篇

　　本篇从 2017 年获得绿色建筑运行标识、绿色建筑设计标识、健康建筑设计标识项目以及绿色生态城区项目中，遴选了 10 个代表性案例，分别从项目背景、主要技术措施、实施效果、社会经济效益等方面进行介绍。

　　绿色建筑标识项目涉及办公建筑、居住建筑、酒店建筑、工业建筑等建筑类型。其中包括：在设计上实现了高集成、高联动，具有先进水平的绿色生态办公大楼苏州梦兰神彩 1 号研发楼项目、海门中南集团总部基地办公楼项目；集成智能化能源利用及管理系统等因地制宜建筑绿色改造技术的麦德龙东莞商场项目；既综合优化厂区物流、交通等技术，又体现现代化绿色工厂特色的滕州卷烟厂易地改造项目；以酒店功能为主，集商业、办公功能于一体，兼顾形态设计与资源节约的绿色建筑综合体项目无锡秀水坊—智选酒店项目；集成绿色生态节能技术打造现代化绿色住宅的中建国熙台（南京）项目、扬州·华鼎星城项目。

　　健康建筑标识项目以佛山当代万国府 MOMA 4 号楼项目为典型案例，该项目将以人为本的健康建筑设计理念贯穿整个设计过程，关注空气品质、用水安全、环境舒适，关爱老年人与儿童的特殊需求，呵护建筑使用者的心理健康，全方位体现人文关怀，营造健康舒适的居住和活动空间。

绿色生态城区案例包括怀柔雁栖湖生态发展示范区和深圳光明新区低碳生态示范项目实践，前者是北京市委、市政府确定的重大产业带动示范项目，是对接"世界城市"发展目标、提升首都国际化职能的重要举措，是北京建设"国际活动聚集之都"的重要窗口；后者是住房和城乡建设部与深圳市政府共同确定打造的国家级绿色建筑示范区，为新时期我国城镇化发展模式转型提供了重要示范和实践经验。

由于案例数量有限，本篇无法完全展示我国绿色建筑技术精髓，希望通过典型案例介绍，给读者带来一些启示和思考。

Part V | Engineering practice

In this part, 10 representative cases are selected fromprojects with green building operation labels, green building design labels, healthy building design labels and green eco-city projects in 2017. They are introduced from such aspects as the project background, the main technical measures, the implementation effect, and the social economy benefits.

Green building label projects cover building types like office buildings, residential buildings, hotel buildings, and industrial buildings. Suzhou Menglan Shencai R & D Building and HaimenZhongnan Group Headquarters Office Building are highly integrated and highly linked in design. Metro Dongguan Shopping Mall integrates intelligent energy utilization and management system with green retrofitting technologies according to local conditions. Retrofitting project of Tengzhou Cigarette Factory integrates logistics and transportation and embodies modern green factory features. Wuxi Xiushui Fang Holiday Inn Express project is a green building complex which is mainly a hotel but also have the functions of business and office in consideration of both design and energy conservation. CSCEC Central Mansion (Nanjing) project and Yangzhou Huading Xingcheng project are modern green residential buildings with green ecological energy conservation technologies.

The typical healthy building label project is Building No. 4 of Foshan Dangdai Wanguo MOMA, which uses people-oriented healthy buil ding design concept throughout the design process, and focuses on air quality, water safety, environmental comfort, care for the special needs of the elderly and children, care for mental health of building users. It is full of humanistic care and creates a healthy and comfortable living and activity space.

Cases as green eco-district are Huairou Yanqi Lake Ecological Development Demonstration Zone and Shenzhen Guangming New District Low-carbon Ecological Demonstration Project. The former is a demonstration project of major industries led by Beijing Municipal Government. It is an important measure for realizing the development goals of "world cities" and enhancing the internationalization of the capital, and is a significant window for Beijing in building a "capital of international activities". The latter is a national green building demonstration zone jointly established by MOHURD and Shenzhen Municipal Government, providing important demonstration and practical experience for the transformation of China's urbanization development model in the new era.

With limited numbers of cases, this part may not fully demonstrate the essence of China green building technologies but nevertheless hopes to provide some inspirations and ideas for readerswith these typical cases.

1 苏州梦兰神彩 1 号研发楼

1 R&D Building of Suzhou Menglan Shencai Company

1.1 项目简介

苏州梦兰神彩 1 号研发楼项目位于苏州工业园区中新生态科技城，阳澄湖大道南、科智路西。项目总占地面积 15254m²，总建筑面积 24532.82m²，项目共包含 3 栋建筑，1 号、2 号楼为研发楼，另包含一栋厂房。

项目分两期设计、建设，一期包含 1 号研发楼及厂房，二期包含 2 号研发楼。本次申报范围为 1 号研发楼，1 号楼主要功能为办公、研发，北侧层高 3 层、南侧 5 层，效果图如图 5-1-1 所示。1 号研发楼地上建筑面积 6074.1m²，一期地下建筑面积 3722.17m²。1 号研发楼 2017 年月获得绿色建筑设计标识三星级。

图 5-1-1　项目效果图

1.2 主要技术措施

1.2.1 节地与室外环境

（1）室外物理环境

光环境：本建筑西侧外立面设置部分玻璃幕墙，幕墙可见光反射比不大于 0.2。室外夜景照明采用分段及分时控制，庭院灯、灯柱实行全夜间照明，投影照明至夜间 10 点，草坪灯按需开关。项目昼间、夜间均不会产生光污染。

声环境：本项目在场地内设置 4 个监测点，对所在区域的声环境进行监测，项目区域昼夜间声环境均达到《声环境质量标准》GB 3096—2008 的 3 类的要求，昼间不大于 65dB，夜间不大于 55dB，说明项目所在区域声环境质量较好。

风环境：本项目进行了室外风环境模拟，整体分析后，项目冬季、夏季、过渡季建筑周边流场分布整体较均匀，整体未出现大范围无风区，不至影响周边空气品质，且建筑周边行人区域风速在 5m/s 以下，风速放大系数小于 2。夏季和过度季节，建筑物前后压差处于 2～8Pa 之间，室内可利用自然通风。冬季建筑物前后压差处于 1～2Pa 之间，有利于冬季防风。夏季、过渡季 50％以上可开启外窗室外外表面的风压差大于 0.5Pa，有利于建筑自然通风。

景观绿化及遮阴：本项目绿地率达到 31.4％，较高的绿化率可有效改善场地内的微气候。绿化种植适应当地气候和土壤条件的植物，采用乔、灌、草结合的复层绿化，一期人行道及广场面积 3078m²，经过统计及模拟分析计算，植物遮阴面积 187.7m²，建筑遮阴面积 451m²，一期户外活动场地遮阴面积比例达到 20.75％，可有效降低热岛强度。

（2）透水铺装

本项目一期场地透水铺装面积 2305m²，占一期室外硬质地面面积比例达到 52.3％。透水铺装包括植草砖、透水沥青、透水砖三种形式，其中植草砖 172.3m²，透水沥青 720.9m²，50mm 厚透水砖 1411.8m²。如图 5-1-2 所示。

（3）屋顶绿化

1 号楼屋顶布置屋顶绿化，结合建筑功能，设计为屋顶休憩花园，1 号研发楼整体屋顶可绿化面积为 965m²，在北侧三层屋面设置 360m² 的屋顶花园，屋顶绿化比例达到 37.31％。屋顶花园采用小乔木、灌木与草地被植物结合的复层绿化方式，植物包括：丹桂、金桂、日本早樱、紫玉兰、红梅、金森女贞、萱草、地被石竹、夏鹃、草坪等。如图 5-1-3 所示。

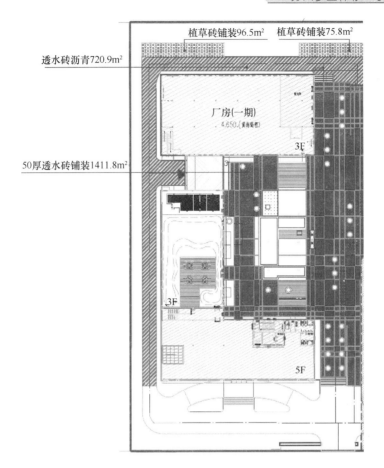

图 5-1-2 一期透水铺装平面布置图

图 5-1-3 1 号楼屋顶绿化效果图

1.2.2 节能与能源利用

（1）高性能围护结构

建筑物的外围护结构的热工性能直接影响建筑物的能耗水平。本项目各部位围护结构热工性能均优于《公共建筑节能设计标准》GB 50189—2015 中规定值 10% 以上。屋面采用 85mm 厚的挤塑聚苯板作为保温材料、外墙采用 60mm 厚的增强纤维防火保温板作为保温材料、外窗为 6 中透光 Low－E＋12 氩气＋6 透明－隔热金属多腔密封窗框，传热系数为 $2.1W/m^2 \cdot K$，外窗中空部位设置可调遮阳百叶。各部位均有较好的保温隔热效果，采用可调节中置遮阳，可根据使用者需求控制太阳辐射热量，有效降低建筑物能耗。

（2）高性能空调机组

本项目采用多联机空调系统，所选产品均为节能型，各功能空间多联机 IPLV 均在 6.0 以上，较标准中的规定值提高幅度超过 16%。各空间根据使用要求、不同的功能区块等划分系统，每个空调系统均能独立控制，满足不同人群的不同室内环境参数需求，因此满足降低过渡季节供暖、通风与空调能耗的需求。

本项目对空调系统的使用能耗情况进行模拟计算，计算建筑中空调制冷、采暖、风机及辅助设备的能耗，模拟结果显示，设计建筑较参照建筑能耗降低幅度达到 31.78%，建筑目前所采用的空调系统可有效减少建筑的能耗，节约能源。

（3）太阳能热水系统

本项目食堂厨房用热水由太阳能热水系统提供，以太阳能集热板为热源，空气源热泵为辅助热源，在北侧三层屋面的北侧设有集热面积为 $90m^2$ 的太阳能集热板，5 吨水箱作为集热水箱，为一楼的食堂厨房提供热水。根据计算本项目设计小时耗热量 $Q_h＝466779.32kJ/h$，设计小时供热量 $Q_g＝366851.20kJ/h$，太阳能热水系统提供的生活热水比例为 78.59%。

（4）光伏发电系统

本项目在一期厂房屋顶设置太阳能光伏发电系统，根据屋面面积、申报装机容量及逆变器组串方式，安装组件 13 块 6 组，总装机容量 20kW。光伏组件通过 20kW 并网逆变器，接入交流输出配电柜，然后并入地下照明用电。项目供电系统设计总负荷为 742kW，则可再生能源提供电量比例为 2.7%。

1.2.3 节水与水资源利用

（1）1 级节水器具

本项目所有用水器具均满足《节水型生活用水器具》CJ 164 及《节水型产品技术条件与管理通则》GB 18870 的要求，各卫生器具用水效率等级达到 1 级。大便器采用 3/4.5L 双冲的双档水箱，小便器采用 0.73L/冲的器具，水龙头流量低于 0.063L/s。

（2）绿化节水灌溉

室外景观绿化灌溉系统采用的是自动喷灌系统，对于面积比较大的草坪及地被植物与树木混种区采用缝隙式塑料Ⅱ型伸缩喷头；对于面积比较小的草坪及地被植物与树木混种区采用缝隙式塑料Ⅰ型伸缩喷头。喷头平时隐藏在土壤或植物中，工作时自动弹升出进行喷灌，生出高度达 10mm。整个喷灌区分成 4 个轮罐区，由电磁阀控制喷灌时间，喷灌强度不大于 2L/（m² · d），喷灌时间为 8h/d，系统配置雨量传感器，连接灌溉控制器，保证雨天不灌溉，有效节约水资源。

（3）非传统水源利用

项目屋面、路面雨水经雨水管网收集后接入 180m³ 雨水收集池，经过过滤、消毒装置后进入回用水池。然后通过变频水泵将处理好的雨水回用于洗车、绿化灌溉、道路冲洗，出水水质满足《城市杂用水水质标准》GB 18920—2002。经逐月水量平衡分析（表5-1-1），项目雨水年回用量为 1656.99m³，项目年用水量 15696.55m³，非传统水源利用率可达到 10.56％。

非传统水源逐月水量平衡计算表　　　　　表 5-1-1

月份	1月	2月	3月	4月	5月	6月	7月	8月	9月	10月	11月	12月	总计
降雨量(mm)	75	44.1	119.1	62.1	77.5	171.7	152.7	225.3	74.3	56.8	36	40	1134.6
月降雨次数	10.8	7.5	14.6	12.3	10.9	13.4	10.8	11.5	7.9	6.6	7.1	7.5	—
月降雨量	398.74	234.46	633.20	330.15	412.03	912.84	811.83	1197.81	395.02	301.98	191.39	212.66	6032.10
月弃流量	277.83	192.94	375.59	316.42	280.40	344.72	277.83	295.84	203.23	169.79	182.65	192.94	3110.15
雨水月收集量（m³）	120.91	41.52	257.61	13.74	131.63	568.13	534.00	901.97	191.79	132.19	8.75	19.72	2921.95
年收集量（m³）						2921.95							
绿化浇洒次数	9	9	9	10	15	15	15	15	15	10	9	9	140
洗车次数	220	200	220	214	220	214	221	221	214	221	214	221	2600
道路浇洒次数	2	2	2	2	2	4	4	4	2	2	2	2	30
绿化浇洒（m³）	91.58	91.58	91.58	101.76	152.64	152.64	152.64	152.64	152.64	101.76	91.58	91.58	1424.64
道路浇洒（m³）	6.82	6.82	6.82	6.82	6.82	13.65	13.65	13.65	6.82	6.82	6.82	6.82	102.35
洗车(m³)	11.00	10.00	11.00	10.70	11.00	10.70	11.05	11.05	10.70	11.05	10.70	11.05	130.00
雨水总用水量	109.41	108.41	109.41	119.28	170.46	176.99	177.34	177.34	170.16	119.63	109.11	109.46	1656.99
雨水年利用总量（m³）						1656.99							

1.2.4 节材与材料资源利用

（1）土建装修一体化

项目采用土建与装修一体化设计施工，避免装修施工阶段对已有建筑构件的打凿、穿孔，既保证了结构的安全性，由减少了建筑垃圾的产生，符合建筑节材的设计要求。

（2）灵活隔断

本项目各办公空间均精装修到位，一、二、四层为敞开式办公，隔断全部采用玻璃隔断等灵活隔断，三、五层小办公室采用轻质隔断：100 系列轻钢龙骨隔断，龙骨间填充防火隔音棉、三层 12mm 厚纸面石膏板基层。根据统计计算 1 号研发楼可变换功能空间面积 5092m²，其中采用灵活隔断的面积为 4956m²，则可重复隔断使用比例达到 97.33%，计算过程如表 5-1-2 所示。

各层灵活隔断所占比例   表 5-1-2

项目	总面积 （m²）	可变换空间的面积 （m²）	灵活隔断的面积 （m²）	比例＝灵活隔断的 面积/可变换空间 面积（%）
一层	1447.78	1242	1106	89.05
二层	1447.78	1242	1242	100.00
三层	1447.78	1242	1242	100.00
四层	837.6	683	683	100.00
五层	837.6	683	683	100.00
总计	6018.54	5092	4956	97.33

1.2.5 室内环境质量

（1）建筑室内物理环境营造

自然采光：项目室内自然采光良好，经过采光模拟计算可知，项目办公部分建筑面积 4819.38m²，其中有 4191.59m² 的面积采光系数平均值大于采光系数标准值，占办公面积的 87.04%。

眩光分析：本项目主要功能房间外窗设置可调中置百叶遮阳，建筑使用者可根据需求自行调节外窗遮阳，可避免夏季刺眼的阳光直射进入室内，有效控制不舒适眩光。且窗结构的内表面或窗周边的内墙面，将采用浅色饰面，进一步减少眩光影响。在此基础上，对项目主要空间眩光情况进行模拟分析，分析结果为所有房间眩光指数均低于 25，满足控制眩光的要求，主要功能空间内不会产生不舒适眩光。

视野分析：对建筑内主要功能房间进行视野模拟分析，主要功能房间总面积

214

为 4280.41m²，可以看到室外景观的面积 4233.30m²，达标面积比例为 98.90％，说明各主要功能房间均能通过外窗看到室外自然景观，无明显视线干扰。

自然通风：本项目建筑布局合理，外部风环境良好，且各主要功能房间均采用了大尺寸外窗，且外窗可开启面积比例大于 35％，本项目还包含部分玻璃幕墙，幕墙可开启比例大于 10％。通过室内自然通风模拟分析，项目各主要功能房间平均空气龄均小于 800s，大部分房间内空气龄值为 10－400s 范围内，即所有功能房间平均自然通风换气次数均大于 2 次/h。

（2）楼板隔声设计

本项目各办公空间楼板均设置了 9mm 厚的减震垫，以满足《民用建筑隔声设计规范》中对办公空间隔声的高要求标准限值及对楼板撞击声隔声量的高要求标准限值的要求。

（3）可调节外遮阳

本项目外窗均设置可调中置百叶遮阳，夏季，遮阳系统关闭状态时可以阻挡阳光的直接照射，阻隔冷热空气的对流，大幅度降低室内空调的能耗。冬季，可将遮阳系统打开，使阳光直接照射，充分吸收热能，加上中空层的阻隔，会使室内保暖温度大大增加，从而达到节能、节省运行费用的目的。

（4）地下室 CO 监控

项目地下车库设置 CO 监控检测器，可以对风机附近空气的 CO 浓度进行采样，由反馈信息自动控制风机的启停。设定一个高 PPM 值，当 CO 浓度检测仪测得 CO 气体浓度达到高 PPM 值时，气体报警控制器输出一个 220VAC 常开继电器触点，通过中间继电器开启排风机。设定一个低 PPM 值，排风机运行一段时间后，当 CO 浓度检测仪 AG210 检测到 CO 气体浓度达到低 PPM 时，控制器常开触点断开，通过中间继电器和时间继电器延时 5min 停止排风机运行。以此来保证地下室空气品质。

1.3　实　施　效　果

本项目有针对性地采用了节地、节能、节水、节材以及保证室内环境质量的诸多技术，设计理念和技术措施对于办公建筑发展绿色建筑方面，具有一定的推广价值。项目在以下方面节能效果较为显著：

（1）项目户外活动场地有乔木、构筑物遮阴措施的面积比例达到 20.75％；

（2）通过设计透水铺装、雨水收集池等技术措施，场地年径流总量控制率达到 70％；

（3）1 号楼北侧屋面设计 360m² 的屋顶花园，占 1 号楼屋顶可绿化面积的 37.31％；

（4）项目围护结构热工性能较好，各部位传热系数较《公共建筑节能设计标准》GB 50189—2015 中的规定值均提高 10％以上，1 号楼节能率达到 67.55％；

（5）项目采用高性能多联机、风机，空调系统能耗降低幅度达到 31.78％；

（6）本项目食堂厨房采用太阳能热水系统，由太阳能提供的生活热水使用比例达到 78.59％；

（7）项目采用光伏发电系统，光伏系统装机容量 20kW，项目供电系统设计总负荷 742kW，由可再生能源提供的电量比例为 2.7％；

（8）场地设计 180m³ 雨水收集池，回收场地内屋面、路面雨水，通过过滤、消毒等处理回用于场地内绿化灌溉、洗车、道路冲洗。非传统水源利用率达到 10.56％；

（9）1 号楼高强度钢筋使用比例达到 97.55％；

（10）1 号楼采用可重复使用的灵活隔断，可变换功能空间中灵活隔断空间比例达到 97.33％；

（11）通过室内光环境模拟，得出 1 号楼主要功能空间采光达标面积比例达到 87.04％；

（12）1 号楼采取可控遮阳调节措施面积比例达到 54.48％；

（13）通过室内风环境模拟，得出 1 号楼主要功能空间室内通风达标面积比例达到 96.94％。

1.4　成　本　增　量　分　析

项目应用了雨水收集池、太阳能热水系统、光伏发电、自动喷灌等绿色建筑技术，提高了能源及水资源利用效率。各技术节约能源及费用详见表 5-1-3。

节约费用统计　　　　　　　　　　　　表 5-1-3

技术措施	年节约水/电量	水/电单价	年节约费用
雨水回用	1656.99m³	4.15 元/m³	6876.51 元
节水器具	2021.32m³	4.15 元/m³	8388.48 元
高压水枪	52m³	4.15 元/m³	215.8 元
喷灌系统	1424.64m³	4.15 元/m³	5912.26 元
太阳能热水系统	3391.94m³	22 元/m³	74622.68 元
光伏发电系统	5200kW·h	0.882 元/kW·h	4584.4 元
高能效空调	47810 kW·h	0.882 元/kW·h	42168.42 元
节能电梯	7072 kW·h	0.882 元/kW·h	6237.50 元
总计			149008 元

项目总投资 12400 万元，绿色建筑技术总投资 94.41 万元，单位面积增量成本 96.38 元/m²，绿色建筑技术年节约成本约 14.90 万元/年，成本回收期 6.34 年。增量成本统计详见表 5-1-4。

增量成本统计　　　　　　　　表 5-1-4

实现绿建采取的措施	单价	标准建筑采用的常规技术和产品	单价	应用量/面积	增量成本（万元）
雨水收集池	1800	无	0	180m³	32.4
屋顶绿化	300	无	0	360m²	10.8
节能电梯	350000	普通电梯	300000	1	5
节水器具	3000	常规器具	2000	38 套	3.8
太阳能热水系统	3000	50％太阳能热水	3000	90m²	10.2
太阳能光伏发电系统	1300	无	0	127m²	16.51
氡检测	2000	无	0	5 个点	1
喷灌系统	15	无	3	5088m²	3.56
隔声垫	10	无	0	4624m²	4.62
中遮阳	600	铝合金窗	500	494m²	4.94
CO 监测	1000	无	0	2 个点	0.2
植草砖	100	常规铺装	20	172.3m²	1.38
合计					94.41

1.5　总　　结

项目在设计过程中综合考虑了建筑节能、节水、节材、节地、室内环境等方面，符合绿色建筑的相关要求。有效降低建筑能耗，减少建筑队环境的影响，符合我国节能减排政策。本项目分别从围护结构节能、高性能空调机组、可调遮阳、节水灌溉、雨水系统、污染物浓度控制等方面进行资源和能源节约，达到绿色建筑的相关要求。并且，应用先进的计算机模拟技术，对室内光环境、室外风环境、室内风环境等进行了模拟，以达到节能降耗、环境优美的目标，真正体现绿色建筑的现实意义。

作者： 杨欣霖　张赫（苏州筑研绿色建筑工程技术有限公司）

2 无锡秀水坊—智选酒店
2 Xiushui Fang Holiday Inn Express

2.1 项 目 简 介

无锡秀水坊—智选酒店项目位于无锡市太湖新城滨河区，项目处于尚贤河湿地公园东侧，西侧为太湖新城文化艺术中心，北侧为兰桂坊无锡项目，南侧为无锡太湖国际会展博览中心。本项目总占地面积 36794m²，主要包括东南角的 1 栋假日酒店和东北角的 1 栋智选酒店以及连接两楼的商业、办公综合体裙房，总建筑面积 66314m²。其中位于地块东北角的 1 栋智选酒店，建筑面积为 29536m²，2017 年 5 月获得绿色建筑设计标识三星级。

智选酒店地上建筑面积 7273m²，地下 1 层，地上 9 层，二～八层为酒店标准层，九层为屋顶机房层。效果图如图 5-2-1、图 5-2-2 所示。

图 5-2-1 项目鸟瞰图

图 5-2-2　智选酒店沿河透视图

2.2　主要技术措施

经过方案优化与比选，项目采用了多项适用于公共建筑的绿色建筑技术主要包括：（1）合理设计建筑场地及建筑形体、结构，满足节地及节材相关要求；（2）合理设置地下空间，用于停车库，节约土地资源；（3）采用太阳能热水系统提供酒店生活热水，充分利用太阳能资源；（4）设置雨水回用系统，用于绿化喷灌，道路浇洒、水景补水，利用市政中水用于车库地面冲洗，进一步降低水源消耗；（5）采用高强钢筋、预拌混凝土、预拌砂浆，减少资源消耗；（6）土建与装修一体化设计；（7）优化建筑采光、通风、噪声等室内环境，满足舒适环保要求等。

2.2.1　节地与室外环境

（1）场地布置合理

结合无锡市气候条件，利用 CFD 自然通风模拟，对建筑布局、建筑朝向、建筑形体进行优化，优化后的室外通风环境良好，将流动大的大气导入建筑内部，使得各个建筑都具有自然通风的外部压力，室外避免出现大面积的涡流区和滞风区，同时避开冬季主导风向，以免形成不适的狭管风速。冬季建筑物周围人行区 1.5m 高度的风速处于 3.5m/s 以内、风速放大系数小于 2。如图 5-2-3 所示。

（2）合理开发利用地下空间

项目地下建筑面积为 22263m²，主要为商业、办公及配套；车库、员工餐

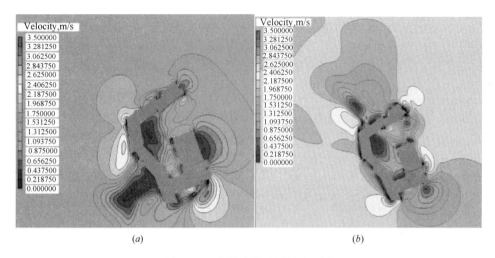

图 5-2-3 室外自然通风风速云图

(a) 夏季、过渡季室外风环境；(b) 冬季室外风环境

厅、储藏室、洗衣房和机房，地下建筑面积与建筑占地面积比为 60.5%，充分利用地下空间。

（3）透水地面

项目用地范围内绿地率为 21%，室外停车采用植草砖，办公入口、酒店入口等人行道采用透水砖，硬质铺装地面中透水铺装面积的比例达到 54.9%，有效缓解项目微环境的热岛效应。如图 5-2-4 所示。

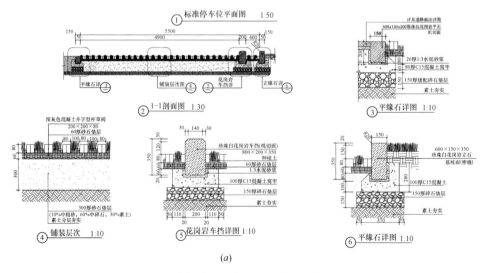

图 5-2-4 生态停车位透水景观大样图及实景图（一）

（a）透水地面做法详图

(b)

图 5-2-4　生态停车位透水景观大样图及实景图（二）

(b) 透水地面实景图

2.2.2　节能与能源利用

（1）围护结构节能

绿色建筑节能是通过加强围护结构的保温性能和提高设备能效来共同实现
的，而围护结构节能设计是建筑节能设计最主要的内容。本项目达到江苏省公共
建筑 65% 的节能水平。外墙采用 200mm 厚 XRZZ 保温砖保温，外墙加权平均传
热系数 $K=0.74W/（m^2·K）$；建筑屋面采用 60mm 厚膨胀聚苯板（EPS）保
温，屋面传热系数 $K=0.55W/（m^2·K）$；建筑外窗（含透明幕墙）采用断桥
铝合金中空玻璃窗，窗框为隔热金属型材多腔密封。外窗可开启部分面积大于外
窗总面积的 30%，窗的气密性不低于《建筑外窗气密、水密、抗风压性能分级
及检测方法》GB/T 7106—2008 规定的 4 级。如图 5-2-5 所示。

（2）高效能设备和系统

高效设备：本项目假日酒店采用集中的中央空调系统，假日酒店及商业办公
部分冷源均采用高能效比螺杆式冷水机组，热源采用高效率高温热水锅炉；空调
冷热水系统循环水泵的耗电输冷（热）比现行国家标准 GB50736 规定值降低幅
度 27%。

高效系统：酒店大堂采用全空气定风量系统＋低温热水地板辐射采暖系统，

221

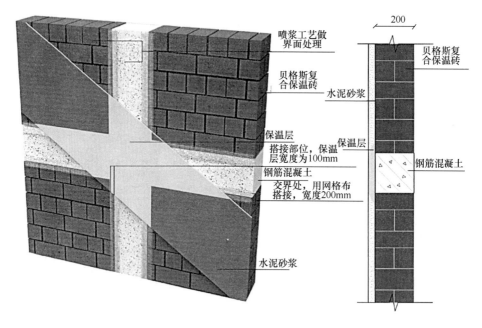

图 5-2-5　冷热桥部位的保温解决方案

餐厅、宴会厅采用可变新风比全空气系统，过渡季节通过调节空调箱新风口处定风量调节阀开启度，实现过渡季节全新风运行；客房采用风机盘管＋独立新风系统，酒店客房、一层办公采用四管制风机盘管＋新风空调箱（带热回收）系统，可实现分区设计、分区控制，并且末端可独立控制启停。新风由全热回收双风机新风空调箱提供，通过全热交换器，利用排风对新风进行预热，降低新风负荷。

（3）可再生能源利用

本项目生活热水采用太阳能热水给水系统。当无法使用太阳能热源时，锅炉可满足最不利情况下酒店所有热水供应。智选酒店太阳能热水系统产水量为 $54.1 m^3/d$。本项目中太阳能提供的热水量不应低于建筑热水消耗量的 50%，智选酒店太阳能光热板面积约 $382.5 m^2$，设置于智选酒店屋面。集热器采用太阳能真空管集热器，集热效率 $\geqslant 75\%$，水平安装。热水系统均采用机械循环以确保系统内热水水温。热水采用间接加热方式，辅助热源为高温热水（110℃）。

（4）电气节能

照明节能：本项目照明采用高效灯具，节能光源。大厅、楼梯间和大堂采用分区控制。地下室采用声、光控灯。楼梯间采用延迟开关，事故状态下应急照明由消防模块控制强制瞬时点亮。

节能设备：①电梯节能。项目采用节能电梯，并实现变频控制、群控的节能控制措施。②节能变压器。项目设置 2 台容量为 2000kVA 及 2 台 1600kVA 的变压器，满足《三相配电变压器能效限定值及节能评价值》GB 20052 的节能评价值要求。③节能水泵、风机。水泵、风机等电气装置满足相关现行国家标准的节能评价值要求。

2.2.3 节水与水资源利用

（1）水资源规划

节水与水资源的利用体现在将供水、污水、雨水等统筹规划，以达到高效、低耗、节水、减排目的系统工程，主要包括城市水资源的综合利用规划、雨洪管理雨利用、污水资源化、建筑内部节水，以及非传统水源的利用。

（2）非传统水源利用及节水灌溉

项目设置一套雨水系统，收集部分道路、屋面及绿地雨水，处理后回用于项目水景补水、绿化浇灌用水、道路浇洒等，多余的雨水排入市政雨水管。绿化灌溉采用微喷灌、滴灌方式，并设置水表单独计量，在采用节水灌溉系统的基础上，设置土壤湿度感应器、雨天自动关闭装置的节水控制措施，有效地达到节水的目。

雨水年利用总量 2605.88m³/a，另外，太湖新城范围内目前拥有一座污水处理厂，本项目利用市政中水用于地下室车库冲洗，中水年利用量 8446.1 m³/a，项目非传统水源利用率达到 12.98％。

（3）节水器具

项目卫生器具均选用优质节水、节能产品，选用卫生器具均为一级节水型卫生器具。满足《节水型生活用水器具》CJ 164 及《节水型产品技术条件与管理通则》GB 18870 的要求。

（4）其他节水器具

项目其他用水均采用节水器具，如道路冲洗采用高压水枪等（图 5-2-6）。

图 5-2-6　节水高压水枪冲洗地面

2.2.4 节材与材料资源利用

（1）材料循环利用

本项目采用的可再循环材料，包括铝合金、门窗玻璃、石膏等，使用重量 8786.61t，占建筑材料总重量 84083.00t 的比例为 10.45％。

（2）土建装修一体化设计施工

本项目所有部位采用土建装修化一体化施工，有效避免了二次建筑垃圾的产生。

（3）高性能材料利用

本项目采用 400MPa 级及以上受力普通钢筋用量为 423.484t，受力普通钢筋总用量为 456.124t，400MPa 级及以上受力普通钢筋用量的比例为 92.84％。

2.2.5 室内环境质量

（1）室内自然通风及自然采光优化

自然通风： 在建筑设计方案中结合气候环境，通过合理的建筑布局及单体设计，实现室内良好通风，是目前最经济、高效的绿色技术措施之一。项目设计过程中重视建筑平面、剖面形式，窗口位置及大小，保证室内具备良好的自然通风。通过室内风环境模拟优化，室内通风较为顺畅，主要功能房间满足自然通风换气次数大于 2 次/h 的面积比例达到 99.3％。如图 5-2-7 所示。

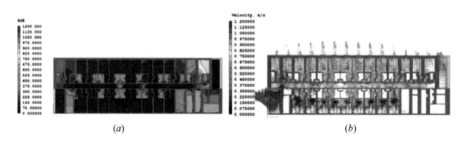

图 5-2-7 自然通风模拟图

（a）夏季、过渡季室内风速矢量图；（b）夏季、过渡季室内人行高度区域空气龄

自然采光： 充分利用自然采光可以满足人民的健康需求，提高人们的工作效率，增加自然采光以减少人工照明，从而直接减少能源的消耗。通过设置大面积外窗，改善自然采光，室内空间采光均匀度良好，采光系数较高，96.4％的建筑面积自然采光系数达到了《建筑采光设计标准》GB 50033—2013 中相关房间采光系数标准值要求。如图 5-2-8 所示。

（2）室内空气质量

有效的空气处理措施： 本项目主要功能房间空气处理设备设置中效过滤段，

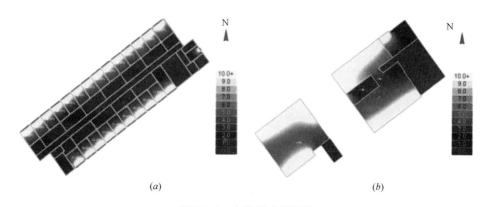

图 5-2-8　自然采光模拟图
(a) 普通层-2 采光系数分布图（外区）；(b) 普通层-3 采光系数分布图（外区）

对空气的温度、湿度、洁净度进行处理。人员密集空调区和空气质量要求较高的场所，全空气空调系统设置了空气净化装置。

CO₂浓度监控系统：本项目人员密度较高且随时间变化大的区域设有室内空气质量监控系统，地上大厅大范围空间进行 CO_2 浓度监控系统设计，对主力店、办公大堂、办公区域，安装 CO_2 传感器，CO_2 浓度与新风系统进行联动，节约新风系统能耗。

CO浓度监控系统：地下车库进行 CO 浓度监控系统设计，对地下停车区域安装 CO 传感器，布置按照 15m×15m 面积一只，对变电站和锅炉房单独安装 CO 传感器，CO 浓度与排风系统进行联动控制，节约排风系统能耗。

2.3　实　施　效　果

节地、节能、节水、节材、环保方面量化效果如下：

（1）地下建筑面积与建筑占地面积比为 60.5%，充分利用地下空间；

（2）硬质铺装地面中透水铺装面积的比例达到 54.9%，有效缓解城市热岛效应；

（3）围护结构设计节能率达 65.16%；

（4）太阳能提供的热水量不应低于建筑热水消耗量的 50%；

（5）项目非传统水源利用率达 12.98%；

（6）节水器具效率达一级；

（7）所有部位采用土建装修化一体化施工；

（8）高强度钢的使用比例 92.84%；

（9）可再循环材料使用比例达 10.45%；

（10）主要功能房间满足自然通风换气次数大于 2 次/h 的面积比例 99.3%；

（11）主要功能空间采光系数达标面积比例96.4%。

2.4 成 本 增 量 分 析

项目应用了雨水回用、节水灌溉、中水利用、排风热回收、太阳能热水系统等绿色建筑技术。采用太阳能热水系统提供酒店生活热水，充分利用可再生能源通过设置太阳能热水采用雨水回用技术，收集后的雨水用于绿化喷灌、道路浇洒和水景补水，雨水年利用总量为2591.93m³/a，采用中水进行地下车库的浇洒，中水利用量为8446.1m³。其中智选酒店太阳能热水系统与直接采用电加热热水系统相比，年节约电量约10.34万元。雨水回用系统及中水利用，年节水量11038.03m³/a，采用非传统水源与自来水比较，每年可节约2.49万元。

项目总投资60000万元，绿色建筑技术总投资100.78万元，单位面积增量成本34.12元/m²。详见表5-2-1。绿色建筑可节约的运行费用为12.83万元/年。动态成本回收期约10年。通过实施绿色建筑，酒店每年可降低能耗10.34万度电，每年可减排93.66吨二氧化碳，全寿命周期（按照50年算），可减排4683.39吨二氧化碳。

增量成本统计 表 5-2-1

实现绿建采取的措施	单价	标准建筑采用的常规技术和产品	单价	应用量/面积	增量成本（万元）
室外雨水回收系统	—	无	无	5500m²	24.00
雨水收集池	3000元/m³	无	无	145m²	43.50
中水利用	3000元/m³	无	无	25m³	7.5
绿化微喷灌、滴管节水灌溉	12元/m²	快速取水栓	5元/m²	7736m²	5.42
太阳能热水系统	40元/m²	无	无	4000m²	16.00
排风热回收	6元/m²	无	无	7273m²	4.36
合计					100.78

2.5 总 结

项目遵循以节约能源、节约资源、环境保护的设计理念，打造低碳、环保、智能化建筑，在综合考虑项目特点与地域环境的基础上，绿色建筑技术的选择以

"被动式技术优先，主动技术优化"为设计理念，着重突出被动式的设计手法，强调绿色技术的适宜性、成熟性与可靠性，从建筑全寿命周期的健康运行、按照被动优先的层次化原则选择适宜的绿色建筑技术，在尽可能低的成本下实现绿色建筑的目标。

　　被动式措施包括：合理规划建筑朝向和布局，充分利用自然采光、自然通风；设置太阳能热水，有效利用太阳能资源；场地设置雨水回用系统，并合理利用市政中水，减少自来水的用量。主动措施包括：采用新型保温材料及高能效比的设备等措施，将本项目打造成无锡地区绿色建筑的典范。

作者： 杨晓静　毕鑫　倪明（江苏绿博低碳科技股份有限公司）

3 海门中南集团总部基地办公楼

3 Haimen Zhongnan Group Headquarters Office Building

3.1 项 目 简 介

海门中南集团总部基地办公楼项目位于海门张謇大道西侧，上海大道南侧，总占地面积 1.42 万 m^2，总建筑面积 8.08 万 m^2，2014 年 1 月获得绿色建筑设计标识三星级，现已正式提交绿色建筑运行标识三星级申请。项目主要功能为办公，实景图如图 5-3-1 所示。

图 5-3-1 中南总部办公楼立面图

3.2 主 要 技 术 措 施

3.2.1 节地与室外环境

（1）选址合理

建设项目位于江苏南通海门市，基地北面相距不远处为海门市政中心，东侧为张謇大道，南侧为上海大道，西侧为圩角河，场地范围内没有电磁辐射危害和火、爆、有毒物质等危险源，不破坏自然水系、湿地等保护区。总建筑面积为80827.9m³，地上建筑面积为60774.7m³，地下建筑面积为20053.2m³，建筑总用地面积为31796m²。项目立面图如图5-3-2所示。

图 5-3-2　中南总部办公楼立面图

（2）屋顶绿化

在景观设计中，采用丰富多彩的植物配置来衬托出当地的景观氛围。植物品种选取本土性、可适当推广型品种。室外绿化面积为11764.52m²，室外地面面积27874.2 m²，室外透水地面面积比达到42.2%。同时，合理利用屋顶空间，设置屋顶花园，除了营造绿意盎然的生态环境外，屋面覆土能大大增加保温效果，达到节能的目的。如图5-3-3所示。

图 5-3-3　屋顶花园

229

（3）出入口与公共交通

分别设置主出入口、次出入口、车行入口，合理组织内部交通流线，做到内部交通流线与外部交通流线有序融合连接；同时设置无障碍入口，无障碍停车位。如图 5-3-4、图 5-3-5 所示。

图 5-3-4　停车区域井然有序　　　　　图 5-3-5　地下车库

（4）地下空间利用

本项目合理利用地下空间，作为车库与设备用房。地上建筑面积为 60774.7m²，地下建筑面积为 20053.2m²，建筑占地面积 3921.8m²，地下建筑面积与建筑占地面积之比为 5.11，地下建筑面积与地上建筑面积之比为 32.9%。

3.2.2　节能与能源利用

（1）建筑节能设计

围护结构节能设计是建筑节能设计最主要的内容。中南总部办公楼属于江苏省公共建筑中的甲类建筑，结合海门地区气候特征与节能要求，经计算达到 65% 的节能水平。

项目的外墙采用 50mm 厚岩棉保温，传热系数 0.8W/m²·K；屋面采用 100 泡沫玻璃保温，传热系数 0.57 W/m²·K；外窗及幕墙门窗及幕墙玻璃采用铝型材单框断热桥中空 Low—E 玻璃窗，传热系数 2.40 W/m²·K。如图 5-3-6 所示。

（2）高效能设备和系统

本项目和综合楼合用一套空调冷热源系统，空调主机选用螺杆式

图 5-3-6　屋面保温施工

地源热泵机组（部分带热回收功能）。除此之外大楼四层的信息监控中心及十九层和二十层的公司高管大办公室除设置集中空调外，考虑到过渡季节集中空调停止运行期间仍需设置舒适性空调，故此多设置 4 套独立空调系统，采用变制冷剂流量多联分体式空调系统，主机选用商用变频风冷热泵型机组。螺杆式地源热泵机组及 VRV 室外机性能参数均满足标准要求。

（3）节能高效照明

办公楼一般场所为荧光灯、金属卤化物灯或其他节能型灯具。荧光灯灯管为节能型 T5 灯管，光通量为 2000lm 以上，配电子式镇流器。各房间或场所的照明功率密度值不高于现行国家标准《建筑照明设计标准》GB 50034 规定的目标值。办公室、库房、机房等处的照明采用就地设置照明开关控制；公共走道、会议室、大堂、门厅、室外照明等处照明要求较高的场所根据使用要求采用智能照明控制系统，并纳入建筑设备监控系统统一管理；出口标志灯及疏散指示灯为长明灯。如图 5-3-7 所示。

（4）能量回收系统

本项目设排风余热回收系统，如图 5-3-8 所示。冬季在每层设置热回收排风机组排风，同时在二层新风机房设置热回收主机，将回收的排风余热送到新风机组的预热盘管，用以预热室外空气，从而减少新风机组的负荷。可再生能源利用：设计采用地埋管地源热泵系统为本次参评的总部办公大楼及综合楼提供空调冷热源，同时为办公大楼、综合楼及宿舍楼的生活热水提供热源。考虑本工程应用地源热泵系统所带来的冷热负荷不平衡情况，采用竖直埋管地源热泵＋冷却塔辅助散热的混合式地源热泵空调系统。本项目能效测评单位建筑面积全年能耗量为 $63.02kWh/m^2$，实际用能折合单位建筑全年能耗量为 $31.11kWh/m^2$。

图 5-3-7　节能高效照明

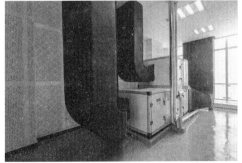

图 5-3-8　新风排风热回收系统

3.2.3　节水与水资源利用

（1）水系统规划设计

本工程办公楼最高日用水量为 300m³/d，最大时用水量为 36 m³/h。本工程大楼给水竖向分四个区，一～二层为一区由市政直接供水，三～九层为二区，由叠压供水设备直接供给，供水压力为 0.6MPa，十一～十六层为三区，由叠压供水设备减压后供水，供水压力为 0.9MPa，十七层及以上为四区，由叠压供水设备直接供给，管道工作压力为 1.2MPa，保证了每区供水压力不大于 0.45MPa。

（2）节水器具使用

本工程所用卫生器具均采用节水型器具，坐式大便器采用下出水低水箱坐式大便器（水箱容积为 3L/6L 两档冲洗），小便器均采用感应式冲洗阀或手动自闭冲洗阀，卫生洁具给水及排水五金配件采用与卫生洁具配套的节水型配件。

（3）非传统水源利用

本工程绿化喷灌、道路浇洒、屋顶花园绿化喷灌、水景补水用水由雨水综合利用系统供给。收集道路雨水、绿化雨水等，收集面积约为 25000m²，处理后的雨水用于绿化喷灌、道路浇洒、水景补水；对建筑屋面进行收集，面积约 940m²，处理后的雨水用于屋顶花园的绿化；另外本工程收集大楼主卫生间废水，原水收集至地下室中水处理系统，经处理后回用于一～七层卫生间冲厕。本工程收集的雨水部分用于绿化灌溉。绿化灌溉采用微喷灌方式，有效地达到节水的目。

3.2.4 节材与材料资源利用

（1）建筑结构体系节材设计

本项目建筑造型要素简约，无大量装饰性构件。大楼结构形式为钢筋混凝土框架-剪力墙结构，基础形式为桩基础。大底盘地下室结构形式为钢筋混凝土框架结构，基础形式为桩基础。大楼结构平面如图 5-3-9 所示。总部办公大楼为一类高层公共建筑，建筑功能为办公、会议、多媒体放映，采用框架—抗震墙结构。在规划设计阶段对工艺、建筑、结构、设备进行统筹考虑、全面优化。

在大楼四角及前门厅设置一定数量抗震墙，电梯间及周边在适当部位亦设置部分抗震墙，抗震墙尽量布置成筒体。采用"强周边、弱中部"的设计理念，通过布置较少的抗侧力剪力墙即可获得满足规范要求的抗侧、抗扭刚度，控制结构的周期比与位移比。

总部大楼与综合楼立面是两个交的块体，建筑功能有较大差别。因此设置抗震缝将其上部结构分成不同抗震单元，使结构受力分析及抗震计算相对简化，避免了结构分析过于复杂，减少由于软件局限引起计算不清而造成的不必要浪费。

（2）预拌混凝土与高强度钢筋使用

本项目全部采用预拌混凝土，所用建筑材料均为就地取材或就近预制加工。建筑用砂浆均采用预拌砂浆。大楼结构设计中采用了 HRB400 的高强度钢，占

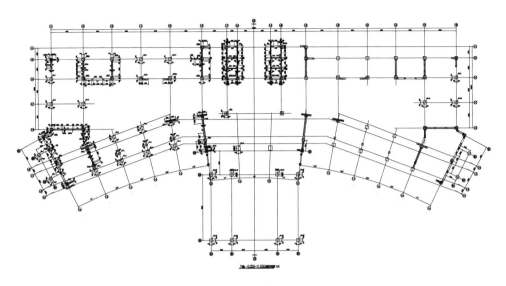

图 5-3-9　大楼结构平面图

受力钢筋总重量的 99.44％；地下室至地上 1 层框架柱及剪力墙、二～六层框架柱及剪力墙采用了高性能混凝土，竖向承重结构中高性能混凝土用量为 12035.14m³，高性能混凝土使用比例约为 16.04％。大楼立面如图 5-3-10 所示。

（3）可循环材料的使用

本项目可再循环材料使用量为 9834.18t，建筑材料总重量为 90294.19t，可再循环材料利用率达 10.89％。

（4）灵活隔断与土建装修一体化设计施工

图 5-3-10　办公大楼立面图

项目采用土建装修化一体化施工，有效避免了二次建筑垃圾的产生。室内尽可能采用灵活隔断，灵活利用室内空间，减少二次装修材料浪费。项目设计时充分考虑后期使用时的灵活变换功能，多以大空间布置为主，该项目可变换功能的大空间面积为 30686.4m²，占地上建筑面积的比例约 50.5％；可变换功能空间中可隔断面积约 12084.2m²，占可变换功能空间面积比例约 39.38％。

（5）装配式预制楼梯的使用

由预制层和现浇层组合而成的预制现浇整体式楼板称为叠合板（图 5-3-11）。该技术整体性好，达到与现浇结构相同的承载能力和抗震耗能能力。预制构件采用工厂化制作，产品质量便于控制，构件外观质量满足清水混凝土要求。施工现场脚手架、模板及支撑体系等周转材料约为同类型现浇结构的15%。该技术的采用，有利于缩短建设工期，减少用工量，降低工人劳动强度；减少施工现场作业量，降低粉尘、噪音等污染有利于环境保护。

图 5-3-11 预制叠合板技术

预制楼梯是楼梯梯段在工厂预制，中间休息平台板现浇和楼层平台梁板叠合现浇等有机结合形成整体楼梯结构（图5-3-12）。优点是利用工厂反打施工工艺将现场复杂的支模工序简化，做到清水楼梯的效果，省掉踏步面层的施工工序，提高施工效率，节约成本，提高施工质量。

图 5-3-12 预制楼梯

本项目的办公楼主楼除两端外所有平台板均采用预制叠合板，应用面积约为45000m²；所有楼梯均采用预制楼梯。

3.2.5 室内环境质量

（1）围护结构保温隔热设计

建筑围护结构外墙部分采用了矿棉、岩棉、玻璃棉板保温系统，屋面部分采用了100厚的泡沫玻璃保温层，围护结构均采用保温措施，降低温差，避免结露现象的出现，满足《公共建筑节能设计标准》GB 50189—2005 的要求。建筑外窗窗墙比符合规范要求，采用断桥铝合金中空玻璃窗，不仅可以充分利用自然采光，也可起到良好的保温、隔热、降噪效果。

（2）采光、通风设计

本项目位于南通海门市，夏季多偏东南风，过渡季多偏东北风，冬季多偏西北风，该项目朝向为南偏东11.2°，有利于避开主导风向，充分利用自然通风、自然采光，有利于降低空调能耗，并提高环境舒适度；在建筑南部有较好的绿化、景观水池，有利于降低建筑外的热岛效应，并改善建筑室外活动空间的热环境和热舒适状况。大面积的外窗及幕墙可开启面积，有效促进了室内自然通风的效果，具有良好的通风效果，改善了自然换气效率，减少了机械通风的能耗。本项目经对标准层室内自然通风模拟分析可知：夏季及过渡季时，整个室内空气分布均匀，主要功能空间无空气流动死角，风速变化较小，且新风量较大，室内活动人员可通过门窗开启调节室内空气舒适性，室内空气品质较好。

通过自然采光模拟分析可知：中南总部大楼设置了采光天窗，平均采光系数达到8.92%，中南总部大楼主要功能房间采光系数较好，仅楼梯和强弱电间的采光系数未达到相关房间最低采光系数的要求。整体空间建筑面积中约有94.69%达到采光要求。另外，地下室设置了采光井，有利于地下空间自然采光。如图5-3-13所示。

(a)　　　　　　　　　　　　　　　(b)

(c)

图5-3-13　室内采光效果

(a) 建筑室内光环境；(b) 屋顶采光天窗；(c) 地下室导光管采光系统

（3）建筑声环境

建筑平面布局和空间功能安排合理，减少相邻空间的噪声干扰以及外界噪声对室内的影响，设备机房相对集中布置在地下室，设备安放在有弹簧减震支座或橡胶垫的基础上，吊挂的机器采用弹簧减震吊架，风机口设置消声器。建筑声环境监测详见表5-3-1。

建筑声环境监测表 表 5-3-1

时段	检测位置	噪声测量值 （dB）	背景噪声值 （dB）	修正值 （dB）	噪声修正值 （dB）	限值 （dB）
昼间	测点 1	62.4	58.9	−3	59.4	60
	测点 2	61.9	58.0	−3	58.9	
	测点 3	62.7	59.6	−3	59.7	
	测点 4	61.2	58.0	−3	58.2	
夜间	测点 1	52.6	49.5	−3	49.6	50
	测点 2	51.9	48.7	−3	48.9	

（4）无障碍设计

本工程的无障碍设计依据《城市道路和建筑无障碍设计规范》JGJ 50—2001中的相关条文，各出入口设置残疾人坡道，坡道宽度、坡度及栏杆各部分构造做法符合规范要求，设 1 台无障碍电梯，各层设残疾人专用厕所，残疾人专用洗手盆和小便器均设安全抓杆，在靠近无障碍入口处集中设置无障碍停车位。

（5）室温控制

本项目各空调末端风机盘管均可以通过温控器控制电动水阀以调节冷热水供应量，控制室内温度（图5-3-14）。

（6）室内空气质量监控系统

本项目设置完善的自动化控制系统，对大楼内的机电设备包括全热交换机组、楼层区域水阀控制、送排风机组及给排水系统、风机盘管等进行统一监测。如新风设置电动调节风门，根据安装在室内的空气品质传感器（二氧化碳传感器）调节新风量，地下一层多功能厅厅设置二氧化碳浓度监测器，地下一层汽车库设置一氧化碳浓度监测器（图5-3-15）。室内空气设计参数详见表5-3-2。

室内空气设计参数 表 5-3-2

房间类型	设计参数			
	夏季空调温度 （℃）	冬季采暖温度 （℃）	相对湿度 （%）	风速（m/s）
大堂	26～28	16～18	50～65	≤0.2
办公室	26～28	18～20	<65	≤0.2

236

房间类型	设计参数			
	夏季空调温度（℃）	冬季采暖温度（℃）	相对湿度（%）	风速（m/s）
高级办公室	24	22	40～60	≤0.2
会议室	25～27	16～18	＜65	≤0.2
计算机房	25～27	16～18	45～65	≤0.2
弱电机房	24～28	18～20	45～65	≤0.2
控制室	24～26	20～22	40～60	≤0.2

图 5-3-14　室内温度控制

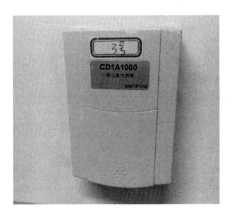

图 5-3-15　地下室 CO 监控

3.2.6　施工管理

（1）在项目部建立环境保护体系，明确体系中各岗位的职责和权限（图 5-3-16），建立并保持"四节一环保"环境保护制度，对所有参与体系工作的人员进行相应的培训（图 5-3-17）。每周召开一次"施工现场文明施工和环境保护"工作例会，总结前一阶段的施工现场文明施工和环境保护管理情况，布置下一阶段的施工现场文明施工和环境保护管理工作。

建立并执行施工现场环境保护管理检查制度，每周组织一次联合检查，对检查中所发现的问题，开出"隐患问题通知单"，收到"隐患问题通知单"后，应根据具体情况，定时间、定人、定措施予以解决，项目经理部监督落实情况。

（2）现场设置雨水收集系统，将雨水有组织排入现场周围雨水排放井内，用雨水降尘；多余的雨水排放至现场周边的市政雨水管线收集再利用（图 5-3-18）。设置沉淀池，将污水经沉淀后再排入市政污水管线，严禁施工污水直接排入市政污水管线或流出施工区域污染环境。施工时按照临时用水平面图布置管线，制定节水措施，避免"跑冒滴漏"。施工养护用水及现场道路喷洒等用水，在降水期

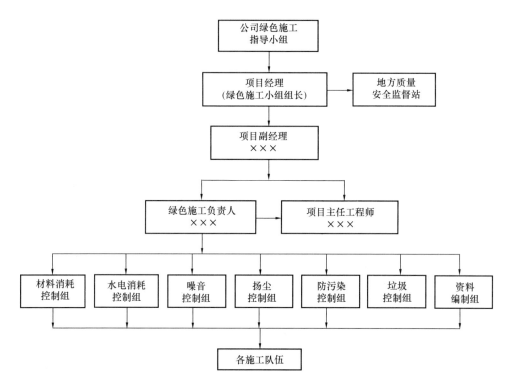

图 5-3-16 绿色施工组织架构

图 5-3-17 绿色施工宣传培训

间，一律使用地下水，在非降水期间，注意节约用水。

（3）施工现场设立专门的废弃物临时贮存场地，废弃物分类存放，对有可能造成二次污染的废弃物单独贮存、设置安全防范措施且有醒目标识。选用的产品采用易回收利用、易处理或者在环境中易消纳的包装物。施工过程中，严格按照材料管理办法，进行限额领料，对废料、旧料做到每日清理回收（图 5-3-19，图 5-3-20）。

图 5-3-18　场地雨水回收利用

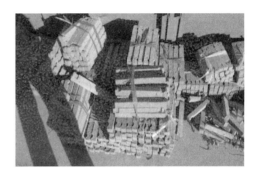

图 5-3-19　废钢筋制电箱架　　　　　图 5-3-20　混凝土浇筑剩料制混凝土块

（4）现场土方开挖及时回填，裸露土方及时覆盖防尘网，施工区域每日安排专人进行洒水、降尘。如图 5-3-21～图 5-3-23 所示。

（5）从事土方、渣土和施工垃圾的运输必须使用密闭式运输车辆，现场出入口设置冲洗车辆设施，出场时必须将车辆清理干净，不得将泥沙带出现场（图 5-3-24）。施工现场设置了自动车辆冲洗设备，实现车辆冲洗自动化。

图 5-3-21　裸土覆盖

图 5-3-22 扬尘监测仪

图 5-3-23 远程喷雾炮

图 5-3-24 车辆离工地前冲洗

（6）减少施工噪声影响

施工现场场界噪声限值见表 5-3-3。从噪声传播途径、噪声传播源入手，减轻噪声对施工现场之外的影响。切断施工噪声的传播途径，对施工现场采取遮挡、封闭、绿化等吸声、隔声措施，从噪声源减少噪声；对机械设备采取必要的消声、隔振和减振措施，同时做好机械设备的日常维护工作。如图 5-3-25、图 5-3-26 所示。

图 5-3-25 混凝土泵车搭设隔声棚

图 5-3-26 低噪音振捣棒

工程施工现场场界噪声限值　　　　　　表 5-3-3

施工阶段	主要噪声源	噪声限值（DB）	
		昼间	夜间
土石方	推土机、挖掘机、装载机等	75	55
打桩	各种打桩机等	85	禁止施工
结构	混凝土搅拌机、振捣棒、电锯等	70	55
装修	吊车、升降机	65	55

（7）施工用电计量管理

制定了临时用电施工组织设计，对临时用电进行了总体规划，临时用电设计、安装符合规范要求，一级箱、二级箱合理配置。实行用电计量管理，严格控制施工阶段的用电量。装设电表（图 5-3-27），生活区与施工区应分别计量，用电电源处设置明显的节约用电标志，同时施工现场建立照明运行维护和管理制度，及时收集用电资料，建立用电统计台账，提高节电率。施工现场分别设定生产、生活、办公和施工设备的用电控制指标，定期进行计量、核算、对比分析，并有预防与纠正措施。

图 5-3-27　现场电表

（8）采用 BIM 技术，减少管线二次施工，避免返工

根据施工蓝图建立通风空调、消防、给排水、电气等机电 BIM 模型，整合机电系统平面图、系统图、大样图，检测系统设计完整性，解决二维 CAD 图纸难以发现的问题。利用任意角度观看、剖切、动画漫游等技术手段，全面了解整个建筑的空间，充分分析机电管线布置合理、精确定位、美观、易维护等要点。如图 5-3-28 所示。

（9）绿色施工社会成果

本工程于 2014～2015 年度获得中国建设工程鲁班奖（国家优质工程），专家评价优异。并先后获得江苏省建筑业新技术应用示范工程、江苏省建筑施工文明工地等荣誉（图 5-3-29～图 5-3-31）。

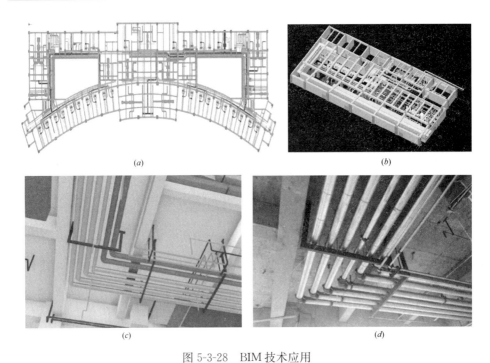

(*a*) (*b*)

(*c*) (*d*)

图 5-3-28 BIM 技术应用

（*a*）标准层机电综合管线图；（*b*）空调制冷机房综合管线图 BIM 模型

（*c*）车库 BIM 综合管线模型；（*d*）车库综合管线施工效果

图 5-3-29 中国建设工程鲁班奖（国家优质工程）

图 5-3-30 江苏省建筑业新技术应用示范工程 图 5-3-31 江苏省建筑施工文明工地

3.2.7 运营管理

本项目建筑在设备管道的设计中设备机房功能完善、布局合理，施工图上详细注明设备和管道的安装位置，便于后期检修和改造。本项目的智能化系统主要包括：①综合布线系统：网络、电话功能；②闭路监控系统；③停防盗报警系统；④电子巡更系统；⑤无线对讲系统；⑥楼宇自控系统：大楼内给排水、空调、变配电消防设备的控制及电梯的监视；⑦能源计量管理系统；⑧UPS 集中供电系统；⑨有线电视系统；⑩信息发布及查询系统。建筑智能化系统定位合理，符合《智能建筑设计标准》GB 50314—2006 对公共建筑智能化系统"节能、环保"的要求，从而增强建筑物的科技功能和提升建筑物的应用价值。

制定节能节水管理制度，并以能耗节约作为物业管理绩效之一，节约的能耗按比例奖励给物业管理人员。制定项目节能降耗管理办法，根据《民用建筑能耗标准》和本项目能效测评、综合能耗计算分析报告，制定逐月能耗定额，同时暂拟本项目采暖空调季节单位建筑面积能耗为 $80kWh/m^2$，非采暖空调季节能耗为 $50kWh/m^2$，根据每月实际电费消耗计算物业管理绩效，并将节省电费的 30% 作为团队绩效奖金，其中当月发放 10%，年终发放剩余 20%。

物业管理公司需于每年 1 月 10 日前总结本项目年度能耗利用情况，并拟定下一年度逐月能耗定额与节能计划，上报集团总部。

制定垃圾清运管理制度，垃圾需分类收集并及时清运。本项目营运期预计共有约 300 名职工入驻，办公垃圾排放量按 0.25kg/人计，按全年 300 天计算，则全年的罢工垃圾排放量约为 22.5t。

（1）办公部门使用标准加厚型的垃圾袋套装在垃圾桶内，并将垃圾按干、湿分类盛放，做到垃圾日产日清，不积压。

（2）垃圾桶盛放不超过桶容积量的四分之三，垃圾桶的盖子应保持时刻关闭，垃圾桶外表及轮子应保持干净无油污。

（3）餐厅垃圾由餐厅工作人员在规定时间段内按指定路线进行运送，运送垃圾时应将垃圾桶放在手推车上运送，禁止直接将垃圾桶推行运送。

（4）装修垃圾不得与生活垃圾进行混装，也不得进行混合堆放，装修垃圾在分装时必须使用牢固的编织袋进行存放和搬运，并存放到指定位置。

（5）各部门的可回收再生废旧物品或垃圾，可选择丢弃或通知物业公司指定的人员上门按市场收购价收取。

对通风空调系统及时维护，清理。空调机组检查其各仪表是否可靠，更换不正常的仪表；检查冷冻剂是否有泄漏或漏油漏水现象；检查冷冻剂及机油是否足够，机油是否变质，必要时添加或更换；检查清洁水过滤器；停机保养前，全面检查冷冻剂系统、润滑剂系统、水系统的密封性能；检查保养安全阀及所有附属阀件；清洗机油过滤器；每两年更换一次冷冻机油；换季停机的拆盖清洗冷凝器及蒸发器，检查管道是否有腐蚀现象；测试电路动作的可靠性，模拟试验各安全装置的性能；电机做年度检修保养。

风机盘管过滤网一般半年清洁一次；滴水盘一般一年清洗两次；盘管视翅片间附着的粉尘情况，一年吹吸一次或用水清洗一次，翅片有压倒的要用驰梳梳好；根据风机叶轮沾污粉尘情况，一年清洁一次；管接头或阀门漏水要及时一修理或更换；滴水盘、水管、风管保温层损坏要及时修补或更换；温控开关动作不正常或控制失灵要及时修理或更换；风机盘管不使用时，盘管内要保证充满水套以减少管遭腐蚀，在冬季不使用的盘管且无采暖的环境下要采取防冻措施，以免盘管冻裂；电磁阀开关的动作不正常或控制失灵要及时修理或更换。

对于冷热源、输配系统、照明等各部分能耗进行独立分项计量，监测设备运行状况（如补水泵运行状态，各分区空调供回水温度等）。使用 CO 监控系统对地下车库排风系统实施自动控制，使用 CO_2 监控系统对会议室新风系统实施自动控制。电气火灾监视系统设在一层消防值班室，系统对变电所和层箱及设备控制箱进行漏电报警。安全监视控制室设在一层，监控室有直通当地公安部门电话。

3.3 实 施 效 果

3.3.1 节地与室外环境

（1）室外绿化面积为 11576m²，室外地面面积 3921.8m²，室外透水地面面积比达到 41.5%。

（2）地上建筑面积为 60774.7m²，地下建筑面积为 20053.2m²，建筑占地面积 3921.8m²，地下建筑面积与建筑占地面积之比为 134.5%，地下建筑面积与地上建筑面积之比为 33%。

（3）施工期对办公、生活区面积进行有效布置，对土地资源的利用进一步优化。施工现场办公、生活区占地 5560m²，生产作业区面积 29750m²，办公生活区面积与生产作业区面积比率为 18.7%。现场布置的加工场、作业棚等设施采用最低面积设计，并且对基坑的施工方案进行了优化，减少了土方开挖及回填量。

3.3.2 节能与能源利用

（1）本项目采用 65% 节能标准设计建造，经建筑节能评估，参照建筑全年能耗为 66.93kwh/m²，设计建筑全年能耗为 65.17kWh/m²，设计建筑单位面积能耗小于参照建筑的单位面积全年能耗，节能率为 65.92。根据能耗模拟软件

eQuest 对建筑建立模型并进行能耗分析，设计建筑年单位建筑面积年耗电量占参照建筑年建筑面积年耗电量比率 78%。如图 5-3-32 所示。

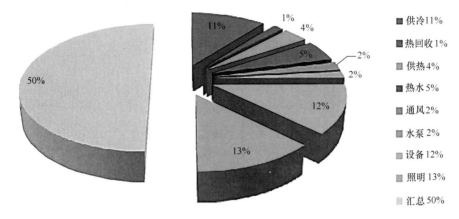

图 5-3-32 办公楼各项能耗比例

（2）施工期办公、生活区目标耗电量 320000kWh，实际耗电量 307848kWh，实际耗电量/总建筑面积比值为 3.81；生产作业区目标耗电量 1280000kWh，实际耗电量 1257248kWh，实际耗电量/总建筑面积比值为 15.56，节电设备（设施）配置率 95%，有效控制了施工作业能耗。

（3）项目运营期间通过 65% 节能设计、节能高效照明、高效能设备、新风热回收系统、地源热泵系统等对措施全方位控制建筑能耗，本项目能效测评单位建筑面积全年能耗量为 63.02kWh/m²，实际用能折合单位建筑全年能耗量为 31.11kWh/m²。

3.3.3　节水与水资源利用

（1）施工期分别在食堂、生活区域、办公区域、施工区域安装单独水表计量；使用节水龙头，防止跑、冒、滴、漏现象；厕所冲水设备选用手动冲水设备；在厕所的水箱内安装节水装置，减少用水量。临时用水，用 PVC 塑料管代替镀锌钢管；在生活区设置简易水箱，进行厕所的冲洗工作，安排专人管理维修用水管线及水嘴。办公/生活区目标耗水量为 33000t，实际耗水量为 26003t，生产作业区目标耗水量为 54000t，实际耗水量为 40550t，施工期节水量 20447t。

（2）运营期收集屋面雨水、道路雨水、绿化雨水用于绿化喷灌、道路浇洒、屋顶花园绿化喷灌、水景补水用水。另外本工程将大楼主卫生间废水，原水收集至地下室中水处理系统，经处理后回用于一～七层卫生间冲厕。2016 年度用水总量为 39497t，其中雨水回用 12845t，中水回用 3602t，非传统水源利用率 41.6%。

3.3.4 节材与材料资源利用

（1）可循环材料的使用：本项目可再循环材料使用量为 9834.18t，建筑材料总重量为 90294.19 t，可再循环材料利用率达 10.89%。

（2）高强度钢筋使用：本项目结构设计中采用了 HRB400 的高强度钢，占受力钢筋总重量的 99.44%；地下室至地上 1 层框架柱及剪力墙、二～六层框架柱及剪力墙采用了高性能混凝土，竖向承重结构中高性能混凝土用量为 12035.14m³，高性能混凝土使用比例约为 16.04%。

（3）500km 以内建筑材料使用：所有建筑材料总重量：86583.41t，施工现场 500km 以内生产的建筑材料使用重量：84759.72t，500km 以内生产的建筑材料使用比例为 97.9%。

（4）灵活隔断空间设计：本项目为办公用房，充分考虑后期使用时的灵活变换功能，多以大空间布置为主，该项目可变换功能的大空间面积为 30686.4m²，占地上建筑面积的比例约为 50.5%；可变换功能空间中可隔断面积约为 12084.2m²，占可变换功能空间面积比例约为 39.38%。

（5）施工新技术应用：通过采用预应力混凝土和钢骨混凝土技术，最终推算节约混凝土用量约 200m³。通过采用高强 PHC 管桩和选择合理的持力层，最终推算节约混凝土用量约 1986m³。

（6）施工废弃物利用：在保证性能的前提下，使用以废弃物为原料生产的建筑材料，使用废弃物为原料生产建筑材料，利用废弃木材搭接生产原料 46.2t，钢筋 80.8t，砌块 131.2t，土石方回填 137700t 废弃物占同类建筑材料的比例为 37.4%。

3.3.5 环境保护

（1）对室内的氨、苯、甲醛、TVOC 等浓度进行了检测，氨浓度 0.093～0.142mg/m³，苯浓度 0～0.003mg/m³，甲醛浓度 0.021～0.044mg/m³，TVOC 浓度 0.115～0.221mg/m³。检测结果满足《民用建筑工程室内环境污染控制规范》GB 50325—2010 及《绿色建筑检测技术标准》CSUS/GBS 05—2014 的要求。

（2）项目幕墙主要采用 6＋12A＋6 双层钢化中空玻璃，隔声性能分级为 3 级，门窗隔声性能也为 3 级，即 $35 \leqslant R_w \leqslant 40$dB。在这样的隔声量下，办公楼室内的背景噪声满足《民用建筑隔声设计规范》GB 50118 的标准要求。

（3）施工期建筑垃圾产生量小于 2600t（截至 2015 年 4 月底产生建筑垃圾 2096.8t）。再利用率和回收率达到 31.2%，土石方再利用率达到 100%。

（4）严格遵照《建筑施工场界环境噪声排放标准》的规定做好降噪工作。施工场界设 5 处噪声监测点，每月 2 次实施监测。严格控制人为噪声，施工期间昼间≤69.4dB，夜间≤55dB。

（5）严格按《污水综合排放标准》GB 8978 控制现场污水排放。冲洗车辆用水经二次沉淀后用于洒水降尘，现场设雨水管沟。每月对现场雨、污水进行 pH 值检测，现场无超标现象。水质监测 pH 值为 7。

（6）现场道路、料场全部进行硬化，并设专人、专用洒水车定时洒水。结构施工扬尘高度<0.5m，基础施工扬尘高度<1.5m。

3.4 成本增量分析

项目应用了屋顶绿化、雨水回用、地源热泵等绿色建筑技术，提高了能源、水资源与材料利用效率。年总节约能源 257.8 万 kWh，节水 16447t，共节约 223.3 万元/年，单位面积增量成本 136.4 元/m²。详见表 5-3-4。

项目总投资 40000 万元，绿色建筑技术总投资 1102.01 万元，成本回收期 5 年。

增量成本统计　　　　　　　　　　　　　　表 5-3-4

实现绿建采取的措施	单价	标准建筑采用的常规技术和产品	单价	应用量/面积	增量成本（万元）
屋顶绿化	705 元/m²	—	—	1535.66m²	108.35
排风热回收系统	6 元/m³ 风量	无排风热回收	4 元/m³ 风量	95000m²	19
地源热泵系统	160 元/m²	被替代的常规能源产生方式	80 元/m²	60774.7 m²	486.2
节能照明控制系统	8 元/m²	常规控制	0	80827.9m²	64.66
雨水收集、利用系统及管网	13.46 元/m²			25000m²	33.66
中水回用系统及管网	76.26 元/m²			12381.95 m²	94.43
节水灌溉系统	5 元/m²	人工漫灌	3 元/m²	11576 m²	2.32
室内空气质量监控系统	2.24 元/m²			20053.2 m²	4.5
导光筒系统	5000 元/组			200 组	100
智能化系统	90 元/m²	《智能建筑设计标准》的最低设计要求	80 元/m²	80827.9 m²	80.83
设备自动监控系统	20 元/m²	无自动监控	—	80827.9 m²	161.66
绿色施工	−6.63 元/m²			8.08 万 m²	−53.6
合计					1102.01

3.5 总 结

项目因地制宜采用了绿色建筑设计理念，根据实际特征，应用了大量节能、节水、节地、节材以及环境保护的绿色建筑新技术，主要技术措施总结如下：

（1）建筑采用了自然采光、保温隔热效果好的断桥铝合金 Low－E 中空玻璃窗，幕墙通风系统；

（2）项目设置采光天窗及中庭有利于自然采光及自然通风；

（3）项目采用了大规模的屋顶绿化，有助于改善热岛效应、降低顶层温度，进而减低空调的耗能；

（4）场地内设了景观水池，种植了本土化的乔、灌木，不仅美化了视觉景观，同时达到净化空气、遮阳降噪等效果；

（5）设置雨水及中水回收利用系统对非传统水源收集处理后再利用，采用微喷灌技术，有效节约用水；

（6）利用地源热泵系统作为集中空调冷热源，建筑地下一层公共部位采用日光照明光诱导系统作为示范作用，充分利用可再生能源，减少了电能消耗；

（7）利用照明智能化控制系统有效的节约能源消耗，降低运行成本；

（8）采用 CO、CO_2 监控系统对通风空调系统启停实施自动控制，有效降低通风空调能耗。

本项目结合海门地区气候特征与节能要求，确定节能 65％目标进行节能设计，利用被动式节能技术，充分利用自然通风、自然采光、景观绿化等手段，达到了因地制宜的节能利用。主要表现为以下几点：

（1）绿色建筑设计方法、被动节能建筑的设计方法技术先进、经济合理。

（2）采用了被动节能建筑的设计方法；应用了加气混凝土砌块加外保温层岩棉、泡沫玻璃等围护结构隔热保温技术；应用了地源热泵技术、光导管照明、雨水及中水回收技术、屋顶绿化、本地化乡土植被应用技术等经济适用的绿色技术。

（3）利用各项措施有效降低建筑能耗，利用可再生能源与高效节能设备，并采取先进的管理措施，显著降低各项建筑能源消耗。

（4）精雕细琢，延长建筑寿命，提高舒适度，改善室内环境，为社会可持续发展做出贡献。

（5）采用预制叠合板、预制楼梯等装配式建筑技术，有效降低材料资源消耗，并促进技术成果产业化、行业技术进步。

作者：倪明 陈耀刚 衡文佳（江苏绿博低碳科技股份有限公司）

4 扬州·华鼎星城

4 Yangzhou Huading Xingcheng

4.1 项 目 简 介

扬州·华鼎星城项目位于扬州市京华城路 359 号（真州路与京华城路交叉口西南角），位于扬州新城西区核心地带，总占地面积 169106m²，总建筑面积 500509.95m²。项目主要功能为住宅，含部分配套商业，主要由 28 栋高层住宅及 2 栋商业楼、一栋双语国际幼儿园组成，实景图/效果图如图 5-4-1 及图 5-4-2 所示。

该项目于 2012 年 6 月 9 日获得一期项目绿色建筑三星级设计标识、2014 年 5 月 26 日获得二期项目绿色建筑三星级设计标识、2015 年 1 月 9 日获得三期项目绿色建筑三星级设计标识；2017 年 2 月 13 日获得一、二期项目绿色建筑三星级运行标识，2017 年 12 月 9 日通过三期项目绿色建筑三星级运行标识验收工作。

图 5-4-1　总体鸟瞰图

图 5-4-2 航拍实景照

4.2 主 要 技 术 措 施

4.2.1 节地与室外环境

项目容积率为 2.2，绿地率为 41.3%，人均用地指标 13.7m²。小区周边公共服务设施较齐全，包括教育、金融、商业、文化体育等，且小区水、电、气等配套设施完整。

项目经过专项声、光、热设计，保证了基本舒适节能的性能。项目外窗采用断热铝合金中空玻璃（6+12A+6），具有良好的隔声性能。且小区周边种植高大乔木，减轻道路交通噪声对项目居住区声环境带来的不利影响。本项目采用众智"SUN日照分析软件"进行计算。经过对日照阴影综合分析，本项目所有住户均满足住宅至少有一个卧室或起居室（厅）大寒日日照累计不低于 2 小时，符合《城市居住区规划设计规范》GB 50180 中住宅建筑日照标准的规定。本项目绿化率为 41.3%，室外透水地面面积比为 58%，户外活动场地的遮阴面积比例 12.4%。小区绿化面积设置合理，可增强地面透水能力，调节微小气候，增加场地雨水与地下水涵养，强化地下渗透能力。

距离本项目主要出入口较近有 2 个公交站点，2 条公交线路，交通设施完善。本项目绿化面积为 61388.31m²，绿化率为 41.3%，景观植物配植以乡土植物为主，层次、色彩搭配得宜，人均公共绿地面积 3.2m²。项目绿化实景图如图

5-4-3 所示。

图 5-4-3 景观绿化

本项目位于扬州市，年平均降水量 1036mm，绿地率达到 41.3%，透水地面面积比达到 58%（图 5-4-4）。

图 5-4-4 透水铺装

项目合理开发利用地下空间（图 5-4-5），地下为车库、设备用房等。地下建筑面积（含人防）为 121763.43m²。

图 5-4-5 地下空间利用

4.2.2 节能与能源利用

（1）建筑围护结构节能设计

① 本项目建筑围护结构均做了节能设计，且建筑的体型系数、窗墙面积比、围护结构的传热系数均小于规范限制。本项目按照江苏省地标《江苏省居住建筑热环境和节能设计标准》DGJ 32/J71—2008 进行设计，节能率达到 65％以上。

② 外墙采用"真石漆"＋10mm 厚水泥抹面胶浆＋15mm 厚 STP 保温板＋20mm 厚水泥砂浆找平＋钢筋混凝土（200mm），如图 5-4-6 所示。

③ 外窗采用断热铝合金中空玻璃（6＋12A＋6）。

④ 南向外窗均采用了活动外遮阳卷帘（图 5-4-7）。

图 5-4-6　外墙多彩漆　　　　　　　　图 5-4-7　外遮阳卷帘

（2）高效能设备和系统、可再生能源利用

本项目采用地源热泵集中空调系统，末端为风机盘管＋地板辐射的供冷采暖方式。

本项目对土壤换热能力进行了测试，获得地埋管与土壤换热的实际换热能力、埋管区域内土壤综合初始地温等参数，为地源热泵系统的设计提供依据。结果表明，为提高机组的运行效率，保障适当的进回水温差，测试埋管孔深 75m，宜采用 DN25 双 U 并联，设计支管水流速 0.4～0.6m/s。

本工程一共施工 3867 口井，其中 143 口为商业建筑所用，采用钻孔垂直埋管，钻孔标准间距为 5m，地源井有效深度 65～80m，每口井为双 U 并联布置，孔内采用两组 φ25HDPE 管并联到 φ32HDPE 管。地源热泵机房设在地下室专用机房内，项目共选用 8 台地源热泵机组，其中 4 台为带热回收的地源热泵机组，如图 5-4-8 所示。夏季冷冻水供风机盘管系统，供回水水温分别为 7℃/12℃；冬季热水供地板辐射采暖；并提供 24 小时 50℃的生活热水。

夏季风机盘管设置三级调速开关，用户可根据需要自行调节室内温度；冬季地板辐射采暖集水器每个回路上设置电磁阀，电磁阀的开关由对应设置在房间内

图 5-4-8　地源热泵机组

的无线远传温控器控制，温控器可设置温度并检测室内温度，当室温达到设定值时，电磁阀自动关闭，从而实现自动调节室温。

地板辐射采暖系统集中供暖，分户计量，每户在管道井内设置超声波热计量表，冬夏季均采用热计量。如图 5-4-9 所示。

本项目在实际运营过程中，单位建筑面积能耗为 23.3kWh。

图 5-4-9　空调末端和地板辐射采暖系统

（3）节能高效照明

本项目应急照明、电梯、风机等采用一级负荷，其他电力及照明采用三级负荷。公共部位灯具均装设稀土三色节能荧光灯，T8（T5）灯管，配电子镇流器（均自带无功补偿器，COS＞90），显色指数 Ra＞80，色温在 3300～5300K 之间。室内灯具效率不低于 70％，装有格栅的不低于 60％，室外灯具效率不低于 50％。本工程设置应急照明消防联动控制系统，火警确认后，自动点亮楼梯间和疏散通道应急照明。电梯间及前室不采用自熄开关控制且分散控制；楼梯间内照明控制采用节能自熄开关且具有应急时自动点亮的措施。本项目照明功率密度及照度达到目标值要求。

（4）能量回收系统

本项目每户设置 PM2.5 全热回收新风换气机（图 5-4-10）。经过计算，每户夏季运行可回收能量 97.2kW；冬季运行可回收能量 121.5kW。考虑全年运行，夏季 4 个月，冬季 3 个月，每个月按 30 天计算，电价为 0.5183 元/kWh，则一年每户可节省的运行成本为 218.7 元。全热交换新风换气机增量按 1000 元/台计算，安装全热回收装置后 4.7 年即可收回成本。

图 5-4-10 PM2.5 全热回收新风换气机

4.2.3 节水与水资源利用

（1）水系统规划设计

建筑给水排水系统的规划设计要符合《建筑给水排水设计规范》GB 50015 等的规定。在实际运营过程中，1～12 号楼按全年计算的人均每天用水量为 33.67～98.89L；13～23 号楼按全年计算的人均每天用水量为 92.9～104.8L；25～31 号楼按全年计算的人均每天用水量为 96.2～107.5L。人均每天用水量低于《民用建筑节水设计标准》GB 50555—2010 中表 3.1.1 中节水定额上下限值的平均值要求，即 115L。

本项目生活和消防用水水源由市政管网供给，室外绿化浇灌、道路广场冲洗及景观水补水由小区雨水机房供给。排水采用雨、污分流制，污水就近排入污水管网，部分屋面、路面及绿地雨水排入雨水系统进行回收利用，其他雨水进入雨水市政管网。为了避免超压出流，对于压力过高的管段，采用减压阀进行减压。对于水嘴以及淋浴器等，采用调节阀调节出水压力和流量。

采用分类计量水表，建筑用水与景观浇灌等用水点均设置水表分别计量。项目还设计了详细的节水措施（图 5-4-11）：

① 景观灌溉采用喷灌的节水灌溉形式；

② 本项目卫生间及厨房安装洁具均采用 1 级节水型器具，节水型器具经"中国质量认证中心"检验，并获得中国节水产品认证证书；

③ 采取合适的材料和管道连接方式，有效减少管网漏损；

④ 为了避免超压出流，对于压力过高的管段，采用减压阀进行减压。对于水嘴以及淋浴器等，采用调节阀调节出水压力和流量；

⑤ 本项目采用节水高压水枪进行地库、道路冲洗。

图 5-4-11　节水措施

（2）非传统水源利用

本项目对部分屋面、路面及绿地的雨水进行回收利用。收集后的雨水经处理后用于绿化浇洒、道路广场冲洗以及景观水补水用水，雨水处理构筑物为地下式，设置于 3 号楼西侧地下，收集的雨水—初期弃流—混凝——一体化净水器—消毒—增压回用，处理后的雨水由机房内水泵提升供给室外杂用水。本项目年雨水回用量 15846.6m³/a，非传统水源利用率达到 7.1%（图 5-4-12）。

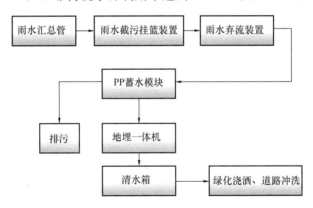

图 5-4-12　非传统水源利用

（3）绿化节水灌溉

绿化灌溉采用地埋旋转喷头和地埋旋转线状散射喷头，采用带有土壤湿度传感器的两线解码器控制系统，多种喷灌形式方便日常维护。

（4）雨水回渗与集蓄利用

项目总用地面积 169103m²，其中室外地面面积为 148639.98m²，绿地面积 61388.31m²，绿地率达到 41.3%，透水铺装面积为 18344m²。小区绿化、透水铺装面积设置合理,可增强地面透水能力,调节微小气候,增加场地雨水与地下水涵养,强化地下渗透能力。项目对部分屋面、路面及绿地的雨水进行回收利用,收集后的雨水经处理后用于绿化浇洒、道路广场冲洗以及景观水补水用水。

4.2.4 节材与材料资源利用

(1)建筑结构体系节材设计

本项目建筑形体为一般不规则。

本项目采用钢筋混凝土框架剪力墙结构形式,地基基础进行了结构优化设计。对于地下室部位,采用无梁筏板基础,采用适当放坡并结合灌注桩等基坑围护措施。高层住宅楼,采用桩筏基础(人工挖孔灌注桩)。

本项目建筑造型简约、外立面简洁大方(图 5-4-13),女儿墙高度为 1.4m,装饰性构件造价占工程总造价比例 0.7%。

图 5-4-13 建筑外立面

(2)预拌混凝土使用

扬州市现禁止现场搅拌混凝土,本项目全部采用预拌混凝土。

(3)可循环材料和可再生利用材料的使用

本项目可再循环材料包括钢材、木材、铝合金型材、石膏制品、玻璃,建筑材料总重量为 647191.6t,可再循环材料重量为 54739.7t,可再循环材料使用重量占所用建筑材料总重量的 8.5%。

(4)高强建筑结构材料

本项目主体结构采用高强度钢作为主筋的用量为 42292.7t,主筋用量为 44410.4t,高强度钢作为主筋的比例为 95.2%。

（5）土建装修一体化设计施工

本项目全部采用精装修，土建装修一体化设计施工（图 5-4-14）。

图 5-4-14　土建装修一体化设计施工

4.2.5　室内环境质量

（1）日照

本项目采用众智"SUN 日照分析软件"进行计算。经过对日照阴影综合分析，本项目所有住户均满足住宅至少有一个卧室或起居室（厅）大寒日日照累计不低于 2 小时，符合《城市居住区规划设计规范》GB 50180 中住宅建筑日照标准的规定。

（2）采光

建筑物前后间距最小距离 40m，且当 1 套住宅有设 2 个及 2 个以上卫生间时，至少有 1 个卫生间设有外窗。

本项目主要功能房间的窗地面积比达到 1/6。

主要功能空间通过凸窗、阳台、采用浅色饰面等有效的措施控制眩光，其眩光值均小于 27。

本项目地下室设有天窗、下沉式庭院，地下一层采光面积达标比例达到 20.8%。如图 5-4-15 所示。

（3）通风

本项目各户型主要功能房间通风开口面积与地板面积比例达到 8% 以上，各户型主要功能房间的换气次数均在 2 次/h 以上。

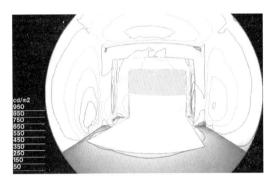

图 5-4-15　自然采光

本项目采用风机盘管加独立新风系统，采用上送上回的气流组织形式，气流组织合理。

本项目在卫生间、餐厅均设置了机械通风系统，该区域的废气和污染物经通风系统收集到风道，在住宅屋顶集中排放。地下车库采用排风风机，共设若干个地下车库排风口，高度 2.5m。

（4）围护结构保温隔热设计

本项目建筑采用保温隔热措施，卧室、餐厅、起居室的外墙、屋面、外窗以及架空楼板热桥部位的内表面最高温度分别为 12.1℃、11.25℃、10.93℃、15.97℃，均大于露点温度 10.13℃；厨房、卫生间的外墙、屋面、外窗以及外窗热桥部位的内表面最高温度分别为 10.66℃、9.89℃、9.45℃、14.17℃，均大于露点温度 8.26℃，故室内温、湿度设计条件下围护结构无结露现象。

（5）可调节外遮阳

本项目南向外窗均采用了活动外遮阳卷帘，阳台采用挑檐遮阳。采用可调节外遮阳的窗户面积占需要遮阳部位的窗户面积的比例为 82.2%。

（6）室内空气质量监控系统

本项目地下车库采用 CO 监控系统。在地下室布置 CO 传感器，通过监测采集 CO 的实际浓度数据，与设定值进行比较，当高于设定值时，则自动开启送风机，降低地库 CO 浓度。

4.2.6　施工管理

（1）施工管理体系及组织机构建立

本项目在施工管理过程中，严格按照施工管理体系的要求进行施工质量的控制和施工的实施工作。各标段项目采用区域分管经理责任制的方式，即由区域分管经理进行施工项目总体的负责，下设公司相关职能处室，工程现场项目部以及分包工程项目部，各项目部又各设项目部经理进行统筹和协调。

本项目在施工过程中充分考虑施工的安全性、节能降耗以及环境保护，分别制定了施工用能方案，施工节水方案，施工环境保护方案以及施工职业健康和安全管理方案。对施工现场的电耗、水耗分别进行计量，杜绝不合理用能和用水现象。项目每平方米建筑面积消耗的电耗为29.36kWh，每平方米建筑面积消耗的水耗为290.8L。

（2）施工过程环保计划及落实

项目制定施工现场环境保护计划书，项目施工现场环境保护内容有施工废水的管理、雨水管网的管理、废弃物的管理、噪声管理、扬尘管理等。

① 废水污水。废水在排放前应到当地环境保护管理部门进行排污申报登记，有条件时可自建污水管网，对于含泥沙的污水，应在污水口设立沉淀池，经沉淀后的污水可排入污水管网。施工现场经沉淀的污水尽量循环使用。对于生活污水，食堂应设隔油池并每月清理一次，严禁将食用的残油、剩饭、剩菜直接倒入下水道，应设立搜集容器。雨水管网应与其他污水管分开使用，雨水可直接向外排放，雨水管网口周围严禁防止化学品、油品、固体废弃物等污染源。

② 施工废弃物。设立回收和不可回收标识并在临时放置点进行堆放，定期处理。危险废弃物应单独封闭存放，并委托有处理资质的单位进行定期处理。每10000m^2建筑面积施工固体废弃物排放量18.7t。

③ 施工扬尘。对于施工扬尘的控制，主要通过洒水、加盖篷布以及表面临时固化的方式来抑制扬尘。

④ 施工噪声。对于施工过程中的噪声控制，主要通过建立施工场界围挡或围墙以及在环保部门规定的时间段进行噪声源较大的工种进行施工作业，并对施工噪音进行监控。

（3）施工人员职业健康安全管理计划及实施

本项目制定了职业健康及安全规划控制制度及计划。职业健康及安全管理控制的总体目标为：保证员工身体健康，减少职业伤害；严格控制高处坠落的发生以及物体打击、机械和起重伤害。减少和预防工伤事故的发生，轻伤频率控制在3‰以下，重伤事故未为零，杜绝死亡事故。施工现场各项安全设施达标率100%，其中优良率达90%以上。项目施工人员均发放了劳防用品，对于施工现场的安全进行了全面的培训和排查工作。

4.2.7 运营管理

（1）节约资料保护环境的物化管理系统
① 建立节能管理、节水管理、耗材管理、绿化管理制度。
② 制定节能、节水、节材与绿化的操作规程、应急预案。
③ 实施资源管理激励机制。

（2）智能化系统应用

① 包含数字可视对讲及门禁管理系统、家居安防报警系统、闭路电视监控系统、电子巡更系统、背景音乐及公共广播系统、周界安全防范报警系统等，达到《居住区智能化系统配置与技术要求》中基本配置要求。

② 本项目智能化系统运行正常，有专门的物业管理人员 24h 进行值守和操作。

（3）建筑设备、系统的高效运营、维护、保养

① 定期检查、调试公共设施设备，并根据运行检测数据进行设备系统的运行优化。

② 对空调通风系统进行定期检查和清洗。

③ 污水、非传统水源的水质检测和用水量记录。

④ 设置物业信息管理系统，数据记录完整。

（4）物业认证

本项目物业管理公司具有 ISO 14001 环境管理体系认证、ISO 9001 质量管理体系认证（图 5-4-16）。

图 5-4-16　物业认证

（5）垃圾分类回收

本项目垃圾按可回收利用废弃物、不可回收垃圾、危险废弃物 3 类处理，垃圾分类收集率达到 90%（图 5-4-17），可回收垃圾的回收比例达到 90%。

图 5-4-17　垃圾分类回收

4.3 实 施 效 果

节地、节能、节水、节材、环保方面量化效果：

（1）项目容积率 2.2，绿地率为 41.3%，人均用地指标 13.7m²，人均公共绿地面积 3.2m²。

（2）室外透水地面面积比为 58%，户外活动场地的遮阴面积比例 12.4%。

（3）场地雨水年径流总量控制率达到 58.9%。

（4）本项目按照江苏省地标《江苏省居住建筑热环境和节能设计标准》DGJ 32/J 71—2008 进行设计，节能率达到 65% 以上，项目节能率达到 73.5%。

（5）可再生能源采用地源热泵提供制冷、供暖、制备生活热水，可再生能源利用率达到 100%。

（6）项目人均每天用水量低于《民用建筑节水设计标准》GB 50555—2010 表 3.1.1 中节水定额上下限值的平均值（115L）要求，人均每天最高用水量为 107.5L。

（7）项目年雨水回用量 15846.6m³/a，非传统水源利用率达到 7.1%。

（8）可再循环材料使用重量占所用建筑材料总重量的 8.5%。

（9）施工现场 500km 以内生产的建筑材料比例达到 99.8%。

（10）高强度钢筋作为受力主筋的比例为 95.2%。

（11）地下一层采光面积达标比例达到 20.8%。

（12）采用可调节外遮阳的窗户面积占需要遮阳部位的窗户面积的比例为 82.2%。

（13）施工过程中，单位建筑面积消耗的电耗为 29.36kWh/m²，单位建筑面积消耗的水耗为 290.8L/m²。

（14）施工过程中，每 10000m² 建筑面积施工固体废弃物排放量 18.7t。

（15）运营过程中，生活垃圾分类收集率达到 90%，可回收垃圾的回收比例达到 90%。

4.4 成 本 增 量 分 析

项目应用了高性能围护结构、地源热泵、可调节外遮阳、雨水回收利用等绿色建筑技术，提高了建筑使用效率。其中高性能围护结构、地源热泵等节能技术节能率达到 73.5%，雨水回收利用技术节水 15846.6m³/a，非传统水源利用率达到 7.1%，绿色建筑技术共节约 232.8 万元/年，单位面积增量成本 575.8 元/m²。详见表 5-4-1。

项目总投资 288923.6 万元，绿色建筑技术总投资 28790.6 万元，成本回收期 9.6 年。

增量成本统计

表 5-4-1

实现绿建采取的措施	单价	标准建筑采用的常规技术和产品	单价	应用量/面积	增量成本（万元）
雨水回用系统	150 万元/套	—		1 套	150
节水器具	1500 元/套	常规用水器具		3425 套	621.6
节水灌溉系统	50 元/m²			56095m²	170.6
节能灯具	60 元/个	常规灯具		8612 个	51.7
地源热泵系统	550 元/m²	常规空调		50 万 m²	27500
外遮阳卷帘	800 元/套			3708 套	296.7
合计					28790.6

4.5 总 结

项目因地制宜采用了绿色建筑三星级设计实施理念，主要技术措施总结如下：

（1）项目采用复层绿化、透水铺装方式，改善地表雨水径流，场地雨水年径流总量控制率达到 58.9%。

（2）本项目采用地源热泵集中空调系统，末端为风机盘管＋地板辐射的供冷采暖方式。

（3）本项目建筑围护结构均做了节能设计，且建筑的体型系数、窗墙面积比、围护结构的传热系数均小于规范限制，节能率达到 73.5%。

（4）项目对部分屋面、路面及绿地的雨水进行回收利用。收集后的雨水经处理后用于绿化浇洒、道路广场冲洗以及景观水补水用水。

（5）项目全部采用精装修，土建装修一体化设计施工。

（6）项目大量采用可再循环材料，可再循环材料使用重量占所用建筑材料总重量的 8.5%。

（7）项目地下室设有天窗、下沉式庭院，改善地下一层自然采光质量，减少人工照明。

（8）项目南向外窗均采用了活动外遮阳卷帘，阳台采用挑檐遮阳。

（9）项目地下车库采用 CO 监控系统，并与通风机联动。

（10）项目在施工管理过程中，制定绿色文明施工方案，并建立完善的施工管理制度，制定施工用能方案、施工节水方案，制定施工现场环境保护计划，并落实到施工全过程管理中。

（11）项目在施工管理过程中，施工现场设立回收和不可回收标识并在临时放置点进行堆放，定期处理。

（12）项目在运营管理过程中建立节能管理、节水管理、耗材管理、绿化管理制度，制定节能、节水、节材与绿化的操作规程、应急预案，定期检查、调试公共设施设备，定期对设备、用能、用水、绿化、生活垃圾等进行运营记录，并定期对污水雨水进行水质检测。

（13）项目生活垃圾按可回收利用废弃物、不可回收垃圾、危险废弃物 3 类收集处理。

作者：顾宏才　周宇　季正如（恒通建设集团有限公司）

5 中建国熙台（南京）

5 CSCEC central mansion

5.1 项 目 简 介

中建国熙台（南京）项目位于江苏省南京市浦口区，项目总占地面积 66997.42m²，总建筑面积 196703.02m²，获得绿色建筑设计标识三星级。

项目主要功能为住宅，主要由 14 栋高层住宅楼组成，均为 18 层，效果图如图 5-5-1 所示。

图 5-5-1 项目效果图

5.2 主 要 技 术 措 施

5.2.1 节地与室外环境

（1）土地集约利用

本项目建设用地面积 66997.42m²，户数 1126 户，居住人口 3064 人，人均居住用地指标 18.59m²/人。同时合理开发地下室，地下建筑面积 49308m²，主要为车库及机房。

（2）公用交通与公共服务

项目北侧新浦路设有公交站点，开设 513 路、683 路公交车，距离本项目步行距离 450m；北侧浦口大道设有地铁 10 号线南京工业大学站，距离本项目步行距离 700m，公共交通可达性好。同时周边设置有幼儿园、中学、卫生站、商业、餐厅等多种生活配套（图 5-5-2）。

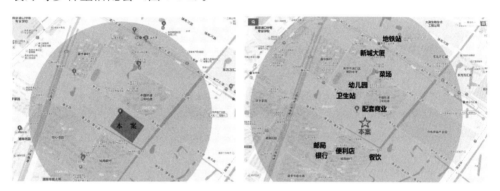

图 5-5-2　公共交通及公共服务示意

（3）室外风环境

建筑布局与季风最多风向形成一定角度，可有效阻挡冬季来风，同时利于夏季、过渡季节的通风。冬季建筑四周人行区平均风速为 2.6m/s，最高风速低于 5m/s，风速放大系数 1.3；夏季及过渡季节建筑风场人行高度没有发现大涡流风场，无风流动死角，无大面积风影区滞留区，风速大小适宜，有利于污染物扩散及保证人员的舒适性。

（4）室外声环境

项目周边为主要为交通噪声影响，通过合理种植乔木绿化可有效隔绝外界噪声，根据环评报告，以及场地噪声模式分析，场地环境噪声均满足《声环境质量标准》GB 3096 的标准要求。

（5）室外热环境

本项目室外活动区域采用浅色铺装，控制太阳辐射反射系数不低于 0.4；采用复层绿化，提高高大乔木种植比例，为室外活动场地乔木遮阴，遮阴面积达 6576.96m²，占户外活动场地面积的 21.86%。

5.2.2　节能与能源利用

（1）建筑优化设计

本项目各栋住宅均为正南正北布置（图 5-5-3），错路有致，楼间距大，保证各户均有良好的采光与通风。住宅楼体型简洁，体形系数、窗墙比均满足节能规范要求。

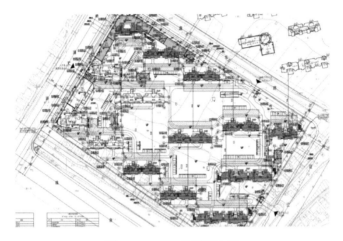

图 5-5-3　项目总平面布局

（2）围护结构节能设计

本项目住宅围护结构热工设计执行《江苏省居住建筑热环境和节能设计标准》DGJ 32/J 71—2014 的相关要求，其中屋面保温材料采用 EPS 模塑聚苯乙烯泡沫塑料板，厚度 50mm；外墙保温材料采用 EPS 模塑聚苯乙烯泡沫塑料板，厚度 20mm；外门窗均采用 5＋6A＋5＋6A＋5 隔热铝合金型材外窗，传热系数 2.2w/(m²·k)。与行业标准《夏热冬冷地区居住建筑节能设计标准》JGJ 134-2010 相比，本项目围护结构热工性能提升比例均在 20% 以上，详见表 5-5-1。

围护结构热工对比表　　　　　　　　　　　　表 5-5-1

位置	项目设计指标/W/m²·K	《夏热冬冷地区居住建筑节能设计标准》JGJ 134—2010
屋面	传热系数 0.59	传热系数 1.0
外墙	传热系数 1.14	传热系数 1.5
外窗	传热系数 2.2 东、南、西向中置百叶遮阳	传热系数 4.7/3.2

（3）高效冷热源

本项目空调采用多联式变制冷剂流量空调机组（图 5-5-4），制冷综合性能系数 IPLV（C）值大于 5.3，相比《公共建筑节能设计标准》GB 50189—2015 提高 16% 以上。

（4）节能电气设备

户内采用 LED 灯具（图 5-5-5），公共区域均采用紧凑型节能荧光灯、T5 荧

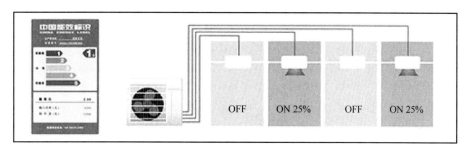

图 5-5-4　采用高效多联机空调

光灯及 LED 灯，各房间照明功率密度均达到目标值要求。住宅楼梯、走道照明采取节能延时开关控制，应急照明采用节能自熄开关，地下车库采用集中定时控制。电梯选用采用智能控制型，并且具备变频调速拖动功能。

图 5-5-5　户内采用 LED 吸顶灯

（5）可再生能源利用

本项目 13～18 层住宅每户分别在屋顶设置一套整体承压式太阳能热水器，太阳能热水器出水作为户内燃气热水器进水，所有住户在厨房预留燃气热水器位置及进水管接口。每户太阳能热水器的集热面积为大于 1.8m²；集热效率 50％。整个项目共计有 384 户安装太阳能热水器，占总户数 1126 户的比例为 34.1％。

5.2.3　节水与水资源利用

（1）雨水回收利用

设置雨水回收利用系统，采用混凝沉淀、膜过滤的方式对雨水进行处理。供应绿化灌溉、道路浇洒、车库冲洗及水景补水。全年雨水利用 8648.17m³，供应全部绿化灌溉、道路浇洒、车库冲洗及水景补水用水，非传统水源利用率 3.99％。

（2）节水灌溉

绿化灌溉全部采用回用雨水，项目场地绿化灌溉采用喷灌为主的节水灌溉系统（图 5-5-6），并设施雨天关闭控制系统。

（3）用水计量

用水点均按用途分别设置水表计

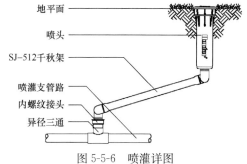

地平面

喷头

SJ-512千秋架

喷灌支管路

内螺纹接头

异径三通

图 5-5-6　喷灌详图

量，对各户不同付费单元分别设置计量水表，雨水回用系统用水及补水单独计量。按照分级计量设置水表，便于及时发现管网漏损点。

（4）给排水节水设计

给水系统管网设计压力超过 0.20MPa 的设置支管减压。采用节水效率等级二级以上的节水器具。详见表 5-5-2。

卫生器具参数 表 5-5-2

卫生器具	卫生器具参数及特点	用水效率等级
节水型坐便器	双档 4.8L/3.3L	二级
水嘴	（0.1±0.01）MPa 动压下流量 0.1L/s	一级
淋浴器	（0.1±0.01）MPa 动压下流量不高于 0.0416 L/s	一级

5.2.4 节材与材料资源利用

（1）造型简约

如图 5-5-7 所示，建筑造型要素简约，无装饰性构件。形体为一般不规则建筑。

图 5-5-7 建筑外观效果图

（2）高性能材料

本项目混凝土结构中梁、柱纵向受力普通钢筋均采用 400MPa 级钢筋，整个项目主体结构 HRB400 级钢筋用量比例达到 98.69%。

（3）土建装修一体化

本项目全部住宅单体均采用土建装修一体化设计，全装修交付（图 5-5-8）。

图 5-5-8　全装修交付效果图

5.2.5　室内环境质量

（1）楼板隔声

本项目分户楼板采用分户楼板构造为：装修面层＋C20 细石混凝土（40.0mm）＋ XPS 板（20.0mm）＋钢筋混凝土（120.0mm），其楼板撞击声小于 65dB，可满足楼板的高限值要求。

（2）减少噪声干扰

建筑平面布局及功能分布合理，配电房、水泵房等均设置于地下室，不位于重要房间的正下方；电梯井不紧邻卧室。除最底层卫生间外，本项目其余卫生间都采用同层排水（卫生间降板300mm），如图 5-5-9 所示；室内卫生间污水排水采用光壁 UPVC 静音塑料排水管。

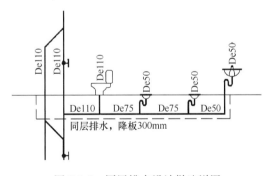

图 5-5-9　同层排水设计做法详图

（3）自然采光与通风

本项目卧室、起居室的窗地面积比均达到 1/5 以上，户内各空间通风开口面积与房间地板面积的比例均在 8% 以上，且每个户型均设有明卫；底层公建经自然通风和采光模拟分析，其通风换气次数及采光系数均满足要求。

（4）可调节外遮阳

本项目南向、东向和西向外窗采用内置遮阳百叶型产品（图 5-5-10），各栋楼的可调节遮阳措施面积占外窗透明部分的比例均大于 50%，可有效降低太阳辐射得热。

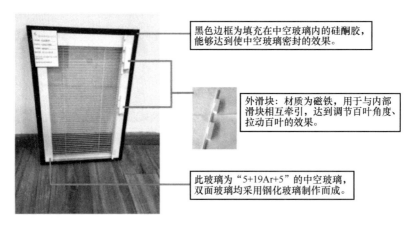

黑色边框为填充在中空玻璃内的硅酮胶，能够达到使中空玻璃密封的效果。

外滑块：材质为磁铁，用于与内部滑块相互牵引，达到调节百叶角度、拉动百叶的效果。

此玻璃为"5+19Ar+5"的中空玻璃，双面玻璃均采用钢化玻璃制作而成。

图 5-5-10 内置遮阳百叶外窗

（5）空气净化处理

各户均设置新风系统（图 5-5-11），其中采用高效的空气处理措施，PM2.5的过滤效率≥98%，可以对居住空间进行有效的空气处理，保证室内空气品质。

型号	电源(V/Hz)	额定功率(W)		风量(M³/h)		噪声(dB)		机外余压(Pa)	PM2.5过滤效率	净重(kg)	管道尺寸(mm)
		强档	弱档	强档	弱档	强档	弱档				
DFB-D1.5P	220/50	47	32	150	110	30	26	80	≥98%	11.0	φ100

图 5-5-11 新风净化系统选型

5.3 实 施 效 果

项目人均居住用地指标 18.59m²/人，人均公共绿地面积 2.25m²/人，平均每 100m² 绿地面积上的乔木数为 6.8 株，户外遮阴措施面积比例达到 21.86%。

项目节能率达到 67.25%，围护结构热工提升后与现行国家及行业标准比较，采暖空调负荷降低幅度达到 15.9%，多联机 IPLV 值较节能标准要求提高 32.5% 以上，供暖通风与空调能耗降低幅度达到 26.3%，太阳能热水应用户数占总户数的比例达到 34.1%。

项目全年雨水利用 8648.17m³，供应全部绿化灌溉、道路浇洒、车库冲洗及水景补水用水，非传统水源利用率 3.99%。

项目高强度钢筋用量比例达到 98.69%，可再循环材料比例达到 5.1%，可调节外遮阳应用面积占外窗透明部分的面积比例达到 59.82%。

5.4 成本增量分析

项目应用了建筑优化设计、围护结构热工性能提升、可调节外遮阳、高性能空调设备、节能照明、节水灌溉等绿色建筑技术，提高了建筑用能及用水效率。其中围护结构热工提升、可调节外遮阳、高性能空调设备、节能照明等技术每年可节能 197 万 kWh，节水器具、雨水回收利用系统等技术每年节约生活用水 7.6 万 m²，年总节约能源费及水费约 138.8 万元/年，单位面积增量成本 85.36 元/m²。详见表 5-5-3。

项目总投资 38 亿，绿色建筑技术总投资 1679.08 万元，成本回收期 12.1 年。

增量成本统计   表 5-5-3

实现绿建采取的措施	单价	标准建筑采用的常规技术和产品	单价	应用量/面积	增量成本（万元）
户式新风系统	8000		0	1126	9008000
节能外窗	472	满足节能标准最低要求	360	15183	1700496
高效空调设备	40000	满足节能标准最低要求	38000	1126	2252000
雨水回收系统	457000	—	0	1	457000
节能灯具	3	满足节能标准最低要求	1.8	736971	442183
节水器具	6000	常规用水器具	5500	1126	563000
节水灌溉系统	30	人工灌溉	10	28037	560740
透水铺装	210	常规铺装	180	2779.42	83382.6
节能电梯	383000	常规电梯	350000	48	1584000
节能照明控制	10000	常规控制	0	14	140000
合计					16790801.6

5.5 总 结

本项目充分考虑住宅项目的特点，对于绿色建筑技术的选择侧重于实用性、合理性与经济性。项目合理采用相关绿色生态节能技术，侧重于被动式设计，融合围护结构保温隔热体系、节能照明、节水灌溉等绿色生态技术为一体，结合基地的环境特点和规划的要求，将绿色建筑技术在住宅中落实，节约土地和城市资源。主要技术特点包括：

（1）被动式绿色设计

本项目作为住宅项目，从建筑布局与规划上即考虑建筑的绿色节能。合理确定人均用地指标，充分设置场地绿化，场地绿化率达到 36.2%，设置乔、灌、草相结合的复层绿化，并进行场地雨水径流控制设计，有效疏导场地雨水，有利于涵养水土，改善住区热环境；合理规划建筑布局，各住宅单体建筑朝向为正南，窗墙比均满足节能规范要求，楼间距合理；套内空间南、北向均有开窗，可开启扇面积达到房间地板面积的 8% 以上，可以有利地组织南北穿堂风，有良好的采光与通风条件。

（2）高端住宅绿色性能融合

结合项目高端住宅的定位，综合应用户式新风系统、同层排水系统、楼板隔声等绿色技术措施，提升室内空气制品，改善室内声环境质量。同时全部实施精装修，减少二次装修的资源浪费。为了保证建筑性能的落实，采用 BIM 技术辅助建筑设计与施工，有效的提升工程实施质量。

（3）合理采用节水技术与非传统水源利用系统，均衡项目的绿色建筑性能

项目合理选用节水器具以达到节水目标，合理设置水压及分级计量措施。绿化全部采用喷灌的节水灌溉方式，并采用雨量感应控制。同时在小区内设置一套雨水回用系统，对雨水进行收集处理后回用于室外绿化灌溉、道路浇洒、车库冲洗及水景补水。

该项目通过强化被动式优化设计理念，使得各户均获得良好的自然采光、通风与日照条件，并在此基础上应用绿色生态住宅设计措施，达到了设计建设高性能绿色住宅建筑的目标。

作者：瞿 燕[1] 刘 颉[2] 李海峰[1] 王 方[2]（1. 华东建筑设计研究院有限公司；2. 南京中建孚康置业有限公司）

6 佛山当代万国府 MOMA 4 号楼

6 No. 4 Building of Foshan Dangdai Wanguofu MOMA

6.1 项 目 概 况

佛山当代万国府 MOMA 4 号楼住宅项目获健康建筑三星级设计标识。该项目所在地佛山市，位于广东省中南部，属亚热带季风性湿润气候，是典型的夏热冬暖地区城市。佛山市地处珠江三角洲冲积平原，河道纵横，属水网地带、距海洋很近，在北回归线附近，常年气候温和、光照较多、雨量充沛，具有南亚热带海洋性季风气候，雨热同季，春湿多阴冷，夏长无酷热，秋冬暖而晴旱。

佛山市夏季空调室外计算干球温度 34.2℃，湿球温度 27.8℃；冬季空调室外计算温度 5.2℃，相对湿度 72％。年平均气温 22.0℃，1 月最冷，平均 13.8℃，7 月最热，平均 29.6℃。佛山市过渡季节盛行东北偏北风，风速为 1.7m/s。该项目位于佛山市海八路与佛山一环交汇处西北侧，项目总用地面积 48207.70m²，总建筑面积 198353.82m²，项目采用框架剪力墙结构。一期工程用地 23092.38 m²，总建筑面积 62328.16 m²，其中地上建筑面积 54218.54m²，地下建筑面积 8604.6 m²，项目总户数 393 户，机动车停车位 425 个。一期工程地下 2 层；地上部分 1～4 号为四栋 31 层住宅，高 97.6m，14 号和 16 号为两栋 6 层多层住宅，高 19.2m，17 号和 18 号为商业，高 7.7m。参评建筑为 4 号楼，建筑面积 8658.50m²，地上 31 层，其中首层架空，地下 1 层，地下室面积 351.14m²。项目鸟瞰图和参评建筑（4 号楼）的位置如图 5-6-1 所示。

6.2 主 要 技 术 措 施

健康建筑的设计理念贯穿项目的整个设计过程，关注空气品质、用水安全、声光热、健身人文场地和设施等方面住户对健康的需求。在施工图设计阶段，中国建筑科学研究院作为咨询方为该项目提供了健康建筑的各项技术措施，从小区

图 5-6-1 项目鸟瞰图

规划到户型设置，从建筑材料到构造做法，从机电系统到设备选型，提出了一整套集成解决方案，使健康建筑的设计理念能够落地。该项目并非只关注个别的单项技术，而是在空气、水、舒适、健身、人文所有方面都采取措施，全方位体现人文关怀，提供健康舒适的居住和活动空间。

6.2.1 空气

该项目通过采用户式新风空调系统、选用低污染的装修材料、合理设置厨卫通风等技术措施，保障室内空气的洁净度，避免 PM2.5、装修污染和有味气体对人体的伤害。

（1）新风空调系统

该项目设置"恐龙贰号"户式集成新风空调系统，主要由空气源热泵、热回收新风机组、风机盘管和室内空气质量检测模块组成，提供净化的新风和舒适的温湿度环境。

每户的新风量为 400m³/h，新风取风口远离厨房排油烟出口，设备排风量为新风量的 80%，其余风量从卫生间和外门窗缝隙排出，保证室内正压；户内主要功能房间的换气次数约为 1.3 ACH，各房间设地板送风口低位送风，在餐厅/客厅吊顶高位回风，各房间和餐厅/客厅之间设平衡式通风口，其气流组织有利于室内污染物的排出。户式空调系统管道连接原理如图 5-6-2 所示，地板送风平面如图 5-6-3 所示。

新风机组设过滤装置净化室外新风，采用组合式过滤装置，对 PM2.5 的综合过滤效率为 87%，能够在室外 PM2.5 浓度较高的情况下，保证新风送风的洁

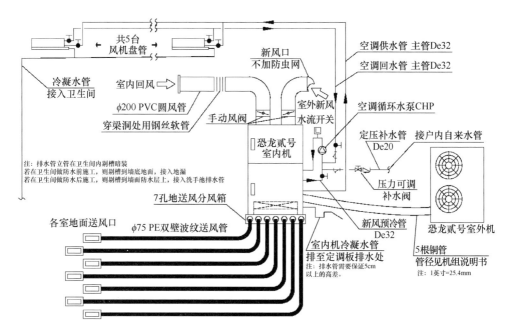

图 5-6-2　系统管道连接原理图

净度。经过计算，室内 PM2.5 年均浓度为 $14.59 \mu g/m^3$，PM10 年均浓度为 $17.86 \mu g/m^3$；全年不保证 18 天的室内 PM2.5 浓度为 $21.47 \mu g/m^3$，PM10 浓度为 $28.37 \mu g/m^3$。

新风空调系统集成了室内空气质量监测系统，针对PM2.5、CO_2、O_3等污染物，具有监测数据、显示数据、反馈调节等功能，设控制面板并配有手机 APP，可以现场和远程控制。

物业方面制定新风过滤装置的定期清洗和更换制度，防止新风过滤装置长时间使用后滋生细菌和过滤效率下降。

（2）选用低污染的装修材料

项目建设方具有多年的地产开发经验，期间积累和筛选出一批优秀的建材供应商名录，提供优质环保可靠的装修建材。项目要求主要材料在投标时提供第三方检测报告，在符合要求的材料中优中选优，把有机类污染物的含量或散发水平作为重要的考察参数。

项目建设方承诺使用环保材料，所使用的建筑材料满足现行国家标准要求，不使用国家标准中禁用的材料；精装交付标准中含有的家具和室内陈设品的污染物散发水平严于国标要求。以上材料写进精装修专业的设计文件中，表 5-6-1 中限制了建筑室内涂料、涂剂类产品的 VOCs 含量要求，由于篇幅所限，其他项目不一一列出。

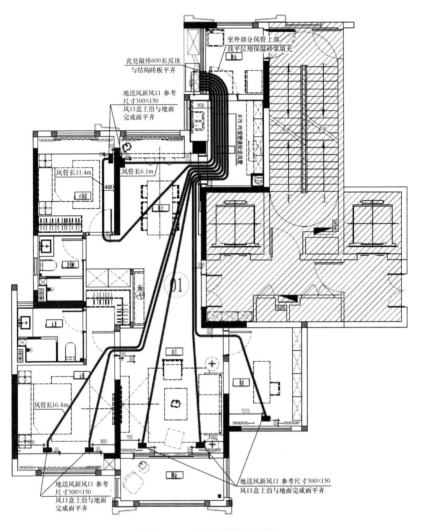

图 5-6-3　地板送风平面图

建筑室内涂料、涂剂类产品的 VOCs 含量要求　　　　　　　表 5-6-1

评价对象	单位	限值
聚氨酯类涂料-光泽（60°）≥80 的面漆	g/L	≤290
聚氨酯类涂料-光泽（60°）<80 的面漆	g/L	≤335
聚氨酯类涂料-底漆	g/L	≤335
硝基类涂料	g/L	≤360
醇酸类涂料	g/L	≤250
腻子	g/L	≤275
溶剂型氯丁橡胶粘剂	g/L	≤350

评价对象	单位	限值
溶剂型 SBS 胶粘剂	g/L	≤325
溶剂型聚氨酯类胶粘剂	g/L	≤350
溶剂型其他胶粘剂	g/L	≤350
水基型缩甲醛类胶粘剂	g/L	≤175
水基型聚乙酸乙烯酯胶粘剂	g/L	≤55
水基型橡胶类胶粘剂	g/L	≤125
水基型聚氨酯类胶粘剂	g/L	≤50
水基型其他胶粘剂	g/L	≤175
膏状腻子	g/kg	≤5
内墙底漆	g/L	≤20
内墙面漆	g/L	≤20
防火涂料	g/L	≤350
聚氨酯类防水涂料	g/L	≤100

（3）合理设置厨卫通风

该项目的厨房和卫生间均设置外窗，具有较好的室内污染物排出的基础条件。

厨房内的炊事活动是室内可吸入污染物的重要来源，烹饪油烟和燃料的不完全燃烧都会产生大量的有害气体和颗粒物。该项目在厨房和餐厅之间设隔墙和门，有效隔断厨房和餐厅；同时，在灶台正上方设排油烟机，在烹饪时排出油烟，并利用厨房外窗补风，保持厨房相对户内主要功能房间的负压，防止有害气体和颗粒物从厨房扩散到其他房间。

参评建筑户内的卫生间都设有内门和外窗，外窗可开启部分 600mm × 1200mm（H），通风面积 0.58m²。当自然通风风速为 0.1m/s 时，通风量超过 200m³/h，相当于常规家用排气扇风量的 2 倍，能够有效排出卫生间内的余热、潮气和臭味。

（4）室内装修污染预评估

利用 CFD 模拟软件对典型户型进行建模，设置室内装修材料等污染物散发量，在室内新风系统正常运行的条件下，通过计算机仿真得出室内污染物分布规律及分布浓度，甲醛和 TVOC 的浓度分布如图 5-6-4 所示，结果满足标准控制项及创新项要求。

6.2.2 水

该项目通过以下措施，保障饮用水用水安全和给排水系统的经济技术合

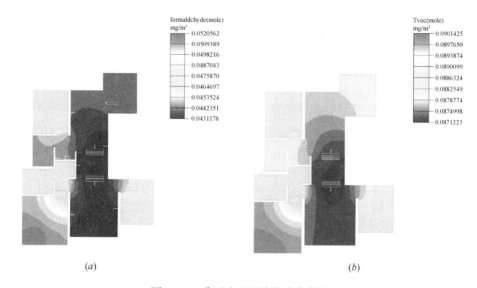

图 5-6-4　典型户型污染物分布情况

（a）典型户型 1.2m 高度甲醛浓度分布图；（b）典型户型 1.2m 高度 TVOC 浓度分布图

理性。

（1）给水水质

该项目生活饮用水采用市政给水管网供水，项目评审时尚未接入市政自来水，通过查阅佛山市供水水质月度报告得到水厂出厂水和管网水的 45 项水质指标，各项指标均满足《生活饮用水卫生标准》GB 5749 的要求，其菌落总数和总硬度这两个关键指标的数值达到标准要求的高分值标准。

该项目在地下二层设生活水泵房和生活水箱（有效容积 170m³），为防止生活饮水收二次污染，在每套给水泵吸入口设紫外线消毒器，同时定期清洗水箱，以保证给水水质满足健康要求。

（2）给排水系统

该项目户内冷热水给水管在垫层内敷设，支管采用支状设计，干管尽量不变径，避免了用水器具同时使用时对彼此的干扰。厨房和卫生间分别设置排水系统，厨房排水接入废水立管，出户后经废水检查井接入小市政废水排水管；卫生间排水接入污水立管，出户后经污水检查井接入小市政污水排水管。从末端到管网实现了将厨房和卫生间的排水系统彻底分开，从而最大限度地避免了有害气体串流的可能性。

该项目采用降板式同层排水系统。户内已设置地板送风系统，因此在各功能房间的楼面建筑构造做法高度为 130mm（高于常规做法），项目因地制宜，其卫生间在此基础上降板 150mm，共有 280mm 的高度用于同层排水设施。

（3）给水水质定期检测制度

该项目制定水质检测管理制度，对生活饮用水进行定期检测，有效控制水质的检测周期，保证供水水质的质量安全，对于水质超标状况及时发现并进行有效处理，避免因水质不达标对人体健康及周边环境造成危害。生活饮用水每季度检测 1 次。

在储水设施、供水设备出水口、管网末端分别设置取样点。管网末端取样时，优先选取水质易受污染点，各取样点数不少于 2 处。物业管理部门保存历年的水质检测记录，并至少提供最近 1 年完整的取样检测数据，对水质不达标的情况应制定合理完善的整改方案，及时实施并记录。卫生监督部门的水质抽查或强制检测也可计入定期检测次数中。

6.2.3　舒适

采取以下措施，保障人们在声、光、热等方面的舒适性。

（1）声环境

依据环评报告，该项目受交通噪声影响较大：项目东面距离佛山一环约 20m，南面距离海八路约 45m，因此，项目东面执行《声环境质量标准》GB 3096—2008 中的 4a 类标准，即昼间 70dB（A）、夜间 55dB（A）；项目南面执行《声环境质量标准》GB 3096—2008 中的 2 类标准，即昼间 60dB（A）、夜间 50dB（A）。

针对交通噪声，本项目采取以下三方面措施：①经与当地交管部门协商，由建设单位负责在项目东侧的佛山一环快速路及其匝道安装隔音屏，隔绝部分噪声；②优化小区内规划设计方案，适当增加红线退线距离，该项目东侧退线达 36.84m，在退线区域设置绿化带；③建设用地最东侧的 3 号、4 号楼的外窗采用三层中空玻璃，消除外界噪声。

该项目将变压器、水泵、风机等机电设备置于地下封闭的设备专用机房中，远离住宅；同时对建筑内产生噪声的设备及其连接管道进行有效的隔振降噪设计，主要涉及暖通和给排水的设备和管道。主要措施是：①选用低噪声风机水泵设备（消防风机和水泵不作要求）；②新风空调机组、风机等设备分别采用阻尼型弹簧减振器，空调机组、风机等设备的进出风管接头处均设置 150mm 长的防火软接头；③落地安装的风机设阻尼钢可调式弹簧减振器隔振，吊装的通风机采用钢弹簧吊架减振器或橡胶减振吊钩隔振；④大型风机的型钢隔振台座应具有足够的强度、稳定性和耐久性，台座的自振频率不得大于风机和通风机转速的1/3；⑤水泵房内管道采用减振吊架及支架。

通过采取以上措施，主要功能房间内噪声昼间为 31.62dB，夜间 26.07dB，满足有睡眠要求的主要功能房间 $L_{Aeq}\leqslant30$dB（A），通过自然声进行语言交流的

279

场所 $L_{Aeq} \leqslant 40dB$（A）的要求。

（2）光环境

本项目为住宅类建筑，南北都设置较大的外窗，其中北向外窗尺寸2000mm×1800mm，房间自然采光效果良好，外窗颜色透射指数 R_a 最低为0.80，侧面采光均匀度最低为0.433。

室内照明光环境的营造，一方面需要限制灯具的选型参数，包括其光源色温不高于4000K，一般照明光源的特殊显色指数 R_9 大于0，光源色容差不大于5 SDCM，照明频闪比不大于6%，照明产品光生物安全组别不超过RG0；另一方面需进行室内照明模拟计算，校核灯具的选型参数和平面位置，以满足墙面的平均照度不低于50 lx、顶棚的平均照度不低于30 lx。

室外夜景照明的设计，一方面需要限制灯具的选型参数，包括其光源色温不高于5000K，一般显色指数不低于60；另一方面需进行室外夜景照明模拟计算，校核灯具的选型参数和安装高度、角度、间距等参数，以满足人行道、非机动车道最小水平照度及最小半柱面照度均不应低于2 lx，眩光值满足标准规定。

本项目起居室生理等效照度为48 lx，卧室生理等效照度为36 lx，满足标准中各测量点中夜间生理等效照度最大值不高于50 lx的要求。

（3）热湿环境

① 围护结构隔热设计

该项目所在地佛山，其太阳辐射强烈，围护结构外表面综合温度达到60℃以上，围护结构的隔热性能是削减热辐射的波幅的关键点，增强隔热性能能够使围护结构内表面温度在标准要求的范围内，保证人体的热舒适。本项目采用k值较低的外墙和屋面做法，同时在屋顶层设置通风遮阳措施，削减屋面的太阳辐射得热（图5-6-5）。按通风房间计算校核可知，外墙内表面最高温度35.3℃，屋顶内表面最高温度34.9℃，均低于累年最高日平均温度36.3℃，隔热性能良好。

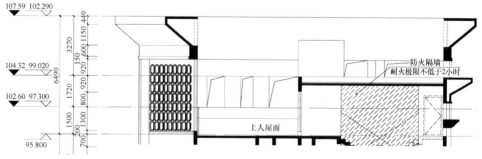

图 5-6-5　参评建筑的剖面图（局部）

② 空调工况下的人体热舒适评估

空调工况下的人体热舒适评估指标是预计平均热感觉指标PMV、预计不满意者的百分数 PPD 和局部不满意率 LPD，本项目通过合理设置新风空调系统来使各项指标达到标准要求。

该项目的主要功能房间采用风机盘管＋新风的空调系统形式，风机盘管设置在房间靠边位置，侧出风下回风，新风由地板送风口送出，在餐厅/客厅吊顶高位回风，各房间和餐厅/客厅之间设平衡式通风口。房间布局和空调风口布置如图 5-6-6 所示。

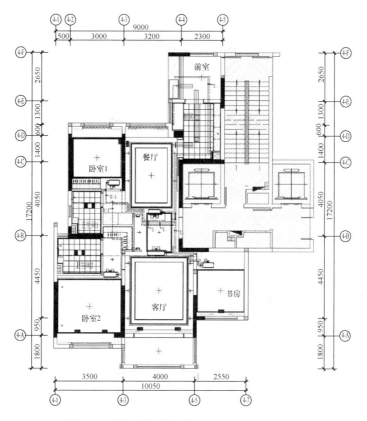

图 5-6-6　典型户型房间布局和空调风口布置图

利用软件 Airpak 建模分析，其建筑模型和设备布置如图 5-6-6 所示，其边界条件如表 5-6-2 所示。

空调工况下的人体热舒适评估的边界条件　　　　　　　　　　表 5-6-2

参　数	夏季	冬季
室外设计温度（℃）	34.2	5.2
室外设计湿度	64%	76%
室内设计温度（℃）	26	20
室内设计湿度	60	40

参　数	夏季	冬季
风机盘管出风温度（℃）	21	28
新风入室干球温度（℃）	21	28
人体代谢率（met）	1.2	1.2
服装热阻（clo）	1	1

　　模拟结果如图 5-6-7 所示，室内夏季 PMV 的范围为 $-0.495 \sim 0.500$，室内冬季 PMV 的范围为 $-0.36 \sim 0.36$；达到室内环境 I 级的要求。

　　③ 自然通风工况下的人体热舒适评估

　　自然通风工况下的人体热舒适评估指标是预计适应性平均热感觉指标

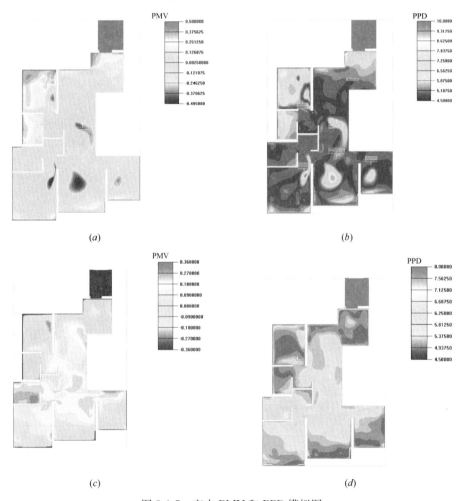

图 5-6-7　室内 PMV 和 PPD 模拟图

(a) 夏季 PMV；(b) 夏季 PPD；(c) 冬季 PMV；(d) 冬季 PPD

APMV，本项目通过合理对户型和外窗的优化使该项指标达到标准要求。

利用软件 Airpak 建模分析，其建筑模型和设备布置参见图 5-6-6，其边界条件如下：①内门全部开启，保持 90°开启角，外窗全部开启，北向厨房门开启，南侧推拉门开启；②根据表过渡季节室外风环境模拟结果，设置东北向外窗自然通风进口风速为 1.7m/s，设置其他方向外窗为自由出口；③根据佛山过渡季 10 月份室外平均温度 24℃，设置自然通风进风温度为 24℃；④设置室内人员着装为 T 恤、薄长裤、袜子，人体活动为静坐状态。

模拟结果如图 5-6-8 所示。

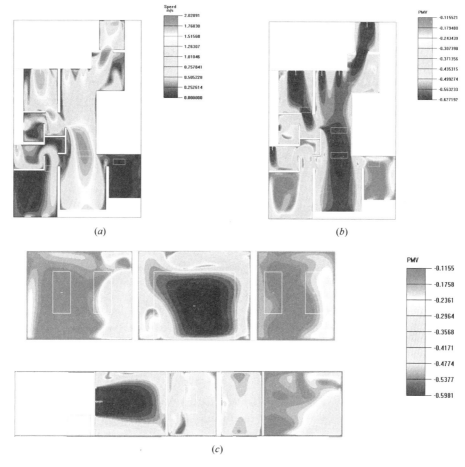

图 5-6-8　典型户型热湿环境性能模拟

(a) 典型户型 1.5m 高度速度场分布云图；(b) 典型户型 1.5m 高度室内 PMV 分布云图；

(c) 典型户型横剖面（上）和纵剖面（下）PMV 分布云图

由图 5-6-8 可知，过渡季自然通风工况下，室内平均热感觉指标 PMV 值为负数，房间整体 PMV 值保持在 -0.627～-0.115 之间。由 APMV 和 PMV 的

关系式 APMV = PMV/(1＋λ・PMV)，式中 λ 为自适应系数，本项目中取
－0.49，得到房间预计适应性平均热感觉指标 APMV 值：

$$\text{APMV}_{\min} = -0.627/[1+(-0.49)\times(-0.627)] = -0.480$$
$$\text{APMV}_{\max} = -0.115/[1+(-0.49)\times(-0.115)] = -0.109$$

即，房间预计适应性平均热感觉指标 $-0.480 < APMV < -0.109$。

④ 室内相对湿度的控制

夏季采用风机盘管冷凝除湿，保证相对湿度不大于 70％；冬季佛山的室外
空气含水量较高（图 5-6-9），新风加热后送入室内，其相对湿度基本能够达到
30％以上，因此不需要人工加湿即可满足标准要求。

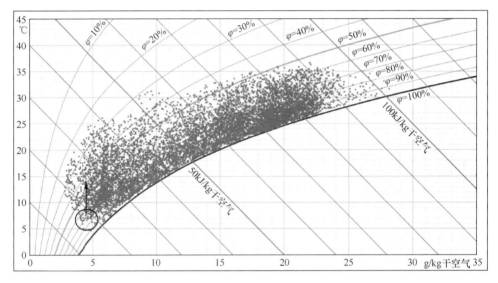

图 5-6-9 佛山全年室外空气状态点示意图

（4）人体工程学

该项目卫生间面积 4.4m²，淋浴喷头高度可自由调节，淋浴间设置安全把
手，洗脸台前活动空间：宽 800mm，深 1100mm；坐便器前活动空间：宽
850mm，深 930mm，未设置浴缸。

项目物业办公区使用了屏幕均可调节高度以及与用户之间的距离的计算机，
使用了桌面高度可调节，座椅高度、椅背角度可调节的家具。

6.2.4 健身

（1）室外健身场地和器材

项目开发分两期，如图 5-6-10 所示。

根据启动期及一期的室外环境景观布置图，该项目室外景观设计总占地面积
为 21030m²。整体设计有儿童活动区、无边泳池、健身步道、健身区，其中健身

场地主要包括项目内 3 号楼旁和启动区的游泳池。

室外健身场地内布置为成品健身器材，结合绿化每隔 1.5m 布置一个，主要健身器材有肩背拉力器、扭腰器、太空漫步机、立式健身车、双联健骑机等。在 3 号和 4 号楼一层设有公共卫生间和饮水机，距室外健身场地小于 100m。

本项目从 2 号楼前沿小区外围设有专用健身步道。健身步道最窄处 1.25m，一期总长 278.6m，二期方案将延长形成环型健身步

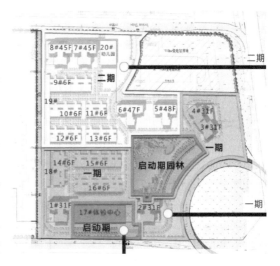

图 5-6-10　项目开发情况

道，健身步道面层采用 13mm 厚塑胶面层，达到专用健身步道面层材料要求。步道边及小品内设有休息座椅，并与健身广场连通。健身步道在项目中的位置如图 5-6-11 所示，效果图如图 5-6-12 所示。

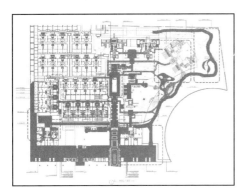

图 5-6-11　健身步道在项目中的位置

图 5-6-12　健身步道效果图

（2）室内健身场地和器材

项目在 3 号楼和 4 号楼一层和二层集中布置了社区服务中心和文体活动室，设有健身器材和乒乓球台。健身器材包括跑步机、划船器、健身车、组合器械、肩背拉力器等，健身器材标配有说明书和使用注意事项。文体活动室设有卫生间和更衣间。

4 号楼的楼梯正对单元主入口，入口到楼梯间距离为 4.74m，楼梯和电梯集中布置在核心筒位置，楼梯位置及标识明显。楼梯间采光通风良好，有外窗，灯

具采用红外人体感应开关作自动和延时控制，便于日常使用。

6.2.5 人文

（1）交流场地

本项目专项设计了全龄化儿童活动场地（图 5-6-13），针对 0～3 岁，3～6 岁，7 岁以上三个不同的儿童年龄段，选择不同种类的游乐设施，细化了功能分区。地面坡道为塑胶地垫，提供儿童攀爬区域，避免摔伤；根据儿童年龄提供不同的娱乐设施，实现儿童场地全龄化；利用明快的色彩刺激儿童视觉器官发育；留出大面积空地供儿童奔跑嬉戏；根据不同年龄的儿童身高设置不同的座椅高度。

图 5-6-13 儿童活动场地效果图

老年人活动场地位于游泳池东侧，面积 172m²，配置腰背按摩器、太极推揉器、肩背拉力器等适合老年人活动的器械。该项目交流场地分两块，一块位于泳池旁"休闲大平台"，面积 59m²，一块位于中央景观区的地位于项目中心广场，面积 399m²，共计 458m²。场地内布置 2 人座椅 8 组，以及亭子内座椅若干，数量超过 10 人。

（2）室内外交流场地

该项目室外植物品种种类丰富，包括大叶榕、秋枫、香樟、凤凰木、造型罗汉等共 76 种，且色彩搭配得当。推荐每户客厅、卧室、阳台均放置绿植，为每户赠送 2 株绿植。

该项目 3 号楼、4 号楼二层设置社区公共图书室和音乐舞蹈室，供小区内住户共享。项目所有坡道面、公共活动区、走廊、楼梯均采用防滑铺装；建筑内标识均采用大字标识；公共空间无尖锐突出物，考虑到业主自由分配房间使用功能的因素，建筑未设置老人专用房，但当房间使用者为老人时，项目为用户提供老年人用房安全建议书。项目设置 1 部可容纳担架的无障碍电梯。

项目设置急救包，由物业管理部门负责保管，当住户需要时可联系物业部门使用急救包，另外，项目 4 号楼二层设有社区医务室及健康指导中心，也可为住户提供紧急救护服务；项目设置医疗急救绿色通道，与消防绿色通道合用，可保证救护车顺畅通行，到达每栋楼的出入口。

6.3　社会经济效益分析

该项目增量成本主要体现在以下方面：提高装饰装修材料健康性、提高家具和室内陈设品健康性、室内空气净化装置、淋浴器避免用水干扰措施、卫生间采用同层排水的方式、水质在线监测系统、免费健身器材、专用健身步道、提高装饰装修材料健康性、提高家具和室内陈设品健康性。为实现健康建筑而增加的初投资成本为 66.85 万元，单位面积增量成本为 77.21 元/m²。

6.4　总　　结

该项目在健康设计中重点抓住以下三点：

（1）以人为本。健康建筑是绿色建筑更高层次的深化和发展，即保证"绿色"的同时更加关注使用者的身心健康，是"以人为本"理念的集中体现。

（2）节能性。健康建筑的实现不应以高消耗、高污染为代价。

（3）可推广性。所利用的技术因地制宜，减少浪费，保护环境，最大限度地为人们提供更加健康的环境、设施和服务，从而实现健康性能的提升。

本项目的健康建筑设计可为其他项目设计健康建筑起到借鉴和示范作用。

本项目中所采用的新技术不仅提高了住宅建筑的整体绿化生态环境，也在保证不以高消耗、高污染为代价的基础上，更注重使用者的身心健康，是"以人为本"理念的集中体现。

室内环境品质及运营期间的良性循环，从全生命周期考虑项目造价成本，在通常的空气、水、舒适、健身、人文、服务等健康建筑技术应用后，提升了建筑的整体性能，更加注重人的主观感受，促进了身心健康。

作者：贾岩[1]　高强[2]　谢琳娜[2]　赵军凯[2]（1. 第一摩码人居环境科技（北京）有限公司；2. 中国建筑科学研究院）

7 麦德龙东莞商场

7 Metro Dongguan Store

7.1 项 目 简 介

麦德龙东莞商场项目，位于东莞市金鳌大道北 1 号，于 2003 年建成投入使用，总占地面积 38084m²，总建筑面积 13143 m²，于 2016 年 7 月～2016 年 11 月实施绿色化改造，并于 2017 年 5 月获得既有建筑绿色改造设计标识三星级。

项目主要功能为商场，主要经营日化品、酒类、生鲜、奶制品等，如图 5-7-1 所示。

图 5-7-1 麦德龙东莞商场实景图与卫星地图

7.2 主 要 技 术 措 施

7.2.1 规划与建筑

（1）场地设计

① 交通流线

本项目顾客出入口与货运车出入口分开设置，顾客出入口设于场地东侧，货运车出入口设于场地西侧。场地内人流动线直接连接人流出入口与商场出入口，且人行通道均标识了明显的人行横道线，场地内车流动线设置合理，在尽量减少对人流动线影响的基础上，使场地内车流组织顺畅。

② 停车设施

项目自行车停车设施位于商场主出入口北侧，面积约114m²，可停自行车63辆，且停车区域设有雨篷。

本项目无地下室，因此机动车停车位均位于地面，设置在场地东侧、紧邻商场出入口，便于顾客停车购物，且在设计过程中已尽量减少机动车停车位对人行区域的影响。如图5-7-2所示。

(a)　　　　　　　　　　　　　(b)

图5-7-2　停车设施与人行通道实景图

(a) 自行车停车区域；(b) 机动车停车设施及人行通道

③ 景观绿化

本项目绿化覆盖率达到30%，进行乔、灌、草复层绿化，主要种植华南地区的耐干旱物种，如柳花榕、盆架子、紫荆花、棕榈树、蜘蛛兰、大黄椰、榕树、莞香树等。

(2) 建筑设计

① 室内无障碍

本项目室内功能分区综合考虑了货品分类、顾客入口位置、结账出口位置，在充分保证顾客购物的便利性的同时，确保顾客流线通畅（图5-7-3）。同时，商

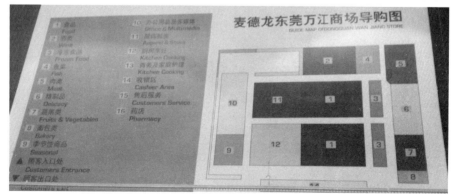

图5-7-3　商场流线设计

289

场内配置了无障碍卫生间，且商场主出入口进行了无障碍设计，确保了商场内无障碍设施与场地无障碍的连通性（图 5-7-4）。

图 5-7-4 商场无障碍设计实景图

② 建筑风格

本项目仅对建筑南外立面进行了改造，具体改造内容为：在南立面设置了太阳能光伏板，目的是充分利用南立面日照条件较好的特点，进一步节约项目能源消耗，属于经济型较高的节能措施，且新增的太阳能光伏板整体色调及风格与建筑其他立面也较为统一。如图 5-7-5 所示。

③ 灵活隔断

本项目为仓储式超市，包括麦德龙和迪卡侬两个品牌，麦德龙和迪卡侬之间

图 5-7-5 立面改造实景图

通过轻钢龙骨隔断分割，属灵活隔断，其他未进行灵活分割的空间包括收货区、物流区、办公区等。经统计计算，项目建筑总面积 13143m²，能够实现灵活分隔的面积 8553m²，灵活分隔与转换的面积达到 65%。如图 5-7-6 所示。

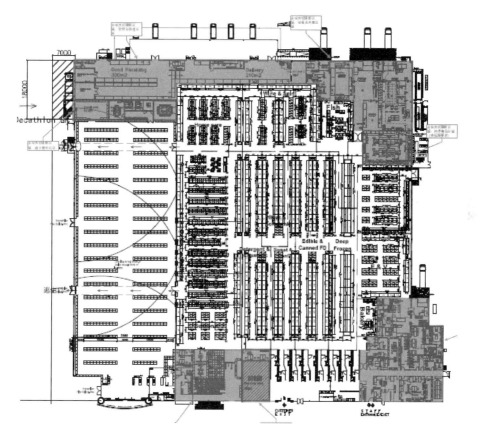

图 5-7-6 灵活隔断示意图

注：灰色标注区域为非灵活隔断区域，其余区域为灵活隔断或大开间区域。

（3）围护结构

① 热工性能

本项目属于甲类公共建筑，所处城市东莞为夏热冬暖气候区。麦德龙东莞万江商场按照欧洲节能标准设计，并于 2003 年建成投入使用。根据当时的设计资料知：商场体形系数 0.15；窗墙比 0.23（东向）；屋面传热系数 0.36W/(m²·K)；外墙传热系数 0.36W/(m²·K)；外窗传热系数 0.36W/(m²·K)，遮阳系数 0.43；围护结构各项指标在全部满足《公共建筑节能设计标准》GB 50189—2015 要求的同时，还比现行节能标准提高较多幅度。这反映了业主在建筑节能设计上的前瞻性。

② 隔声性能

本项目为商场，基本没有噪声敏感房间，因此仅对会议室及办公室进行分析，且本项目会议室及办公室均没有外窗。外墙构造为彩钢板（1mm）＋玻璃棉毡（100mm）＋改性 PVC 卷材隔音毡＋彩钢板（1mm），经计算外墙空气声计权隔声量为 50dB（A），办公室及会议室门经门缝处理后隔声性能也能达到 30～40dB。

7.2.2 结构与材料

本项目未对结构进行改造，仅委托专业机构对商场主体结构进行鉴定，结果表明本项目主体结构可靠性为Ⅱ级，抗震性能为Ⅱ级，无须采取加固措施，能满足正常的使用要求。

同时，本项目对改造范围内的非结构构件（太阳能光伏发电系统所在的屋面阳光板、石膏板及分割麦德龙与迪卡侬的轻钢龙骨）进行了专项检测和评估，检测结果均达标。

7.2.3 暖通空调

本项目改造主要为机电系统的改造，尤其是空调系统。空调系统改造的原因如下：①空调系统已年久失修，无法继续使用，因此改造替换为新设备，同时采用节能设备；②改造前所用空调制冷剂非环保冷剂，改造后全部替换为环保冷剂。

鉴于以上原因，本项目做出以下改造措施。

（1）设备和系统

① 暖通设备

本项目为商场项目，主要业态为超市，项目冷源共采用 5 台屋顶式空调机组和 2 台多联机。

本项目空调分区原则是按超市功能划分：超市内非食品区设置 2 台屋顶式空调机组、食品区设置 2 台屋顶式空调机组，以区分食品区和非食品区对温度的不同要求；迪卡侬设置 1 台屋顶式空调机组，以便于租户迪卡侬单独对其区域内空调进行调节；超市内办公室、咖啡区、礼品区设置 VRV 系统，且每个区域均可独立调节。

同时，本项目屋顶式空气调节机的空气处理侧送风机均为变频电机带变频器，且采用变频压缩机，且所有选用的冷源机组的能效值均比标准值提高 14％及以上。

② 分项计量与 EMS 系统集成

在采用以上节能设备和节能措施的基础上，项目进一步采用霍尼韦尔 EMS 系统，对项目能源及设备使用情况，进行实时监控，以保证商场的可持续发展。

为配套 EMS 系统，项目就空调冷热源、照明插座用电、冷链用电、租户区照明用电、租户区空调用电分别安装计量表具，并将其接入能源管理系统。

③ 低成本的节能改造技术

本项目采用的低成本的节能改造技术有：风机变频技术、冷源变频技术、设置房间温控器可调范围、过渡季利用室外新风实现免费供冷。

（2）热湿环境与空气品质

① 空调末端可控可调

本项目商场部分采用屋顶式空气调节机，办公区、咖啡区、礼品区采用 VRV。商场部分屋顶式空调按商场使用功能不同分区设置，且不同功能区温度可由工作人员通过操控面板（PAD）进行控制与设置，所有 VRV 房间均设置有控制面板。

② 室内空气净化

本项目所有屋顶式空气调节机组均配备了 G4＋F7＋光触媒的过滤装置，以提高室内空气洁净度。公共建筑具有空气净化能力的主要房间面积比例达到 100％。

（3）能源综合利用

① 天然冷源

本项目所采用屋顶式空气调节机组，在过渡季通过切换电动调节阀启闭，通过机组排风排除余热，保证机组全新风运行，充分利用自然冷源降温。

② 废热回收再利用

本项目采用热回收罐，回收冷藏陈列柜、冷库的制冷设备冷凝器中的废热，通过将制冷侧的废热传递给冷水的方式制取并储存热水。这种制取热水的低成本方式适合于任何现有的制冷系统并且还能提高制冷系统的效率。

每天约制备 2.5t 热水，全部用于商场生鲜区。

③ 太阳能热水系统

本项目处于太阳能资源Ⅲ区，可再生能源的利用方式为利用太阳能集热器生产生活热水，用于项目厨房洗碗用热水。

太阳能热水系统采用分离式（强制循环）的平板型单机系统，屋顶设有一个 2000×1000 平板型集热器，在厨房吊顶内设有一个 80L 的承压热水箱。经计算本项目日热水用量为 $0.06m^3$，太阳能集热器需用集热器面积为 $0.85m^2$，实际设置 $2m^2$，预计太阳能热水利用率为 100％。

7.2.4 给水排水

（1）节水系统

① 超压出流

本项目所有生活用水均采用市政直供，市政最低供水压力为 0.25MPa，同时保证用水点处压力不大于 0.20MPa，并满足用水器具水压（节水器具最低工作压力 0.08MPa）要求。

② 用水计量

本项目为单层商场建筑，设置 2 级计量水表，除设置市政给水总水表外，分区域设置卫生间给水、生鲜区给水、雨水机房补水等计量水表，能满足运营过程中的按管理计量收费和给水系统查漏补漏的需求。

（2）节水器具与设备

本项目将商场卫生器具全部改造为用水效率 1 级的节水器具。改造后的卫生器具流量参数见表 5-7-1。

节水器具参数表

表 5-7-1

节水器具名称	流量或用水量	用水效率等级
水嘴	0.02L/s	1 级（0.1L/s）
单档坐便器	4.0L	1 级（4.0L）
小便器	1.72L	1 级（2.0L）
蹲便器	4.2L	1 级（5.0L）

除改造洁具外，由于项目场地内种植的均为无须永久灌溉植物、空调系统采用无蒸发耗水量的屋顶式风冷空气调节机，故对其进行改造。

（3）非传统水源利用

东莞市年平均雨量为 1682mm，雨量集中在 4～9 月份，其中 4～6 月为前汛期，以锋面低槽降水为多；7～9 月为后汛期，台风降水活跃。综上分析，从气候条件来看，本项目雨水收集利用具有一定的经济性和可行性。

据此，本项目在改造过程中，设计了一套雨水回用系统，具体设计方案如下：

考虑到场地限制和用水需求，本项目只收集地块南部区域约 4000m² 范围（图 5-7-7）内的室外绿地、硬质屋面、硬质地面的雨水，处理后回用于道路广场冲洗。

经逐月水量平衡后，本项目预计全年雨水利用量为 1509.11m³，占室外冲洗用水总量的 90.36%，非传统水源利用率为 13.34%（图 5-7-8）。

考虑到本项目既无地下室，也无可用的室内空间，故决定采用 PP 模块，并在场地南侧室外绿地埋地设置，蓄水池有效容积设计为满足 3 天用水量，综合考虑场地雨水径流控制，雨水蓄水池有效容积为 48m³，能满足日常杂用水量的需求。

7.2.5 电气

（1）供配电系统

① 分项计量

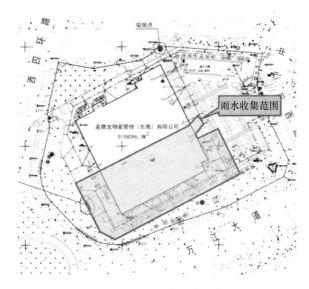

图 5-7-7　雨水汇水区域示意图

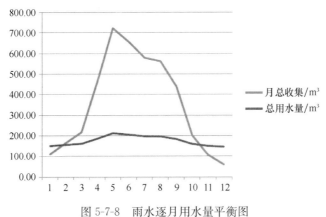

图 5-7-8　雨水逐月用水量平衡图

本项目为各类能耗安装计量表具，至少为空调冷热源、照明插座用电、冷链用电、租户区（迪卡侬）照明用电、租户区（迪卡侬）空调用电分别安装计量表具。

本项目内存在两个管理单元：麦德龙商场（本项目业主自持）、迪卡侬（出租）；迪卡侬全部用电（包括照明用电和空调用电）均与麦德龙商场分开计量，以便日后管理和收费。

② 变压器运行

经负荷计算，商场变压器有效容量为 1484.48kVA，无效容量为 709.49kVA，视在容量为 1805.92kVA，项目所选用的干式配电变压器容量为 2000kVA，型号为 SCB9-2000/10，变压器负荷率 82％。变压器的空载损耗为 2887W、负载空载损耗为 14404W，达到了国家现行有关能效标准规定的 3 级要求。

③ 电气火灾报警系统

本项目插座回路全部设置漏电断路保护装置，动作电流 30mA，动作时间 0.1s，且配电系统设置了电气火灾报警装置。

（2）照明系统

① 照明灯具与照明控制

本项目全部区域（包括公共区域）照明灯具全部采用发光二极管（LED），且全部照明灯具纳入集中控制系统，能够根据使用条件和天然采光状况采取分区、分组控制方式，并按需要采取降低照度的自动控制措施。同时，商场内未出现间接照明或漫射发光顶棚的照明方式。

② 太阳能光伏系统

东莞属于Ⅲ类太阳能资源分区，通过经济技术分析，项目光伏发电具体方案设计如下：

光伏发电板设置于屋面、前雨棚（项目前场顾客停车位雨篷）、后雨棚（项目后场卸货车辆雨篷）及南立面，共安装 1920 块 260W 太阳能高效电池组件（图 5-7-9），组件安装总面积超过 6000m²，系统总功率为 499.2kWp，预计首年发电量约 549.64MWh。

图 5-7-9　屋顶太阳能光伏系统实景图

光伏阵列产生的绿色清洁能源直流电就近接入为每个光伏方阵配备的高效率的组串逆变器，逆变器将直流电转换成三相 380V 的稳定交流电，再经并网点系统接入设备（交流并网柜）与商场相关配电单元连接，最终将绿色清洁能源提供给商场内就近的负载使用。

（3）智能化系统

　　麦德龙集团配置了一套囊括全国所有门店的设备物联网实施监控管理平台，实时监控门店的设备运行报警状况，同时可介入其他设备系统，包括照明、空调、水电气能源系统设备等，并可实时存储门店的设备关键运行数据。

　　系统功能包括：系统建模、设备管理、实时监控（包括冷冻系统、空调系统、照明系统、能源系统、消防报警系统、CCTV 系统集成等）、报警管理、日程管理、系统管理。

7.3　实　施　效　果

7.3.1　建筑环境效果

① 声环境

　　本项目所在街道非城市主干道，项目场地距离城市主干道有一定距离，不受其影响，且项目周边均为住宅建筑，无明显噪声发生源，因此本项目场地噪声环境较好。

　　本商场位于《声环境质量标准》中 2 类声环境区域，经检测项目四个厂界昼夜噪声值均达标。

② 风环境

　　通过对项目室外风环境夏季、过渡季、冬季平均风速 3 个工况的模拟，结果显示：冬季典型风速和风向条件下，建筑物周围人行区距地 1.5m 高处的最大风速为 3.1m/s，平均风速为 1.58m/s，风速放大系数为 1.96；除迎风第一排建筑外，建筑迎风面与背风面表面最大风压差为 4Pa；外窗中室内外表面的风压差大于 0.5Pa 的可开启外窗的面积比例达到 85%。

　　由此可见，本项目室外风环境较好，无明显影响场地及人行区风环境舒适性因素存在。

7.3.2　暖通空调改造效果

① 暖通空调能耗

　　前已述及，本项目暖通冷热源均改造为一级能效设备，因此通过能耗模拟计算，结果显示本商场暖通空调系统年能耗降低幅度达到 21%（表 5-7-2），节能效果显著。

改造前后暖通空调能耗比对表　　　　　　　　　　表 5-7-2

能耗系统	改造前（MWh）	改造后（MWh）
冷热源系统能耗	621.16	378.61
输配系统能耗	0.5	112.48

能耗系统	改造前（MWh）	改造后（MWh）
总和	621.66	491.09
节能率	21%	

② 投资回收期

本次节能方面的改造主要有空调系统的升级改造和太阳能光伏系统改造，根据总投资及年节能回报计算得到，本项目系统节能投资回收期不超过 5 年，经济效益明显。

③ 室内热湿环境

根据《民用建筑室内热湿环境评价标准》GB 50785 第 4.2.1 条规定，由于本项目人体代谢率和服装热阻不在图示法规定的范围内，因此采用计算法对项目进行评价判定。经计算，本项目室内热湿环境设计达到 I 级，即 $-0.5 \leqslant PMV \leqslant +0.5$，$PPD \leqslant 10\%$。

7.3.3　给排水系统改造效果

商场本次改造，更换了洁具，增设了雨水系统。经计算，改造后节水器具节水效率增量 3.86%，非传统用水利用率增量 27.16%，节水效率总增量 31.02%，如表 5-7-3 所示。

改造后节水效率增量 RWEI 计算表

表 5-7-3

项目	改造前	改造后
节水器具数量（个）	15	29
用水器具总数量（个）	29	29
节水器具的利用率（%）	51.7%	100%
非传统用水利用量（m³）	0	6096
总用水量（m³）	222444	222444
非传统用水利用率（%）	0%	27.16%
节水器具节水效率增量（%）	非传统用水利用率增量（%）	节水效率增量（%）
3.86%	27.16%	31.02%

7.3.4　电气系统改造效果

如前所述，本项目全部区域（包括公共区域）照明灯具全部采用发光二极管（LED），在照度均匀度、显色指数、眩光、照明功率密度值等指标满足现行国家标准《建筑照明设计标准》GB 50034 要求的前提下，照度均未超过标准值的 10%。

同时，改造后，商场各区域照明功率密度值（LPD）均降低了20％以上，如表5-7-4所示。

商场各区域照明功率密度值　　　　　　　　　　　　　表5-7-4

房间类型		照明功率密度值（LPD）	照明功率密度值（LPD）降低幅度
主要功能房间或场所	麦德龙卖场	12.28W/m²	23％
	麦德龙办公室	7.20W/m²	38％
	麦德龙会议室	7.16W/m²	20％
	迪卡侬卖场	7.60W/m²	24％
	迪卡侬会议室	7.10W/m²	21％

7.3.5 环保效益

本项目通过改造，提高了空调、冷冻系统能效、减少了市政水用量、优化了货物运输体系以及采用了更加环保的制冷剂。经计算，综合达到的温室气体减排效果为：减少 CO_2 排放量 1020t，减少 CH_4 排放量 11.1kg，减少 N_2O 排放量 0.368kg。

7.3.6 项目创新

本项目共采用了三项创新技术和措施：

（1）太阳能智能垃圾筒

本次改造在场地内采用太阳能智能垃圾筒（图 5-7-10），可实现太阳能供电、垃圾压缩、垃圾分类、智能感应投放口、除异味、垃圾溢满联网通知、语音播报、防盗功能、防雨水、便捷回收、全天候工作等功能。

图 5-7-10　太阳能智能垃圾筒

（2）太阳能风光互补路灯

本次改造，将室外庭院灯全部改用太阳能风光互补路灯（图 5-7-11），其工作原理为：太阳能电池板白天吸收太阳能辐射能并转化为电能输出，经过充电控制器存在蓄电池中，风机通过风能转化成为电能输出和太阳能电池板的电能共同经过控制器储存到蓄电池中，以供给路灯使用。

图 5-7-11　太阳能风光互补路灯

（3）环保冷媒

本项目改造过程中将制冷剂全部替换为 CO_2 环保冷媒，减少温室气体排放，空调制冷机共充注 192kg 制冷剂，冷链制冷机共充注 896.53kg 制冷剂。

7.4　成　本　增　量　分　析

项目改造应用了光伏发电、太阳能热水、余热回收、节能空调、节水器具、雨水回用、空气净化等绿色建筑技术。其中，光伏发电系年节约电费 45 万，太阳能热水系统年节约电费 0.13 万，冷链余热回收系统年节约电费 28 万，风光互补路灯年节约电费 0.41 万，节能空调年节约电费 11.75 万，节水器具和雨水回用年节约电费 21.48 万，总计节约 106.76 万元/年。

初步估算，项目单位面积增量成本在 200～300 元/m^2 之间，成本回收期在 5 年以内。

7.5　总　　结

项目因地制宜采用了绿色化改造设计理念，主要技术措施总结如下：

（1）太阳能智能垃圾筒；

（2）太阳能风光互补路灯；

（3）太阳能光伏发电系统；

（4）太阳能热水系统；

（5）一级能效空调；

（6）冷链热回收系统；

（7）一级节水器具；

（8）雨水回用系统；

（9）空气净化系统；

（10）能源管理系统。

该项目通过绿色化改造方式，全方位地改善了麦德龙东莞万江店的室内外环境质量，与此同时获得了显著节能效果和经济效益，也为区域内既有建筑绿色改造起到示范作用，具有较好的社会效益。

作者：林坚[1]　诸宁[1]　李倩[1]　李绅豪[2]　杨青照[2]（1. 锦江麦德龙现购自运有限公司；2. 必维国际检验集团）

8 滕 州 卷 烟 厂

8 Tengzhou Cigarette Factory

8.1 项 目 简 介

滕州卷烟厂易地技术改造项目用地选址位于滕州市经济开发区，整个厂区总用地面积 286572m²，总建筑面积 240314.7m²，容积率 1.15，建筑密度 37.07％，绿地率 14.69％，设置地上停车位 330 个。

项目为新建厂房，改良工业设备及装备，厂区建设分为两期，一期包括联合工房、生产管理用房、生活配套用房、动力中心、废料中转及污水处理站、化材油料库、烟叶库、人流大门和物流大门，二期为预留的烟叶库，为远期生产需求提高和产业链的优化调整预留出用地空间。效果图如图 5-8-1 所示。

滕州卷烟厂易地改造项目于 2017 年 5 月获得我国"绿色工业建筑"二星级的认证证书，成为山东省首个获得绿色工业建筑二星级标识认证的项目。

图 5-8-1 厂区效果图

8.2 主 要 技 术 措 施

8.2.1 节地与可持续发展场地

（1）整体规划与厂址选择

项目建设用地周围无生态敏感保护目标，无珍稀动植物分布，地块本身为政府规划的工业用地，场地内无历史文物、风景区、矿产等需要保护资源。根据环境影响报告书厂房选址符合生态环境保护的要求。

根据《工业项目建设用地控制指标》要求：

① 项目投资强度为 4087.26 万元/公顷，符合指标对投资强度≥660 万元/公顷的要求。

② 项目容积率为 1.15，满足对容积率控制指标≥1.0 的要求。

③ 项目的建筑密度为 37.07%，满足指标要求的不低于 30% 的要求。

④ 行政办公及生活服务设施的占地面积占总用地面积的比例为 1.07%，不超过总用地面积的 7%。

⑤ 项目内部绿地率为 14.69%，满足指标要求的不大于 20% 的要求。

本项目所有建设用地指标满足国土资源部颁布的《工业项目建设用地控制指标》的要求。

（2）物流与交通运输

京沪铁路、京杭大运河和京沪高速铁路纵贯南北，8 条省级道路穿境而过，形成了四通八达的交通网络。拟建厂址位于滕州市城区西北部，紧邻西环路、北环路两条交通要道，与城区道路相联，交通运输十分便利。如图 5-8-2 所示。

图 5-8-2　周边车站、高度分布情况

厂区共开设 2 个出入口：在厂区西侧临西环路开设厂区主大门，分别用于生产管理用房和车间办公人员的出入；在厂区南临开发区规划路开设物流出入口，用作原料的运入、辅料的运入和成品的运出，将人流与物流分开，员工进出厂区与物流运输互不干扰，交通组织合理，运行安全可靠。如图 5-8-3 所示。

（3）员工交通

厂区西邻鲁班大道，鲁班大道方向设有工作人员主要出入口，在地块南侧的宏大路设有物流专用出入口，人流、物流分开。厂区周边到达厂区的距离在步行 800 米范围内的位置，设置有公交站点，公交站点名称为滕州卷烟厂，公交线路名称为 37 路。员工在上下班时可优先考虑采用公共交通。

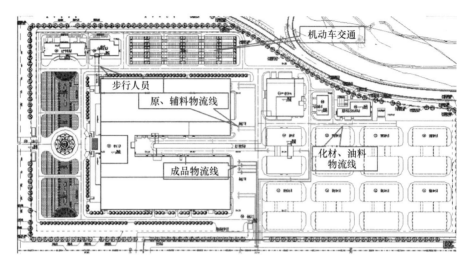

图 5-8-3 交通流线组织分布情况

部分员工居住于厂区周边，同时厂区较大，需要利用自行车来满足出行要求，项目在场地北侧设置有自行车集中停车场，供员工停车。自行车停放场地共设置 738m²，可停放自行车 369 辆。目前，滕州卷烟厂内部共有员工 600 人，因此自行车停放数量满足 61.5% 的员工需要。

（4）场地绿化设计

厂内绿化美化树种繁多，采用乔-灌-草结合的配置形式，形成了高矮不同的复层绿化体系，绿化效果明显，起到了保持水土，绿化美化环境的双重作用。厂区在绿化植被选择上，主要以山东及北方地区的乡土植物位置，选择适宜气候土质条件的植被，且有一定的环保价值，对粉尘、二氧化硫等有害物有吸附净化作用。

8.2.2 节能与能源利用

（1）建筑能耗

滕州卷烟厂项目主要用能工序为片烟预处理工段、制叶丝工段、制梗丝工段、卷接包工段，主要消耗能源类型为电力和燃气。项目年综合能耗为8254.72tce，项目建设规模按年产 150 亿支（按三班制计算，年产 30 万箱）设计，项目单位产品处理综合能耗为 5.50kgce/万支，满足三级基本水平的要求。本项目对工业建筑能耗进行了模拟，计算出工业建筑总能耗为 1943128.54kWh，项目单位产品工业建筑能耗为 0.159 kgce/万支，单位面积工业建筑能耗为20.63kWh/(m²·a)。

（2）设备及工艺节能

项目联合工房采用集中空调系统，制冷采用 3 台离心式冷水机组和 2 台水冷螺杆式冷水机组，所使用的机组 COP 最低为 5.6，均满足二级能效要求的 5.6 的要求。

厂区的热源为燃气热水锅炉，本项目锅炉采用一级节能器，经一级节能器充分换热后的烟气，其余热能被用于软水的预热，从而减少除氧器的自用蒸汽耗量，锅炉的热效率可达到 95％以上，满足现行国家标准《工业锅炉能效限定值及能效等级》GB 24500 规定的 2 级及以上能效等级。

联合工房内辅助用房等采用单元式空气调节机组，机组最低能效比为 2.7，能够满足现行国家标准《单元式空气调节机能效限定值及能源效率等级》GB/T 19576 规定的 2 级及以上能效等级的要求；

生活配套用房采用多联机空调，能效值最低为 5.2，均大于标准要求的 3.2，多联机空调机组的能效值满足国家标准《多联机空调（热泵）机组能效限定值及能源效率等级》GB 21454 规定的 2 级及以上能效等级；

除此之外，项目使用的离心式冷却水循环水泵的效率为 85％，能效标识等级满足 2 级要求，属于节能水泵。空调机组的风机单位风量耗功率最大为 0.47，通风空调机组的风机单位风量耗功率最大 0.08，均能够满足《公共建筑节能设计标准》GB 50189 第 5.3.26 条对风机单位耗功率限值的要求。

（3）可再生能源利用

滕州地处中纬度，太阳辐射年平均日太阳辐照量 15.77MJ/m²，太阳辐射比较丰富。根据项目区位气候特点以及建筑使用功能、日照分析，为实现能源的有效利用，本工程在生活配套用房屋面安装太阳能集热器，提供太阳能热水，以满足生活配套用房淋浴和厨房的热水需求，共设计太阳能集热板 608m²，太阳能热水器日均提供热水量为 20.39m³/d，滕州全年晴天数为 250 天，全年太阳能产生热水总量为 5097.5m³/a。本项目全年生活热水需求量为 7500m³/a，太阳能系统产热水量占年热水需求总量的 67.97％。

8.2.3　节水与水资源利用

（1）单位产品取水量

项目用水主要为生产用水和办公用水，生产用水包括洗梗用水、设备冲洗用水、锅炉用水、真空泵用水、制丝车间用水、制冷机循环水补水、空压机循环水补水、真空回潮设备循环水补水、异味处理用水和不可预见用水等，根据统计，项目平均每天用自来水量为 484.4m³，全年工作 250 天，全年用水量为 121100m³，单位产品取水量 0.081m³/万支，满足《卷烟企业清洁生产评价标准》YC/T 199—2011 最高级别要求，可达到国内同行业领先水平。

（2）水的重复利用率

厂区冷却水循环水量为真空泵、制冷机循环水、空压机循环水和真空回潮设备循环水补水，以及项目的锅炉用水，因此间接冷却水的循环水利用率为98.54%，工艺水回用率为98.37%，均大于95%，能够满足国内同行业领先水平。

（3）非传统水源利用

厂区内设置污水处理站，采用水解酸化＋接触氧化处理工艺，处理能力500m³/d。工程废水经污水处理站处理后，出水水质COD 60mg/L、氨氮15mg/L，满足污水处理厂进水水质要求（COD 680mg/L、氨氮35mg/L）。同时，根据《污水综合排放标准》GB 8978—1996要求，当COD≤100mg/L，氨氮≤15mg/L时，即可满足一级排放的要求，因此本项目末端处理后的废水检测各项指标基本均优于目前现行国家标准《污水综合排放标准》GB 8978，满足杂用水的水质需求，处理后的中水用于室外绿化灌溉和道路浇洒。

（4）其他节水措施

一是节水器具的使用，项目小便器采用感应式冲洗阀及带有水封的小便斗；蹲式大便器采用脚踏式自闭式冲洗阀；坐式大便器冲洗水箱采用节水型水箱（$V<6L$）。卫生洁具及水嘴按《节水型生活用水器具标准》CJ 164—2002选用，给排水配件均采用配套节水型。

二是节水灌溉的使用，项目采用微喷灌的节水灌溉方式，灌溉半径小于5m。

8.2.4 节材与材料资源利用

厂房结构主要为钢筋混凝土结构，在设计和建设中合理的采用高性能材料，高强度钢筋主要为HRB400，总用量为3753.49t，占总钢筋用量的70.05%。

建筑积极的采用了国家批准的推荐建筑材料、产品，如蒸压加气混凝土砌块等，同时内墙采用岩棉复合板墙体，内外面层彩涂钢板均为镀锌基材，外表面为此PE聚酯涂层，内含岩棉芯材。此种岩棉复合板墙体具有保温、承重作用，同时减轻厂房围护结构的自重，节约建筑材料，达到节材的目的。

另外，建筑主体和内外装修工程所选用的无机材料不具挥发性，所产生的放射性核素符合现行国家相关标准。

8.2.5 室外环境与污染物控制

（1）水、气、固体污染物控制

项目在生产过程中会产生一定的废水、废气和固体废弃物，所有的污染物均按照相关的污染物控制规定进行处理，严格控制污染物的排放。

废水：卷烟厂房内废水主要包括软水站排水、制丝车间洗梗废水（W1）、地面冲洗废水、设备冲洗废水、真空泵排水、制冷机冷却循环水排污、空压机冷却循环水排污、回潮设备冷却循环水排污、异味处理间废水、生活污水。末端处理前项目产生的 COD 为 0.023kg/万只，满足清洁生产标准的一级要求（COD≤0.04kg/万只），达到国际清洁生产先进水平要求。

废气：项目生产过程中产生废气的主要位置有：制丝车间废气、卷接包车间废气、锅炉烟气、燃烧炉废气、食堂油烟。车间废气主要通过管道收集至异味处理间三级文丘里交叉流洗池处理或通过袋式除尘器进行处理，处理后可满足《大气污染物综合排放标准》GB 16297—1996 表 2 二级标准。锅炉燃料使用天然气，属清洁能源，锅炉烟气可直接通过 20m 高烟囱达标排放（3 台锅炉共用一根烟囱），满足《锅炉大气污染物排放标准》GB 13271—2001 二类区Ⅱ时段标准要求。

固废：固体废物主要是废烟叶（S1）、废卷烟纸（S2）、污水处理站污泥和生活垃圾，均属一般固废。项目将废烟叶、废卷烟纸分别送相关有资质公司进行销毁处理；污水处理站污泥外运堆肥；生活垃圾产生量交环卫部门外运处理。

本项目多联机空调采用的制冷剂为 R410A，离心式冷水机组采用的制冷剂为 HFC-134a，螺杆式制冷机组采用的制冷剂为 HFC-134a，均是环境友好型的制冷剂，臭氧损耗潜值为 0，不会产生温室气体和破坏臭氧层的物质。

（2）室内外噪声控制

项目严格控制厂界噪声环境，通过厂房围护结构设置吸声隔声材料，工艺设备安装减振、抗振设施等，将车间声源噪声值控制在标准要求范围内。项目在厂界周围噪声达到《工业企业厂界噪声排放标准》GB 12348 的 2 类标准要求。

项目产生振动的设备主要集中在联合工房和动力中心，联合工房中的卷烟机、包装机、除尘器，动力中心中的空压机、真空泵、冷却塔和冷却循环水泵，以及空调机组等均为项目的振动源，经过采用隔音罩、消声器、减震器、减震底座等方式进行治理和防护后，符合《工业企业噪声控制设计规范》GB/T 50087 的要求。主要噪声源及治理措施汇总如表 5-8-1 所示。

主要噪声源及治理措施汇总　　　　　　　表 5-8-1

序号	噪声设备名称	噪声级（单机）		
		治理前（室内）	治理措施	治理后（室外）
1	卷烟机	90	室内安装、基础减振	75
2	包装机	90	室内安装、基础减振	75
3	除尘器	85	室内安装、基础减振	70
4	空压机	83	室内安装、基础减振、进气口加消声器	70
5	真空泵	85	室内安装、基础减振	72
6	冷却塔	75	基础减振，优选低噪声设备	70
7	冷却循环水泵	85	室内安装、基础减振	70
8	燃烧炉风机	86	加消声器	75
9	锅炉风机	86	加消声器	75

（3）职业健康管理

室内根据工艺和节能的要求，各车间厂房内温度、湿度、风速符合《工业企业设计卫生标准》GBZ 1 及《采暖通风与空气调节设计规范》GB 50019 的要求。主要生产用房与辅助用房均设置新风系统，同时采用岗位送风，其他设备机房如充电间、除尘机房、空调机房、真空间、配电间等均采用自然进行核机械排风的形式，换气次数大于 2 次/h，实现室内良好的空气质量环境。

为了保证员工的工作安全，以及避免职业病危害等，公司制定了《个人防护用品发放标准》和《个人防护用品管理程序》，对劳动防护用品购买、验收、发放、领用等做出了规定，并规定了防护用品发放周期等内容。同时，重视职业病安全防治工作，委托第三方机构对项目进行职业病危害控制效果评价，包括总体布局及设备布局的合理性、建筑卫生学、职业病危害因素及分布、对劳动者健康的影响程度、职业病危害防护设施及效果、辅助用室、个人使用的职业病防护用品、职业健康监护、应急预案及设施等，同时建立职业健康档案，企业定期对职工进行职业健康检查。

8.2.6　室内环境与职业健康

为了对各动力子系统运行和能源产耗的远程监控，提高各子系统的自动化程度，提高各子系统运行的可靠性，实现以测量、计量、控制、管理于一体的能源管控系统，并为下一步在全厂范围实现计算机信息集成管理打好基础，设置有空压机自控子系统、锅炉及辅机自控子系统、给排水自控子系统等，远程监视现场各系统的运行状态，报警状态，同时进行运行参数的实时监测和记录。

项目设置能源计量管理系统，对全厂的天然气、燃油、蒸汽、压缩空气、真空、水、中水、软水、冷凝水介质的能源计量，按照三级计量的方式，配置计量仪表和采集设备，对厂内供能源点和主要耗能装置实施监测和控制，分析能耗经济技术指标，促使耗能重点环节挖掘潜力，提高能源利用率。

8.3　实　施　效　果

本项目为二星级绿色工业建筑，从规划、方案到图纸全过程均按照绿色工业建筑的要求进行设计和落实，在节地、节能、节水、节材、室内外环境控制、建筑运营管理七个方面充分采用了相关的绿色和生态技术，实现降低建筑能耗、节约运营费用的目标，具有良好的环境效益、经济效益和社会效益。项目单位产品工业建筑能耗为 5.51kgce/万支，可再生能源供应的生活热水量比例 67.97%，单位产品取水量 0.092m³/万支，水重复利用率为 96.52%。

8.4 成 本 增 量 分 析

本项目产生增量成本的技术主要是：太阳能热水、中水利用、节水灌溉等，对项目的增量成本进行统计，详见表 5-8-2。

项目增量成本统计   表 5-8-2

实现绿建采取的措施	单价	标准建筑采用的常规技术和产品	单价	应用量	增量成本（万元）
节水灌溉	5 元/m²	人工漫灌	0	42097.43	21.05 万元
太阳能	1692 元/m²	无	无	608m²	102.90 万元
中水系统	5000 元/m²	无	无	500m²	250 万元

从表 5-8-2 可以看出，本项目增量成本约为 373.95 万元，折合单位面积 36.6 元。对各项目绿色建筑技术带来的节约效应进行分析，太阳能生活热水系统年节约电费约 26.75 万元，中水系统年节约水费约 4.95 万元，合计节约 31.7 万元，估算静态回收期约为 11 年。

8.5 总   结

项目因地制宜采用了绿色建筑的设计理念，将绿色技术融入各项设计中去，主要技术措施总结如下：

（1）选用发光效率高、寿命长的光源和高效率灯具及镇流器；厂区照明采用分区分回路控制，同时采用分时分区控制。

（2）风机、水泵采用变频控制。

（3）用能分区、分项计量；智能电力监控；用水三级计量。

（4）空调系统设有自动控制系统，自控控制空调系统运行状态、运行参数、报警等，使空调系统处于高效的运行状态，以便节能运行管理。

（5）绿化灌溉采用微喷灌方式，喷洒半径为 5m。

（6）小便器采用感应式冲洗阀及带有水封的小便斗；蹲式大便器采用脚踏式自闭式冲洗阀；坐式大便器冲洗水箱采用节水型水箱（V<6L）。卫生洁具及水嘴按《节水型生活用水器具标准》CJ 164—2002 选用，给排水配件均采用配套节水型。

（7）项目制冷剂采用 R410A 和 HFC-134a 等环境友好型的制冷剂，臭氧损耗潜值为 0，不会产生温室气体和破坏臭氧层的物质。滕州卷烟厂厂房采用制冷剂符合国家、行业和地方标准需求。

（8）内墙采用岩棉复合板墙体，具有保温、承重作用，同时减轻厂房围护结构的自重，节约建筑材料，是功能复合的建筑材。

（9）使用可再生能源，利用太阳能热水系统为生活配套用房淋浴和厨房提供热水，太阳能系统产热水量占年热水需求总量的 67.97%。

滕州卷烟厂易地改造项目合理优化厂区物流和交通运输，减少资源消耗。通过对项目水耗和能耗的预测分析，为节约能源、水源提供建议和意见。良好的室内外环境和职业健康要求，既可以保证工人的人身安全，又可以营造良好的工作环境，绿色工业建筑的要求也是企业本应该追求的目标。项目绿色、节能、节水、节材、运营等绿色工业建筑特有的理念传输给一线的操作者和管理者，从思维上改变原有的模式，促进企业的进一步提升。

作者：田露（中国建筑科学研究院天津分院）

9 怀柔雁栖湖生态发展示范区

9 Yanqi Lake Eco-Development Demonstration Area Green Practice

9.1 项 目 简 介

9.1.1 项目背景

雁栖湖位于北京郊区怀柔城北 8km 处的燕山脚下，北临雄伟的万里长城，南偎一望无际的华北平原。雁栖湖水面宽阔，湖水清澈，每年春秋两季常有成群的大雁来湖中栖息，故而得名。

2010 年 4 月，市委、市政府根据北京经济社会发展的需要及《北京城市总体规划》和怀柔区的功能定位，决定在怀柔区的雁栖湖地区建设北京雁栖湖生态发展示范区，并于当年 12 月 18 日举行了示范区开工奠基仪式。

北京雁栖湖生态发展示范区是北京市委、市政府确定的重大产业带动示范项目；是对接"世界城市"发展目标、提升首都国际化职能的重要举措；是北京建设"国际活动聚集之都"的重要窗口。示范区旨在建设充分展示中国特色、低碳环保、科技创新三大理念的"国际一流的生态发展示范区、首都国际交往职能的重要窗口、世界级城市旅游目的地和生态文化休闲胜地"。雁栖湖生态发展示范区实景图如图 5-9-1 所示。

2014 年 APEC 峰会将雁栖湖生态发展示范区推向了国际舞台，进一步提升

图 5-9-1　雁栖湖生态发展示范区全景图

了知名度、扩大了宣传效应及推广意义。雁栖湖特有的发展背景及优势条件，为绿色生态先进理念的探索、先进成果的转化及先进技术的应用搭建了良好的平台，雁栖湖在绿色生态实践中取得的成绩也为其获得了北京市首批"绿色生态示范区"的殊荣。

9.1.2 功能分区

雁栖湖生态发展示范区总体规划面积约 $31km^2$，分为两大功能板块，形成各具特色、功能互补、共同发展的格局，如图 5-9-2 所示。

图 5-9-2 雁栖湖生态发展示范区功能分区图

（1）国际会都板块：规划面积 $21km^2$，东起怀丰公路，西至雁栖镇界及下辛庄、柏崖厂村界，北起雁栖镇柏崖厂村界及中科院北边界，南至京通铁路。

（2）雁栖小镇板块：规划面积 $10km^2$，北与国际会都板块相接，南、西、东分别以沿 111 国道两侧的北台上村、范各庄村、下庄村等区域范围展开。

本文将围绕雁栖湖生态发展示范区的国际会都板块展开，该板块是 2014 年 APEC 峰会的主要承办区，其 $21km^2$ 的规划范围内建设用地仅 $8.4km^2$（占比40%），整个区域的生态用地占比较高，是生态相对较敏感和脆弱的湖泊地区。

示范区一直秉持绿色、生态、低碳的理念，既关注对场地生态肌理的保护及利用，同时又满足承办大型、高端国际会议和商务会展活动的功能需求，其成功的实践经验为国内外同类型浅山及湖泊地区的开发建设树立了良好的标杆。

9.2 生 态 规 划

雁栖湖生态发展示范区生态规划应用了综合集成的"STARS"规划体系，构建了涵盖建设目标、考核指标、规划方案、技术体系及管理办法在内的务实可行、弹性适应的综合性解决方案，明确了示范区可持续发展路径及方向，将绿色、低碳、生态的理念贯彻到示范区规划、建设、运营的全过程。

9.2.1 生态指标体系

雁栖湖生态发展示范区遵循"科学性与可操作性、定量与定性、特色与共性、可达性与前瞻性相结合"的原则，从"资源、环境、经济、社会"四个方面着手，将生态目标和控制要求分解到空间、建筑、资源、交通、环境、产业、人文等10个重点建设领域，细化到38项具体指标，科学引导雁栖湖示范区的绿色发展。如图5-9-3所示。

指标体系特色："两个阶段＋双重约束＋三级路径＋四类依据"。

（1）两个时序阶段：结合雁栖湖示范区整体开发时序，以2015年及2020年为考核点，对近、远期有提升空间的指标提出差异化的控制要求，循序渐进地推进生态建设。

（2）双重约束特性：在指标体系38项具体指标中，21项为控制性指标、17项为引导性指标。控制性指标是刚性指标，体现了示范区资源集约、生态保护的基本要求，具有较强的约束性，如绿色建筑比例、清洁能源利用率；引导性指标是弹性指标，体现了示范区低碳生活、高效运营的要求，具有一定的预期性，如绿色出行比例、城市热岛效应。

（3）三级实施路径：指标体系首先从宏观层面引导示范区的规划建设，其次从考虑到指标实施的需求，将宏观指标逐层分解到街区及地块层面，如热岛效应指标在整个示范区范围管控，公交站点覆盖率指标在街区层级控制，而植林地比例指标在地块层级落实。

（4）四类赋值依据：指标体系以定量指标为主，有助于直观考核生态成效且易操作实施。定量指标赋值主要从纵向参照、横向对比、现状分析、规划预测四个方面考量：纵向参照国家及地方的政策标准及业内规范，横向对比国内外类似生态示范区成功经验，现状分析解读生态基底及资源条件，规划预测通过可行性研究及适宜技术分析实现指标的科学性和可操作性。

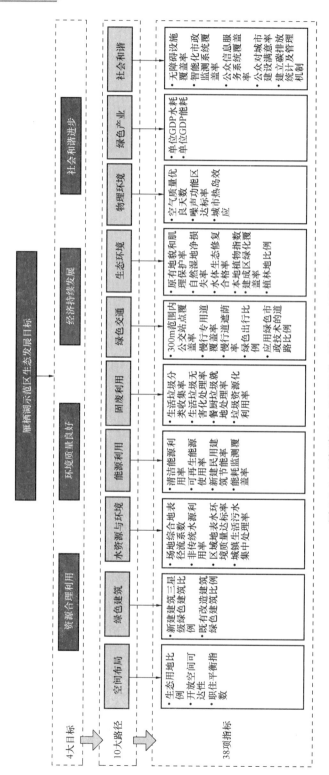

图 5-9-3 雁栖湖生态发展示范区指标体系结构图

9.2.2 生态格局保护

雁栖湖生态发展示范区内山体和湖区等生态用地占比高达 60%，是典型的生态敏感度较高的浅山及湖泊地区。示范区为了更好地承载会展、旅游、文化等功能，加强生态基础设施的建立，保障自然生态系统的完整性和连续性，实现对生态本底的最低影响度开发及对生态系统的最小干预。

（1）生态安全格局

① 雨洪安全格局：通过模拟雁栖湖在 50 年一遇、100 年一遇和破堤极限情况下三种不同级别的淹没情况，形成雁栖湖雨洪安全格局，最大限度地规避洪水风险。

② 生物安全格局：以大雁为喜水鸟类指示物种、中华蟾蜍为两栖动物指示物种，分析雁栖湖地区适合鸟类及两栖类栖息的区域，建设应避免该类区域，为生物预留活动空间。

③ 游憩安全格局：标注雁栖湖地区的乡土游憩点和休闲游憩点，分析游憩点之间的联系，找出潜在的游憩廊道，为游憩系统的规划设计提供参考。

④ 综合生态安全格局：综合叠加雨洪、生物和游憩安全格局，形成雁栖湖综合生态安全格局，维护雁栖湖地区生态安全，建立绿色生态基础设施。低安全格局为生态敏感区，尽量避免建设；中安全格局为生态缓冲区，控制建设规模和项目类型；高安全格局是生态协调区，科学引导建设，限制建设有污染的项目。如图 5-9-4 所示。

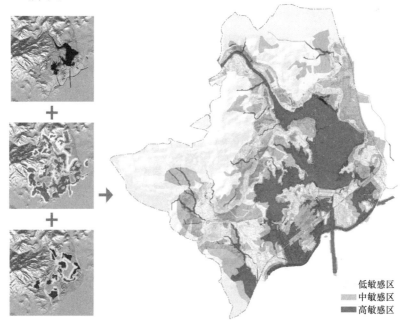

低敏感区
中敏感区
高敏感区

图 5-9-4　雁栖湖生态发展示范区生态安全格局规划图

（2）用地功能布局

遵循生态安全格局的分区保护要求，合理布局示范区建设用地和非建设用地，尽量恢复及保护场地原始风貌及山水交织的景观格局，确保原有地貌和肌理保护率不低于 75%。全区总用地 2098 公顷，其中建设用地 858 公顷，非建设用地 1240 公顷，如图 5-9-5 所示。结合场地生态承载力的分析，对各功能地块的容积率及建筑密度进行合理控制，其中行政办公设施容积率控制在 0.4 以下，文化娱乐设施控制在 0.8 以下，旅游设施控制在 0.2～1.3，全区总建筑面积约 100 万 m^2，考虑到示范区功能的特殊性，在用地上采取弹性控制的方法，为未来功能拓展预留了 3 万 m^2 建筑面积，同时也实现了生态较敏感地区的低影响开发，如图 5-9-6 所示。

图 5-9-5　雁栖湖生态发展示范区土地　　　　图 5-9-6　雁栖湖生态发展示范区建设
　　　　　　利用规划图　　　　　　　　　　　　　　　　强度规划图

9.2.3　绿色集成规划

（1）绿色交通规划

雁栖湖示范区建立内部串联的公交系统，打通对外公交干线，并合理布局公交站点；内部公交宜选用新能源汽车，合理布局充电站，确保服务设施的方便可达，如图 5-9-7 所示。同时打造休闲旅游为特色的慢行道系统，主要由慢行专用道、绿地步道、林荫道等组成，配备完善的自行车租赁服务及遮阳避雨设施，营造良好的出行环境，如图 5-9-8 所示，实现示范区 2020 年绿色出行比例≥80%、慢行专用道覆盖率≥85%，慢行道遮荫率≥85% 的目标。

图 5-9-7　雁栖湖生态发展示范区公交
系统规划图

图 5-9-8　雁栖湖生态发展示范区慢性
体系规划图

（2）低碳能源规划

结合雁栖湖示范区各类功能用地，根据本地历年能耗变化趋势和目前能耗状况，综合采用情景分析法和电脑模拟技术，预测示范区未来能源需求量，如图5-9-9所示。针对示范区内太阳能热水、太阳能光电、土壤源热泵、污水源热泵、风能等可再生能源资源进行评估，提出地块层面的可再生能源利用指标，如图5-9-10所示，实现示范区2020年可再生能源贡献率≥8％的目标。

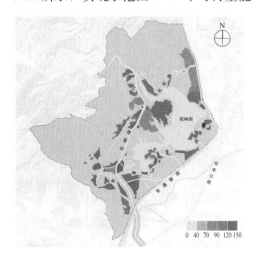

图 5-9-9　雁栖湖生态发展示范区建筑
能耗预测图

图 5-9-10　雁栖湖生态发展示范区可再生
能源贡献率预测图

（3）绿色建筑规划

根据《绿色建筑评价标准》中对绿色建筑的要求，雁栖湖示范区从外部环境和内部条件两个方面遴选影响绿色建筑星级控制的六大类因子，对各因子进行赋值加权，确定各个地块的绿色建筑星级标准，如图 5-9-11 所示。同时结合示范区资源禀赋及建筑类型，兼顾经济型、可行性等因素，合理选择绿色建筑技术标准及管理体系，旨在将示范区建设成为北京市高星级绿色建筑的先行区。

图 5-9-11　雁栖湖生态发展示范区绿色建筑星级规划图

（4）水资源与水环境规划

利用 GIS 工具分析示范区的汇水分区，采取低冲击开发技术，如绿色屋顶、透水铺装、下凹绿地、生物滞留系统、植被浅沟等措施，减小城镇建设对原有水文循环的影响，使场地开发建设后接近开发前的自然水文状态。雁栖湖示范区采用生态化措施改善及提升整体水环境质量，如综合净化漂浮岛措施、碳素纤维生态草等，在有效净化水体的同时，还可为鱼类、鸟类等生物提供适宜的栖息空间。此外，在静水区、死水区结合景观增加光伏—水下曝气、光伏—水流循环系统，改善局部水体的溶解氧状况和水流循环过程，确保排入雁栖湖的水质不低于地表水环境质量 II 类标准，如图 5-9-12 所示。

（5）绿色市政规划

雁栖湖示范区设置分类垃圾投放系统，生活垃圾分类装袋后运送至垃圾转运站，可回收垃圾分拣后送至回收企业或资源回收站，如图 5-9-13 所示；不可回收垃圾经压缩后进行焚烧处理，部分生活垃圾通过就地设置的生物降解，形成生物堆肥二次利用。示范区对内部照明系统进行分类管理，在主次干路及道路节点处进行低碳照明设计，在保证使用需求的前提下，选取高效、长寿命且节能的照明

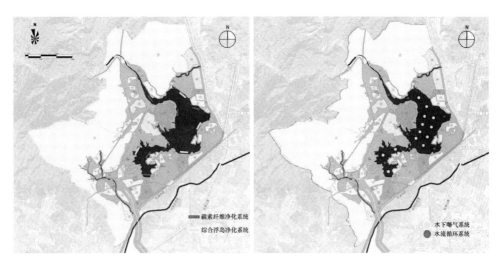

图 5-9-12　雁栖湖生态发展示范区水体净化系统规划图

灯具，提高全区夜间功能及景观照明的效率，如图 5-9-14 所示。

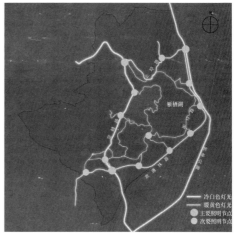

图 5-9-13　雁栖湖生态发展示范区垃圾收集　　图 5-9-14　雁栖湖生态发展示范区低碳照明
　　　　　系统规划图　　　　　　　　　　　　　　　　系统规划图

（6）生态环境规划

雁栖湖示范区生态基质优良，景观资源优越，基于"斑块—基质—廊道"土地利用控制的生态学原理，构建示范区绿地生态网络结构，最大限度地利用生态本底优势条件，增加生态空间面积，提高生态空间的生态效能和景观价值，维持生态平衡，如图 5-9-15 所示。在绿量一定的情况下，构建以乔木为主的立体植物群落结构，各级廊道和绿地开敞空间差异化设置植林率，加强绿地系统的碳汇能力，如图 5-9-16 所示。

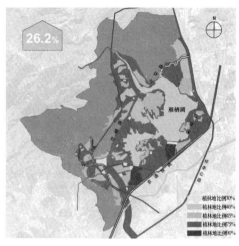

图 5-9-15　雁栖湖生态发展示范区生态　　　　图 5-9-16　雁栖湖生态发展示范区植林地
　　　　　　 廊道规划图　　　　　　　　　　　　　　　　 碳汇预测图

　　设计环雁栖湖的人工生态湿地系统，充分利用湿地的高生产力、高自净能力的特点来提高水体的自循环功能，营造土壤-植被系统雨污水自净体系，有效改善雁栖湖水质环境，如图 5-9-17 所示。通过软、硬铺装结合的方式对雁栖湖现有岸线进行改造，设计不同类型的生态驳岸，提高水岸的亲水性及公共性，满足市民及游客对滨水环境的需求，增强人与自然的互动，如图 5-9-18 所示。

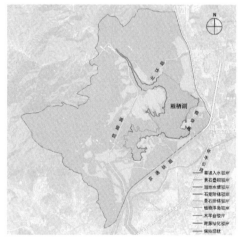

图 5-9-17　雁栖湖生态发展示范区生态　　　　图 5-9-18　雁栖湖生态发展示范区生态
　　　　　　 湿地规划图　　　　　　　　　　　　　　　　 驳岸规划图

9.3　技　术　措　施

示范区本着"山水和谐、技术领先、国际一流"的目标，从宏观、中观及微观 3 个层次，基于"绿色交通、绿色建筑、绿色市政、生态景观、信息系统"5 个领域，探索将 78 项前沿型、经济型及普适型技术应用到了包括太阳能光伏发电、水源热泵、低冲击开发、水处理湿地、生态驳岸、垃圾气力分类输送系统等 99 个生态示范项目中，构建了"1 个目标、3 个层次、5 个领域、78 项技术、99 个项目"的绿色技术应用体系。

9.3.1　绿色交通技术

（1）路基路面工程：示范区所有道路采用温拌沥青、橡胶沥青、水基聚合物等新型环保材料，以及建筑垃圾、废钢渣、煤矸石等固废资源，如图 5-9-19（a）所示。

图 5-9-19　雁栖湖生态发展示范区绿色交通技术应用实景图
（a）怀丰路温拌沥青工程；（b）植草护坡；（c）公园新建生态停车场；
（d）电动汽车充电桩；（e）电动游轮

（2）道路边坡防护：示范区所有道路采用生态边坡防护，增大护坡砖砖体内栽植植物的土壤容积，有利于植物生长，提高涵养水源能力，护坡植被选择"灌木＋草＋藤本"，有条件处栽植小乔木，既提高护坡的防护标准，也更好地满足景观建设要求，如图 5-9-19 (b) 所示。

（3）生态停车场：示范区内社会停车场及各地块内的露天停车场运用透气、透水的铺装路面，并间隔栽植一定量的乔木等绿化植物，形成绿荫覆盖，将停车空间与园林绿化空间有机结合，如图 5-9-19 (c) 所示。

（4）智能交通设施：示范区水陆交通采用电动汽车与电动游船，主要建筑及沿湖水岸设置一定比例的充电桩为电动装置提供运行支持，通过智能设备减少示范区内交通设施的污染物的排放，如图 5-9-19 (d)、(e) 所示。

9.3.2　绿色建筑技术

示范区内所有新建建筑 100% 执行绿色建筑标准，公共建筑实施北京市绿色建筑三星级要求，是全国首个新建建筑高星级全覆盖的示范区。一期建设的三星级项目包括雁栖岛会议中心、日出东方酒店和国际会展中心。三个标杆项目运用和实践国际最先进的生态建筑理念和技术，满足体型系数、外围护结构传热系数、屋顶太阳辐射吸收系数、屋顶绿化率、外窗可开启率、利废材料使用率、可再循环材料使用率、室内背景降噪水平、建筑结构高性能材料使用比例等绿色建筑指标要求。项目采用的主要生态技术包括低温送风系统、智能照明控制系统、吸尘及厨余垃圾系统、中水直饮水系统、水源热泵系统、太阳能系统等，如图 5-9-20 所示。

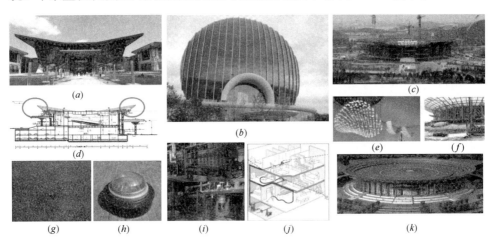

图 5-9-20　雁栖湖生态发展示范区三星级绿色建筑技术应用实景图

(a) 雁栖岛会议中心；(b) 日出东方酒店；(c) 国际会展中心；(d) 屋檐外遮阳；(e) 室内 LED 灯照明；

(f) 地源热泵系统；(g) 景观节水喷灌；(h) 光纤照明系统；(i) 冷热电三联供；

(j) 中央吸尘系统；(k) 屋顶自然采光带

9.3.3　绿色市政技术

（1）太阳能光伏发电：在雁栖湖大坝、日出东方酒店顶层铺设太阳能电池板、太阳能控制器，将太阳的辐射能量转换为电能储存在蓄电池中，满足示范区用电需求，如图 5-9-21 所示。

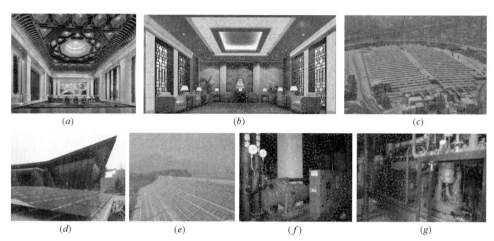

图 5-9-21 雁栖湖生态发展示范区低碳能源技术应用实景图
（a）雁栖酒店宴会厅中心圆顶光纤灯照明；（b）国际会展中心贵宾接待室光纤照明；
（c）日出东方酒店太阳能集热器实景图；（d）日出东方酒店太阳能薄膜实景图；
（e）雁栖湖大坝光伏系统；（f）国际会展中心浅层地源热泵机组；
（g）日出东方酒店冷热电三联供系统

（2）冷热电三联供：在日出东方酒店应用三联供系统，系统有效提高燃气的利用效率，也提高电网的效率和安全性，避免因停电造成巨大经济损失。夏季消减电力高峰，填补燃气低谷，同时提高电力及燃气基础设施的利用率，如图5-9-21所示。

（3）地源热泵：在雁栖岛会议中心设置土壤源热泵，满足会议空间的供冷供暖需求，如图 5-9-21 所示。

（4）光纤照明：示范区建筑室内照明大量采用 LED、OLED，同时利用光导纤维技术引入自然光光源，实现节能、舒适的照明效果。如图 5-9-21 所示。

（5）智能电网工程：主要包括新建怀北 220kV 变电站、示范区 110kV 变电站，增容雁栖湖现有 110kV 变电站，升压红螺湖现有 35kV 变电站等工程，以及有关智能化电网的其他工程。加强示范区外部电源供电保障的同时，通过电力网和信息技术的融合，实现电网与用户的互动，实现智能化运行及管理，建成可靠、安全、经济、高效、环境友好和使用安全的供电系统，如图 5-9-22 所示。

（6）垃圾分类收集处理：示范区所有建筑实施严格的垃圾分类管理，地块内及公共空间均布局垃圾分类设施，如图 5-9-23（a）所示。

（7）绿化废弃物处理：示范区设置绿化垃圾循环处理的成套设备，就近处理绿化废弃物形成堆肥二次利用，如图 5-9-23（b）所示。

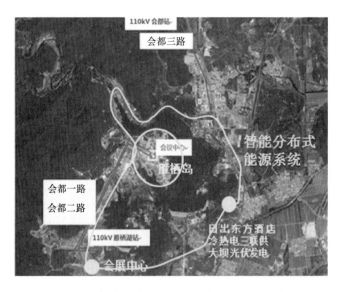

图 5-9-22 雁栖湖生态发展示范区智能电网工程布局图

（8）餐厨垃圾处理：雁栖岛会议中心和雁栖酒店、日出东方酒店、会展中心各设置一台餐厨垃圾处理设备，实现餐厨垃圾就地处理率 100％，如图 5-9-23（c）所示。

（9）资源再生利用：雁栖湖公共景观区的小品设施就地取材，筛选村镇拆迁的遗留物料，选择瓦片、卵石等废弃材料作为铺装及挡墙材料，既实现就地取材的便利，又减少建筑垃圾的产生，突出极富地方特色的景观风貌，如图 5-9-23（d）所示。

| (a) | (b) | (c) | (d) |

图 5-9-23 雁栖湖生态发展示范区垃圾处理技术应用实景图

（a）示范区内分类垃圾桶；（b）绿化废弃物循环处理设备；（c）雁栖岛会议中心餐厨垃圾处理；

（d）雁栖湖上游水源片区瓦片铺装路

（10）点源污染分散治理：针对雁栖河及沿线村庄、餐饮点、渔场等污水点，通过膜生物反应器、滤布滤池技术，实现流域水环境治理的"源头减负"，如图 5-9-24 所示。

（11）海绵城市低影响开发：示范区采用下凹绿地、透水铺装地面、雨水调

图 5-9-24　雁栖湖生态发展示范区水体治理技术应用实景图

(a) 雁栖湖上游点源分散治理位置图；(b) 雁栖湖钛合金生物膜球工程；

(c) 雁栖湖上游鱼池废水处理站（转盘滤池）

蓄池、生态草沟、生态旱溪等技术，通过屋顶、地面雨水收集设施，以及生态沟渠和绿地滞留等措施蓄积雨水，实现雨水的自然渗透和污染控制，如图 5-9-25 所示，实现示范区 2020 年场地综合径流系数≤0.4 的目标。

图 5-9-25　雁栖湖生态发展示范区海绵技术应用实景图

(a) 会展中心周边绿地下凹绿地；(b) 会展中心街边绿地下凹绿地；(c) 会展中心透水铺装；

(d) 会展中心街边雨水花园；(e) 雁栖岛生态旱溪；(f) 雁栖岛雨水调蓄池

9.3.4　生态景观技术

（1）地形地貌环境保护利用：尽量恢复示范区场地的原有地貌，减少人工设施的干预，模拟自然地貌建设绿地景观设施，提高生态系统的多样性和可持续性。

（2）预留生物生存空间：在主要生物廊道处建设排水涵洞，作为生态区动物迁徙的走廊。

（3）人工湿地：采用人工湿地手段改善雁栖湖上游流域和雁栖湖区水环境，保障示范区开发前后自然湿地净损失率为零。

（4）生态浮岛：在雁栖湖湖区建设生态浮岛，净化水质、美化水面景观、提供水生生物栖息空间及进行环境教育。

（5）生态驳岸：结合雁栖河流域实际情况，结合水生植物群落、多孔鹅卵石生态护岸重建河滨植被缓冲过滤带，采用石笼护岸、多重植被护岸等驳岸方式。

如图 5-9-26 所示。

图 5-9-26　雁栖湖生态发展示范区生态景观技术应用实景图

（a）雁栖湖自然植物景观利用；（b）原地形地貌植物利用；（c）生物迁徙排水涵洞；

（d）雁栖湖上游渔业废水人工湿地系统净化；（e）雁栖湖生态浮岛实景图；

（f）植草护坡砖实景图；（g）鹅卵石护岸实景图

9.3.5　信息系统技术

（1）4G 技术：示范区共建有宏蜂窝基站 13 个，微蜂窝基站 24 个，4G 覆盖率达到 95％以上。

（2）环境参数采集和显示系统：通过专业传感器对示范区内特定地点的空气质量（PM2.5）、水质、温度、湿度、风力和风向等环境指标进行定量化的实时监控。

（3）智能化导览系统：结合 APEC 峰会，建设示范区国际会都导览系统。

（4）综合能源管理平台：国际会展中心设置综合能源管理系统，统计建筑总能耗、分项能耗、节能率等指标数据。

如图 5-9-27 所示。

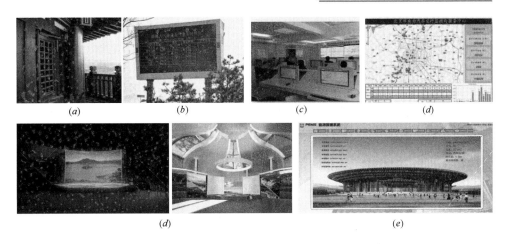

图 5-9-27　雁栖湖生态发展示范区信息系统技术应用实景图
(a) 雁栖岛雁栖塔室外天线实景图；(b) 物联网实现环境参数显示图；
(c) 道路交通监控与服务中心系统图；(d) 实体数字沙盘控制系统图；
(e) 国际会展中心能源管理系统

9.4　实　施　情　况

雁栖湖生态发展示范区的基础设施建设遵循绿色、低碳的理念，包括再生水厂、分散式污水处理设施、环湖慢行步道及自行车道、自行车及电瓶车租赁点、电动汽车充电桩、电动水上游轮、生态观光大道、燃气管网、生态停车场、生态公厕、道路植草沟及雨水花园、湖体钛合金生物膜球工程、湖体人工湿地及生态浮岛、环湖生态驳岸等，构建完整的绿色基础设施体系，大幅度降低能源消耗，实现资源集约利用，营造自然和谐、优质宜居的城区环境。示范区高星级绿色建筑项目包括国际会议中心、国际会展中心、日出东方酒店、雁栖酒店等，严格落实三星级绿色建筑的设计及施工标准，有效降低建筑运行成本、改善居住及工作舒适度、控制建筑碳排放，其中国际会议中心碳减排 5660t/年，国际会展中心碳减排 3550t/年，日出东方酒店碳减排 2075t/年。全区通过绿色建筑、综合绿化、绿色交通、清洁能源系统的建设，实现全区碳减排量约 5.5 万 t/年，实现 275 万元的收益（北京环境交易所 2014 年碳交易均价）。

9.5　特　色　总　结

9.5.1　STARS 规划体系构建完整的生态建设框架

雁栖湖生态发展示范区以建设"高起点、高标准的生态示范区"为目标，以集成规划为手段,以高端绿色产业为驱动,以生态技术推广为突破,实现"资源合理利用、环境质量良好、经济持续发展、社会和谐进步"的发展目标,遵循绿色、低碳、生态、可持续发展原则,从"生态诊断(S)—目标指导(T)—集成规划(A)—控制导则(R)—实施监管(S)"五个步骤出发,在多专业领域寻求突破和技术创新,运用模拟分析软件开展生态评估,提出具有地域特色的生态指标体系,编制绿色交通、低碳能源、绿色建筑、水资源与水环境等六个子系统的集成规划,同时借鉴国内外先进的生态理念与技术,系统梳理生态示范工程,分解落实责任主体,做好示范项目的统筹推进和建设实施。

9.5.2 生态规划与绿色技术结合的生态建设体系

雁栖湖生态发展示范区从生态规划和绿色技术双方面入手,基于分散的、循环的、生态的、着眼于综合效益的规划与建设路径,依据本地区的自然生态环境特点,建立"系统化、本土化、精宜化"的生态规划体系;推广高星级绿色建筑的规模化建设;优化能源结构,全面使用清洁能源,构建分布式能源供给系统;倡导低冲击开发的先进理念,因地制宜地构建雨洪管理体系;打造以乡土物种为主的复合生物群落,提升绿地系统固碳能力;综合运用信息技术及物联网系统,构建智能电网、智能交通管理、智能市政服务网络。虽然部分高端前沿型技术的增量成本较高,不适宜大规模复制推广,但考虑到雁栖湖示范区承担着建设国际一流会都及国际交往窗口的职能,其在前沿技术上的尝试性探索还是具有一定的示范意义及宣传作用。

9.5.3 浅山湖泊生态敏感区的可持续开发模式

雁栖湖生态发展示范区内60%的用地为水域、林地等生态用地,是典型的以浅山与湖泊为基底的生态敏感地区。示范区在开发建设中倡导生态先行,在满足功能开发需求的同时兼顾生态保护及修复,维护及保持场地的生态本底及肌理,模拟自然群落保护动植物的生长及栖息环境,构建生态廊道保护绿地斑块及动物迁徙通道,利用自然及人工湿地系统、碳素纤维生态草及漂浮岛技术提高雁栖湖自净化能力,运用低影响开发措施降低开发建设对场地的破坏,加强对环境污染的源头控制营造舒适优质的人居环境。借助APEC峰会的平台,将雁栖湖示范区在城市与自然和谐共生、空间与资源集约利用方面的建设模式和成功经验推向国际舞台,向国内外及社会各界展示了中国高水平、高层次生态文明建设的成效。

作者:张 琳 李 冰 赵雪平(中国生态城市研究院有限公司)

10 深圳光明新区门户区

10 Shenzhen Guangming New District Low-carbon Eco-Development Demonstration Area

10.1 项目简介

10.1.1 光明新区低碳生态城区建设背景

2008年3月，国家住房和城乡建设部与深圳市政府签订《关于建设光明新区绿色建筑示范区合作框架协议》，确定将光明新区打造成为国家级的绿色建筑示范区。2010年1月，国家住房和城乡建设部与深圳市政府签署框架协议，合作建设全国第一个"国家低碳生态示范市"，共同推进低碳生态城市的理论探索、技术应用及示范建设。

光明新区作为深圳市新设立的功能区，被确定为部市共建国家低碳生态示范市的生态试验区，要求在各层次规划中落实低碳生态发展要求，加快绿色交通、绿色建筑、绿色照明、雨洪利用、再生水利用、低冲击开发模式等各类试点项目规划建设。工作方案要求光明新区以广深港客运专线光明站建设为契机，高水平建设光明门户地区低碳生态示范项目。要先行先试，制定相应的工作方案，加强管理创新，积极承接低碳生态城市建设的政策技术标准试验和示范任务，积极组织各类示范项目的建设。2012年5月，财政部、住建部在全国范围内开展"国家绿色生态示范城区"申报工作，经半年多遴选，光明新区成功入选，被确定为全国首批8个"绿色生态示范城区"之一，获中央财政5000万元支持，同时获广东省科技厅重大科技专项资金400万元支持。

10.1.2 光明新区概况

光明新区是深圳市第一个功能区，2007年8月正式成立，总面积156.1 km²，下辖光明、公明、新湖、凤凰、玉塘、马田六个办事处，31个社区。2016年末，新区常住人口56.08万人，户籍人口6.79万人，其中侨民侨眷8397人。2016年地区生产总值（GDP）726.39亿元，规模以上工业总产值1684.31亿元，规模以上工业增加值382.07亿元，固定资产投资302.48亿元，社会消费品零售总额 110.4 亿元，进出口总额 107.93 亿美元，一般公共预算收入 43.7 亿元，全口径税收收入 108.58 亿元。光明新区选取了门户地区总面积约 340 公顷的范围进行集中示范，包含凤凰、碧眼、塘家三个社区，已建用地 67 公顷，主要包括工业区、集体居住用地、行政办公用地、道路用地、市政设施用地等（图5-10-1）。近些年光明新区在门户区基础上，将示范范围扩大，在整个凤凰城片区开展绿色生态示范城区建设及技术集成示范。

图 5-10-1　光明新区实景图（碧眼水库）

10.2　生　态　规　划

10.2.1　规划方法

光明新区从规划阶段就融入低碳生态理念，在《深圳光明新区规划（2007—2020)》中，提出增长边界管理和 TOD 模式引导紧凑发展、结合公共交通进行城市中心体系布局、分级配置公共服务、进行开发强度管理、引导城市有机更新等理念。新区先后编制了《光明新区综合交通规划》《光明新区慢行交通专项规划》《深圳市光明新区雨洪利用详细规划》《光明新区"绿色建筑示范区"建设专项规划》等 40 多个低碳生态相关专项规划，为新区绿色发展确定了路径与布局。

光明新区门户区位于城市更新改造地区，面临多种复杂问题，如土地权属不明晰，各类违章建筑和历史遗留问题复杂，征地拆迁工作难度大，而现有土地政策和管理机制对新区开发建设形成较大约束，规划实施困难。因此在这类复杂地区进行规划，要平衡公众、开发商、土地使用者之间利益关系，形成一个共同交流的规划平台，以全面系统考虑、综合统筹协商的方式，解决各类存在的问题，形成博弈的平衡。

光明新区门户区规划编制过程，采用协商式规划方法和利益攸关方广泛深度参与方式，综合统筹破解政策和机制约束，促进规划的实施。在解决这些现实问题的同时，全面系统的把先进的低碳生态城市建设理念与技术引入，融入各专项规划设计中，形成各系统之间的集成与互动。

在规划方法技术层面，采用分单元规划方法，对各单元详细规划，形成政府、市场、公众共同参与的协商型规划路径。同时采用多学科、多系统集成的生态实施规划，形成落地的详细生态技术应用与实施方案。其中，低碳生态城市指标体系在规划中起到重要的引领作用，其和规划衔接的步骤为：（1）以子单元为单位进行系统化规划布局，明确各类指标与设施在单元规划中的布局和分配；（2）结合系统布局规划，对既有发展单元规划进行评估，并提出反馈；（3）按照子单元低碳发展要求，将各个子单元的低碳发展指标要求以及设施进行落实与明确。

10.2.2 生态指标体系

光明新区门户区构建了操作性强的指标体系（图 5-10-2），作为指引规划方案的依据，并把可以空间落实的指标作为实施性指标，通过系统规划进行量化分配以及具体的空间落实，用于规划管理与实施建设。

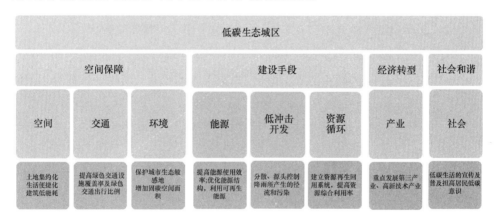

图 5-10-2 光明新区门户区指标体系结构

10.2.3 绿色集成规划

（1）用地功能布局

光明新区门户区用地布局坚持集约、宜居、混合、绿色理念，提出明确的规划目标与具体指标。如图 5-10-3 所示。坚持集约发展，要求人均建设用地低于 $40m^2$/人。布局混合功能社区，居住类子单元要求混合用地比例不低于 40%。坚持社区化公共服务设施布局均等化，要求公共服务设施 5 分钟步行覆盖率不低于

80％，以社区为单位设置公共服务中心。实现公共空间步行全覆盖，公共空间5分钟步行覆盖率不低于90％。实现林荫道网络完全联系，各类步行道的绿化覆盖率均应达到90％以上。坚持混合用地与职住平衡，根据就业人口，在不同单元内配置相应规模的住宅、公寓，满足不同就业人群需要，混合用地比例占总开发项目用地比例不低于40％。

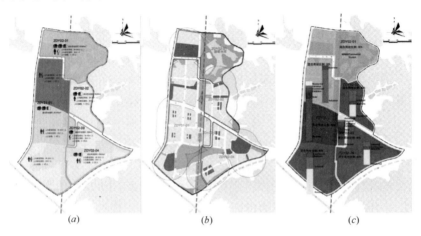

图 5-10-3　深圳光明新区门户区用地布局图

（a）人均建设用地面；（b）公共空间步行覆盖率；（c）土地混合度分布图

（2）生态环境规划

光明新区门户区形成网络式多组团模式融入区域环境，依托一系列城市公园与山体，形成东西向的生态主廊道，划分多个组团。在城市生态敏感地区基础上留下通风廊道，依据深圳雨季及干季的风向予以设计。明确生态用地管控保护格局，城区生态保留用地大于35％，注重本地植物的培育，维系地区的物种多样性。规定了项目绿化覆盖率，要求产业项目绿化率不低于30％，居住项目绿化覆盖率不低于40％，公共绿地平均绿地率不低于70％。如图 5-10-4 所示。

（3）绿色交通规划

光明新区门户区规划了完善的绿色交通体系（图 5-10-5），实现公共交通无缝接驳。首先建立广深客运专线、有轨电车与常规公交三类公交系统，规划公交站点 300m 覆盖率达到 75％～80％，

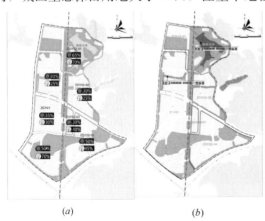

图 5-10-4　光明新区门户区生态环境规划图

（a）生态用地比例；（b）水体水质控制图

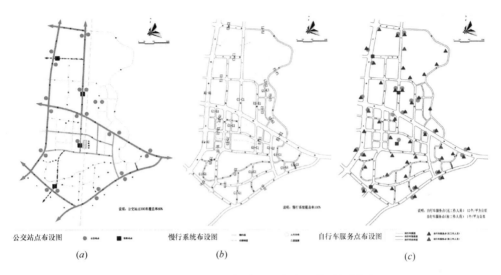

公交站点布设图　　　　　　　　　慢行系统布设图　　　　　　　　　自行车服务点布设图
(a)　　　　　　　　　　　　　　(b)　　　　　　　　　　　　　　(c)

图 5-10-5　光明新区门户区绿色交通体系规划图

(a) 公交站点布设图；(b) 慢行系统布设图；(c) 自行车服务点布设图

形成门对门的站点接驳，交通站点与建筑综合体的一体化建设。建立慢行交通与步行体系，加强支路网密度，创建适应步行的街区，营造舒适、畅通的人行系统保证短程出行。新建道路慢行系统覆盖率要求达到 100%，按 10 个/km² 的标准布设公共自行车服务点，在枢纽站地区与商业区建立全天候立体人行系统。

（4）低冲击规划

光明新区在 2007 年编制的《光明新区再生水和雨洪利用规划》率先引入国际先进的低冲击开发雨水综合利用理念，首次制定规划指引条文，将低冲击开发雨水综合利用工程建设与管理纳入建设项目规划审查审批程序。编制并实施了《光明新区建设项目低冲击开发雨水综合利用规划设计导则》，在国内率先将年径流总量控制率指标纳入用地出让要点、规划两证一书，建立了管控机制。2014年起，在政府投资项目和建筑面积 2 万 m² 以上的社会投资新建项目全面试行。在光明新区门户区规划中，全面要求推广低冲击开发模式，要求区域开发建设后的雨水径流量尽量接近于开发建设前，开发建设后的综合径流系数不大于 0.36，对下凹绿地、屋顶绿化提出了具体的空间布局要求。如图 5-10-6 所示。

2016 年编制的《深圳市海绵城市试点区域建设详细规划》提出了可落地的综合解决方案，将低影响开发目标拓展为水资源、水生态、水环境、水安全的综合指标体系和解决方案，提出绿色和灰色基础设施建设的具体规划措施，并与法定规划充分衔接。将指标分到地块，其中强制性指标为年径流总量控制率、年径流污染削减率，引导性指标为绿色屋顶比例、透水铺装比例、绿地下沉比例、不透水下垫面径流控制率。如图 5-10-7 所示。

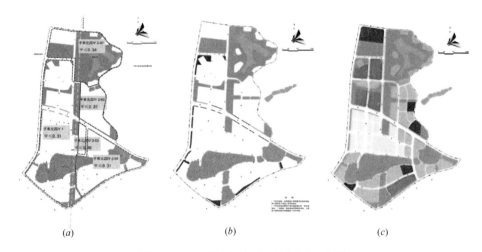

(a)   (b)   (c)

图 5-10-6　光明新区门户区低冲击规划图

(a) 综合径流系数控制；(b) 下凹式绿地；(c) 屋顶绿化控制

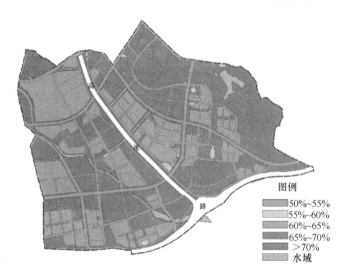

图例

50%~55%
55%~60%
60%~65%
65%~70%
>70%
水域

图 5-10-7　光明新区凤凰城海绵城市控制指标分布图（年径流总量控制率）

（5）资源循环规划

光明新区门户区对水、固废等资源循环利用进行系统的规划，提出建设非常规水循环系统，保证非常规水资源利用率不低于 20%，实现"雨水再生水两种非常规水资源，一套供水管网"。规划了垃圾分类、收集、运送系统，确保垃圾回收利用率不低于 60%，并对产生、收集、转运环节的分类回收提出规范性要求，实现主动的废弃物管理。

（6）低碳能源规划

光明新区门户区能源规划充分利用屋顶资源，推广安装太阳能并网光伏发电

334

系统作为建筑电力辅助供应点。进行太阳能利用与立体绿化的兼容，提出太阳能板与屋顶绿化建设的兼容比例，规定了下限与上限。

（7）绿色建筑规划

光新区绿色建筑专项规划通过利用对建设方式、生态基底、区位条件、用地性质"四因子"评估方法，研究确定每个地块上建筑的绿色星级潜力，形成光明新区绿色建筑一、二、三星级规划布局图（图5-10-8）。

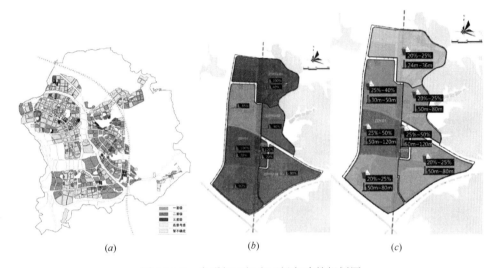

图5-10-8　光明新区门户区绿色建筑规划图

（a）光明新区绿色建筑星级布局规划；（b）门户区绿色建筑占新建建筑比；（c）门户区建筑覆盖率

门户区规划提出一星级以上绿色建筑比例占新建建筑比例不低于90%，平均建筑覆盖率不低于25%、不超过35%的要求。在技术层面，项目大量采用自然通风、采光、外遮阳、太阳能光热光电技术、墙体隔声降噪、屋顶绿化等符合南方气候特点的技术措施，通过优化设计，实现绿色建筑低成本、平民化。绿色施工方面，规划提出污染防治、节材、节水、节能等方面的具体保护和控制措施，形成绿色施工技术体系。绿色运营综合考虑设备系统、运行管理、使用者幸福感等因素，形成绿色建筑运营技术体系。

10.3　技　术　措　施

10.3.1　绿色交通技术

（1）综合绿色交通发展

光明新区通过交通引导，加快重大项目融入广深港创新走廊步伐，通过增加BRT、中运量交通，提升内部交通运行效率，完善内部公交网络和设施。重点以轨道交通为骨干，改善"最后一公里"便捷出行，并结合气候环境特点，构建有光明特色的慢行系统，采用绿色出行方式，提升出行空间品质。

（2）轨道交通技术

光明新区大力发展轨道交通，现广深港高铁光明城站开通运营，轨道交通6号线、轨道13号线纳入深圳市轨道四期规划。

（3）绿色道路及LED照明技术

光明新区按照绿色道路标准施工建设，所有的路面采用降噪材料，人行道采用透气透水砖，以消除城市"热岛现象"，并在所有新建道路使用LED照明技术。

（4）绿道建设技术

光明新区采用绿道建设技术，大力建设各级各类绿道。截至2017年全域已建成21km的省级绿道、117km的城市及社区绿道。

（5）电动充电设施

推动电动车充电桩建设，提供安全、便捷的充电解决方案，大大方便辖区居民出行。充电桩均采用脉冲慢充的充电模式，通过新拉主电源线、破除路面挖沟放管等措施，大大提高安全系数。布局电动自行车智能充电桩主要覆盖人流相对密集的地区，采用微信支付等自动计费计时方式，方便居民使用。

10.3.2 绿色建筑技术

（1）绿色建筑建设技术

光明新区绿色建筑综合采用中水回用、屋顶绿化、综合节能、光伏发电技术、LED照明、风力发电、室内空气品质控制等一系列绿色技术（图5-10-9），具有良好的示范效应。如屋顶型光伏发电技术应用在杜邦公司厂房项目中，装机容量约1.3MW，面积约23000m²，设计寿命超过25年，每年可发出148万度的绿色电力，可节约标准煤542吨，减少二氧化碳室气体排放1480吨。光明新区华力特大厦在设计阶段，就制定了"绿色办公建筑三星级"的建设目标，定位于

图 5-10-9　华力特大厦绿色建筑技术应用实景图

集环保节能、方案展示为一体的智能科研办公楼。采用中水资源综合利用、光伏及风力发电、屋顶绿化及垂直绿化、室内外物理环境精细化设计、高效空调机组、地下室采光等多项绿色建筑关键技术。

（2）绿色施工技术

光明新区制订了《光明新区绿色施工管理规定》，对所有在光明新区报建的项目拟要求全面施行绿色施工。在重点项目已全面推行节能、节地、节水、节材的绿色施工管理，在施工过程中推进雨水收集系统、施工噪声监测系统、施工扬尘监测系统、施工现场能耗远程动态监控系统等新技术的使用。

10.3.3 海绵城市低影响开发技术

（1）系统规划与政策体系

光明新区在国家低冲击开发雨水综合利用示范区工作基础上，成为国家第二批海绵城市试点。新区发布了《深圳市光明新区海绵城市规划建设管理办法（试行）》，编制完成了《光明新区海绵城市专项规划》《深圳市国家海绵城市试点区域海绵城市建设详细规划》2个专项规划和《光明新区海绵城市规划设计导则》《建设项目海绵城市建设工程设计文件编制指南》《光明新区建设项目源头类海绵设施竣工验收要求（试行）》《光明新区海绵城市建设运营维护和绩效测评要点》4项技术文件。

（2）综合性海绵技术应用

光明新区系统采用绿色基础设施＋灰色基础设施理念，采用多种海绵城市建设技术。其中，如海绵型道路建设，将绿化带建成下沉式绿地，机动车道和人行道采用透水性材料进行铺装。道路范围内的雨水可优先汇集进入下沉式绿地进行滞蓄、下渗、净化等处理，超过设计标准的雨水径流将溢流到市政雨水管网。如图 5-10-10 所示。

图 5-10-10　海绵技术应用实景图

（3）智慧海绵城市监测管控平台

光明新区 2017 年启动光明新区智慧海绵城市监测管控平台建设工作，通过对接国内信息化建设、互联网领域、环境监测顶级公司，拟在试点区域内部署近300组监测设备，形成由9大系统组成的智慧海绵系统实施方案，实现海绵城市建设智慧化决策支持平台。

（4）流域综合治理方法

光明新区按照全流域治理的思路，采用"一个平台、一个目标、一个项目、一个队伍"的工作方式，将茅洲河流域（光明新区）水环境综合整治项目作为一个整体进行发包，实行设计、采购、施工、运营一体化的工作思路，将项目整体打包统一招标，并通过综合工程措施，标本兼治切实改善流域水环境。

10.4 实 施 情 况

10.4.1 绿色建筑实施情况

绿色建筑、建筑工业化、装配式建筑的建设和推广是光明新区作为国家绿色建筑示范区和国家绿色生态示范城区的重点推进领域。经过近10年实践，光明新区已经建立起了从规划、设计、建设、管理全过程的绿色建筑示范体系，已有多个建筑项目通过国家和地方绿色建筑设计认证，涵盖了保障性住房、文教卫、工业厂房、城市更新和房地产项目等多个类别。截至2017年底，光明新区累计已有74个项目共535.64万 m² 建筑通过国家或地方绿色建筑设计认证，总投资约234.646亿元。其中，通过国标一星认证项目51个，二星22个，三星1个。光明新区辖区内已有中山大学深圳校区保障房、库马克大厦、勤诚达正大城花园、宏发天汇城等10个项目已落实采用装配式建造方式，总建筑面积突破200万 m²。其中"勤诚达正大城花园"项目通过了装配式建筑技术认定，成为光明新区第一个通过技术认定的装配式建筑。此外光明新区也在积极探索钢结构、现代木结构以及其他符合装配式建筑技术要求的结构体系。

10.4.2 海绵城市实施情况

2009年起，深圳市政府与国家住建部开始推动深圳市光明新区低冲击开发示范区的创建工作，编制完成《光明新区低冲击开发雨水综合利用示范区整体工作方案》。2011年9月，住房城乡建设部将光明新区列为全国低冲击开发雨水综合利用示范区。之后光明新区出台了《深圳市光明新区建设项目低冲击开发雨水综合利用规划设计导则（试行）》和《深圳市光明新区低冲击开发雨水综合利用规划设计导则实施办法（试行）》，将低冲击开发指标纳入土地出让和"一书两证"的规划管理环节，引导同步规划、同步设计、同步建设低影响开发设施。

2016年4月，深圳市将光明新区凤凰城区域作为试点区，成功申报国家第二批海绵城市建设试点。该区流域面积 24.6km², 城市建设区面积占 16.39km²。为推进海绵城市试点工作, 光明新区专门成立了海绵城市建设实施工作领导小组, 印发了《光明新区海绵城市建设实施工作方案》和《深圳市光明新区海绵城市规划建设管理办法(试行)》, 编制了《光明新区海绵城市专项规划》《深圳市国家海绵城市试点区域海绵城市建设详细规划》等各类规划, 从组织机制、制度规范方面保障海绵城市建设顺利实施。

在项目建设方面, 光明新区筛选出光明群众体育中心、光明集团保障房、公园路、三十八号路、新城公园低影响开发雨水综合利用示范工程、鹅颈水综合整治工程样板段等 8 项建设项目作为样板工程, 涵盖建筑与小区、市政道路、公园绿地和水系修复等多种类型, 并通过系统设计、精细化施工和运营管理以及数学模型评估分析和监测评估, 明晰建设绩效。

2017 年 4 月, 经住房和城乡建设部等三部委审核, 深圳市海绵城市建设试点工作在这 14 个试点城市考核中位列第一。截至 2017 年底, 8 项样板工程已经完工 7 项, 包含海绵型建筑与小区 2 项、海绵型市政道路 3 项、海绵型公园绿地 1 项、水系整治与生态修复 1 项。光明新区通过试点的实施, 探索形成了本地化的技术路线和实施路径, 打通了从理论到工程实施的关键步骤, 为深圳乃至我国海绵城市规划、建设、运营、维护、评估、监测系统的构建提供了实证和样本。

10.4.3 绿色生态城区相关政策

为推进光明新区绿色新城建设, 光明新区在 2010 年就编制出台了《光明新区绿色新城建设行动纲领和行动方案》"1+6"文件, 推动从规划、设计、建造、管理等方面开展全方位的试点建设工作。2014 年 2 月光明新区印发了《深圳市光明新区国家绿色生态示范城区建设管理办法》, 指导光明新区国家绿色生态示范城区的规划、建设、管理。该办法明确要求新区内所有新建民用建筑遵守国家和深圳市绿色建筑的技术标准和技术规范, 至少达到绿色建筑评价标识国家一星级或深圳市铜级的要求。鼓励大型公共建筑和标志性建筑按照绿色建筑评价标识国家二星级以上或深圳市金级以上标准进行规划、建设和运营。同时也对土地出让、招投标、规划方案审查、施工图审查、施工、验收等等各个环节绿色要求进行规定。

2014 年发布并于 2015 年修订的《深圳市光明新区国家绿色生态示范城区专项资金管理办法(修订版)》, 明确该资金主要用于: 技术服务、课题研究和标准规范编制、技术开发和推广应用、管控平台系统建设和应用、绿色建筑建设增量成本补助、绿色建筑咨询服务、展示宣传培训等活动、试点示范工程或其他活动。其中对获得国家绿色建筑二星级(深圳金级)及以上的项目, 和利用光伏发电、太阳能热水、非传统水源利用、热泵合同、屋顶绿化、立体绿化、垃圾处理技术应用等的项目，都提出给予不同水平的资金补贴。

2015 年发布的《光明新区节能减排和发展循环经济专项资金管理暂行办法》，明确该资金的扶持对象和条件，确定专项资金使用范围和重点项目类型，提出扶持方式和标准，以及资金申请、审批程序和资金使用管理要求。

2017 年 8 月 15 日，光明新区住房和建设局印发了《关于加强绿色建筑、装配式建筑和绿色再生建材工作的通知》（深光住建字［2017］105 号），要求光明新区范围内所有新建民用建筑项目必须满足《光明新区绿色建筑示范区建设专项规划（2011—2020）》要求，且至少达到国家一星级绿色建筑标准，政府投资的学校、医院等大型公共建筑项目以及凤凰城区域内的所有项目必须按二星级及以上绿色建筑标准实施，鼓励其他绿色建筑项目按高星级绿色建筑标准实施。

10.5 特 色 总 结

（1）国家重任，长期探索，积累重要经验

深圳市一直是国家先行先试的改革先行区，光明新区 2007 年正式成立，2008 年获得国家住建部支持，成为全国首个绿色建筑示范区，之后又陆续获得国家低冲击开发雨水综合利用示范区、国家绿色生态城区、国家海绵城市等试点示范的支持，表明光明新区从一开始就肩负着代表国家进行城市绿色发展探索的重任。历届光明新区党工委、管委会都把绿色发展作为新区工作的重要抓手，经过近 10 年发展，在绿色建筑、海绵城市等领域已经取得较大成绩，综合管廊、基础设施建设、河道整治、城市更新等方面取得突破性进展。

（2）积累本地经验，探索全域常态化绿色发展路径

光明新区承担着适应南方气候条件的、全域常态化渐进式推进绿色生态发展的试点示范使命，在其探索过程，形成了体现低成本、本土化、可推广的技术途径，构建了系统性的城市建设实施框架，推进规划建设管理改革和对市场机制的调控。通过探索不单纯依靠政府主导，更加注重社会全面参与的绿色发展路径，将绿色发展从试点示范发展为工作的常态，逐渐形成光明新区绿色发展的内生性体制机制。

（3）继续深入系统探索，不断提升总结，形成光明经验

光明新区相对深圳市其他地区而言，经济基础薄弱，城市功能配套不足，土地房产等历史遗留问题矛盾突出，存在一定制约因素。经过多年的绿色新城建设探索与实践，虽已取得阶段性成绩，但仍存在绿色新城建设体系框架内容繁杂、涉及部门众多协调难，实施层面的技术指引与实践有待完善，市场接受度还有待进一步提高等问题。在"十九大"生态文明、绿色发展的总体战略引导下，光明新区仍需紧密结合自身特点，利用中山大学深圳校区落地、光明凤凰城全面开发

建设、广深港客专和赣深客专在光明设站、轨道 6 号线、大外环高速开工建设、西湖库区和茅洲河综合整治推进等大项目带动下，实现绿色新城建设的升级版。未来的光明新区会继续积极吸收国际最先进的理念和我国各地低碳生态城市建设的优秀经验，结合光明新区新时代战略机遇，以更高站位、更高标准，系统全面深入推进绿色生态发展路径升级，为我国城市绿色发展提供光明经验、深圳样板。

作者：李海龙[1,2]　王　妍[3]　周丽霞[3]（1. 中国城市科学研究会；2. 中国生态城市研究院有限公司；3. 深圳市光明新区发展研究中心）

附录篇

Appendix

附录1 中国绿色建筑委员会简介
Appendix 1 Brief introduction to China Green Building Council

中国城市科学研究会绿色建筑与节能专业委员会（简称：中国绿色建筑委员会，英文名称 China Green Building Council，缩写为 China GBC）于 2008 年 3 月正式成立，是经中国科协批准，民政部登记注册的中国城市科学研究会的分支机构，是研究适合我国国情的绿色建筑与建筑节能的理论与技术集成系统、协助政府推动我国绿色建筑发展的学术团体。

成员来自科研、高校、设计、房地产开发、建筑施工、制造业及行业管理部门等企事业单位中从事绿色建筑和建筑节能研究与实践的专家、学者和专业技术人员。本会的宗旨：坚持科学发展观，促进学术繁荣；面向经济建设，深入研究社会主义市场经济条件下发展绿色建筑与建筑节能的理论与政策，努力创建适应中国国情的绿色建筑与建筑节能的科学体系，提高我国在快速城镇化过程中资源能源利用效率，保障和改善人居环境，积极参与国际学术交流，推动绿色建筑与建筑节能的技术进步，促进绿色建筑科技人才成长，发挥桥梁与纽带作用，为促进我国绿色建筑与建筑节能事业的发展做出贡献。

本会的办会原则：产学研结合、务实创新、服务行业、民主协商。

本会的主要业务范围：从事绿色建筑与节能理论研究，开展学术交流和国际合作，组织专业技术培训，编辑出版专业书刊，开展宣传教育活动，普及绿色建筑的相关知识，为政府主管部门和企业提供咨询服务。

一、中国绿色建筑委员会（以姓氏笔画排序）

主　　任　王有为　中国建筑科学研究院顾问总工
副主任　　王　俊　中国建筑科学研究院有限公司董事长
　　　　　王建国　中国工程院院士、东南大学建筑学院院长
　　　　　王清勤　中国建筑科学研究院有限公司副总经理
　　　　　毛志兵　中国建筑股份有限公司总工程师
　　　　　尹　稚　清华大学生态规划和绿色建筑教育部重点实验室主任
　　　　　叶　青　深圳建筑科学研究院股份有限公司董事长
　　　　　江　亿　中国工程院院士、清华大学教授

李百战　重庆大学城市建设与环境工程学院院长

吴志强　中国工程院院士同济大学校长副校长

张　桦　上海现代建筑设计（集团）有限公司总裁

朱　雷　上海市建筑科学研究院（集团）总裁

修　龙　中国建设科技集团有限公司董事长

徐永模　中国建筑材料联合会副会长

副秘书长　李　萍　原建设部建筑节能中心副主任

尹　波　中国建筑科学研究院有限公司科技处处长

李丛笑　中建科技集团有限公司副总经理

主任助理　戈　亮

秘　　书　李大鹏

通讯地址：北京市三里河路 9 号住建部北配楼南楼 214 室　100835

电话：010-58934866　88385280　传真：010-88385280

Email：Chinagbc2008@chinagbc. org. cn

二、地方绿色建筑委员会

广西建设科技协会绿色建筑分会

会　　长　广西建筑科学研究设计院院长　朱惠英

融秘书长　广西绿色建筑分会　韦爱萍

通讯地址：南宁市北大南路 17 号　530011

深圳市绿色建筑协会

会　　长　深圳市建筑科学研究院院长　叶青

秘书长　深圳市建筑科学研究院　王向昱

通讯地址：深圳福田区上步中路 1043 号深勘大厦 1008 室　518028

四川省土木建筑学会绿色建筑专业委员会

主　　任　四川省建筑科学研究院院长　王德华

秘书处　四川省建筑科学研究院建筑节能研究所所长　于忠

通讯地址：成都市一环路北三段 55 号　610081

中国绿色建筑委员会江苏委员会（江苏省建筑节能协会）

会　　长　江苏省住房和城乡建设厅科技处原处长　陈继东

秘书长　江苏省建筑科学研究院有限公司总经理　刘永刚

通讯地址：南京市北京西路 12 号　210017

厦门市土木建筑学会绿色建筑委员会

主　　任　厦门市建设与管理局副局长　林树枝

秘书长　厦门市建设与管理局副处长　何汉峰

通讯地址：福州北大路 242 号　350001

福建省土木建筑学会绿色建筑与建筑节能专业委员会

　　　主　　　任　福建省建筑设计研究院总建筑师　梁章旋

　　　秘 书 长　福建省建筑科学研究院总工　黄夏冬

　　　通讯地址：福州市通湖路 188 号　350001

　　　　　　　　福州市杨桥中路 162 号　350025

福建省海峡绿色建筑发展中心

　　　理 事 长　福建省建筑科学研究院总工　侯伟生

　　　秘 书 长　福建省建筑科学研究院总工　黄夏东

　　　通讯地址：福州市杨桥中路 162 号　350025

山东省土木建筑学会绿色建筑与（近）零能耗建筑专业委员会

　　　主　　　任　山东省建筑科学研究院绿色建筑分院院长　王昭

　　　秘 书 长　山东省建筑科学研究院绿色建筑研究所所长　李迪

　　　通讯地址：济南市无影山路 29 号　250031

辽宁省土木建筑学会绿色建筑委员会

　　　主　　　任　沈阳建筑大学校长　石铁矛

　　　秘 书 长　沈阳建筑大学教授　顾南宁

　　　通讯地址：沈阳市浑南区浑南东路 9 号　110168

天津市城市科学研究会绿色建筑专业委员会

　　　主　　　任　天津市城市科学研究会会长　王家瑜

　　　常务副主任　天津市城市科学研究会秘书长　王明浩

　　　秘 书 长　天津市城市建设学院副院长　王建廷

　　　通 讯 地 址：天津市河西区南昌路 116 号　300203

　　　　　　　　　天津市西青区津静公路　300384

河北省城科会绿色建筑与低碳城市委员会

　　　主　　　任　河北省建筑科学研究院总工　赵士永

　　　常务副主任　河北省城市科学研究会副理事长兼秘书长　路春艳

　　　秘 书 长　河北省建筑科学研究院　康熙

　　　通 讯 地 址：石家庄市桥西区盛安大厦 296 号　050051

中国绿色建筑与节能（香港）委员会

　　　主　　　任　香港中文大学教授　邹经宇

　　　副秘书长　香港中文大学中国城市住宅研究中心　苗壮

　　　通讯地址：香港中文大学利黄瑶璧楼 507 室

重庆市建筑节能协会绿色建筑专业委员会

　　　主　　　　任　重庆大学城市建设与环境工程学院院长　李百战

　　秘　书　长　重庆市建筑节能协会秘书长　曹勇

　　常务副秘书长　重庆大学城市建设与环境工程学院教授　丁勇

　　通 讯 地 址：重庆市沙坪坝区沙北街 83 号　400045

　　　　　　　　重庆市渝北区华怡路 23 号　401147

湖北省土木建筑学会绿色建筑专业委员会

　　主　　任　湖北省建筑科学研究设计院院长　饶钢

　　秘　书　长　湖北省建筑科学研究设计院所长　唐小虎

　　通讯地址：武汉市武昌区中南路 16 号　430071

上海绿色建筑协会

　　会　　　　长　甘忠泽

　　副会长兼秘书长　许解良

　　通 讯 地 址：上海市宛平南路 75 号 1 号楼 9 楼　200032

安徽省建筑节能与科技协会

　　会　　长　安徽省住建厅建筑节能与科技处处长　项炳泉

　　秘　书　长　安徽省住建厅建筑节能与科技处　叶长青

　　通讯地址：合肥市包河区紫云路 996 号　230091

郑州市城科会绿色建筑专业委员会

　　主　　任　郑州交运集团原董事长　张遂生

　　秘　书　长　郑州市沃德空调销售公司经理　曹力锋

　　通讯地址：郑州市淮海西路 10 号 B 楼二楼东　450006

广东省建筑节能协会

　　理 事 长　华南理工大学建筑节能研究中心主任　孟庆林

　　秘　书　长　广东省建筑节能协会秘书长　廖远洪

　　通讯地址：广州市天河区五山路 381 号华南理工大学建筑节能研究中心旧楼

　　　　　　　510640

广东省建筑节能协会绿色建筑专业委员会

　　主　　任　广东省建筑科学研究院副院长　杨仕超

　　秘　书　长　广东省建筑科学研究院节能所所长　吴培浩

　　通讯地址：广州市先烈东路 121 号　510500

内蒙古绿色建筑协会

　　理 事 长　内蒙古城市规划市政设计研究院院长　杨永胜

　　秘　书　长　内蒙古城市规划市政设计研究院副院长　王海滨

　　通讯地址：呼和浩特市如意开发区四维路西蒙奈伦广场 4 号楼 505　010070

陕西省建筑节能协会

　　会　　　　长　陕西省住房和城乡建设厅原副巡视员　潘正成

　　常务副会长　陕西省建筑节能与墙体材料改革办公室原总工　李玉玲

　　通 讯 地 址：西安市东新街 248 号新城国际 B 座 10 楼　700004

河南省生态城市与绿色建筑委员会

　　主　　　任　河南省城市科学研究会副理事长　高玉楼

　　通讯地址：郑州市金水路 102 号　450003

浙江省绿色建筑与建筑节能行业协会

　　会　　　长　浙江省建设科技推广中心主任、浙江省标准设计站站长　赵宇宏

　　秘 书 长　浙江省建筑科学设计研究院有限公司副总经理　林奕

　　通讯地址：杭州市下城区安吉路 20 号　310006

中国建筑绿色建筑与节能委员会

　　会　　　长　中国建筑工程总公司总经理　官庆

　　副 会 长　中国建筑工程总公司总工程师　毛志兵

　　秘 书 长　中国建筑工程总公司科技与设计管理部副总经理　蒋立红

　　通讯地址：北京市朝阳区安定路 5 号院 3 号楼中建财富国际中心　100029

宁波市绿色建筑与建筑节能工作组

　　组　　　长　宁波市住建委科技处处长　张顺宝

　　常务副组长　宁波市城市科学研究会副会长　陈鸣达

　　通讯地址宁波市江东区松下街 595 号　315040

湖南省建设科技与建筑节能协会绿色建筑专业委员会

　　主　　　任　湖南省建筑设计院总建筑师　殷昆仑

　　秘 书 长　长沙绿建节能技术有限公司总经理　王柏俊

　　通讯地址：长沙市人民中路 65 号　410011

　　　　　　　长沙市韶山中路 438 号璟泰楼 5 楼　410007

黑龙江省土木建筑学会绿色建筑专业委员会

　　主　　　任　哈尔滨工业大学教授、国家"千人计划"专家　康健

　　常务副主任　哈尔滨工业大学建筑学院副院长　金虹

　　秘 书 长　哈尔滨工业大学建筑学院教授　赵运铎

　　通 讯 地 址：哈尔滨市南岗区西大直街 66 号　150006

中国绿色建筑与节能（澳门）协会

　　会　　　长　四方发展集团有限公司主席　卓重贤

　　理 事 长　汇博顾问有限公司理事总经理　李加行

　　通讯地址：澳门友谊大马路 918 号，澳门世界贸易中心 7 楼 B-C 座

大连市绿色建筑行业协会

　　会　　　长　秦学森

　　常务副会长兼秘书长　徐梦鸿

通讯地址：辽宁省大连市沙河口区东北路 99 号亿达广场 4 号楼三楼
　　　　　116021
北京市建筑节能与环境工程协会生态城市与绿色建筑专业委员会
　　会　　长：杨玉武
　　秘 书 长：王力红
　　通讯地址：北京市东城区东总布会胡同 5 号　100005
甘肃省土木建筑学会绿色建筑专业委员会
　　主　　任：甘肃省土木工程科学研究院党委书记　何忠茂
　　秘书长：甘肃省土木工程科学研究院教授级高工　侯文虎

三、绿色建筑青年委员会

　　主　　任　清华大学建筑学院教授　林波荣
　　副主任　上海市建筑科学研究院新技术事业部所长　杨建荣
　　　　　　浙江大学城市学院副教授　田轶威
　　　　　　江苏省绿色建筑工程技术中心总经理　张赟
　　　　　　哈尔滨工业大学建筑学院教授　邢凯
　　　　　　重庆大学城市建设与环境工程学院副教授　李楠
　　　　　　华东建筑设计研究院有限公司技术中心总师助理　夏麟
　　　　　　中国建筑科学研究院有限公司上海分院副院长　张崟
　　　　　　中国建筑科学研究院有限公司标准处研究员　叶凌
　　秘书长　浙江大学城市学院副教授田轶威（兼）

四、绿色建筑专业学组

绿色工业建筑学组
　　组　　长：机械工业第六设计研究院有限公司副总经理　李国顺
　　副组长：中国建筑科学研究院有限公司国家建筑工程质量监督检验中心主任
　　　　　　曹国庆
　　　　　　中国电子工程设计院科技工程院院长　王立
　　秘书长：机械工业第六设计研究院有限公司副院长　许远超
绿色智能组
　　组　　长：同济大学教授　程大章
　　副组长：上海延华智能科技（集团）股份有限公司执行总裁　于兵
　　秘书长：同济大学浙江学院实验中心主任　沈晔
绿色建筑规划设计组
　　组　　长：华东建筑集团股份有限公司总裁　张桦

副组长：深圳市建筑科学研究院股份有限公司董事长　叶青

浙江省建筑设计研究院总建筑师　许世文

秘书长：华东建筑集团股份有限公司副主任　田炜

绿色建材组

组　　　长：中国建筑科学研究院有限公司建筑材料研究所所长　赵霄龙

常务副组长：中国建筑科学研究院有限公司建筑材料研究所副所长　黄靖

副　组　长：北京国建信认证中心总经理　武庆涛

秘　书　长：中国建筑科学研究院有限公司建筑材料研究所副研究员　何更新

绿色公共建筑组

组　　　长：中国建筑科学研究院有限公司建筑环境与节能研究院院长　徐伟

副组长：北京市建筑设计院设备总工　徐宏庆

秘书长：中国建筑科学研究院有限公司建筑环境与节能研究院高工　陈曦

绿色建筑理论与实践组

组　　　长：清华大学建筑学院教授　袁镔

常务副组长：清华大学建筑学院所长　宋晔皓

副　组　长：华中科技大学建筑与城市规划学院院长　李保峰

东南大学建筑学院副院长　张彤

绿地集团总建筑师　戎武杰

北方工业大学建筑学院院长　贾东

华南理工大学建筑学院教授　王静

秘　书　长：清华大学建筑学院副教授　周正楠

绿色施工组

组　　　长：北京城建集团总工程师　张晋勋

副组长：北京住总集团有限公司总工程师　杨健康

秘书长：北京城建集团四公司总工程师　彭其兵

绿色建筑政策法规组

组　　　长：住房和城乡建设部科技和产业化发展中心副处长　宋凌

副组长：清华大学土木水利学院建设管理系主任　方东平

秘书长：住房和城乡建设部科技和产业化发展中心工程师　宫玮

绿色校园组

组　　　长：同济大学副校长　吴志强

中国工程院院士、西安建筑科技大学教授　刘加平

副组长：沈阳建筑大学校长　石铁矛

苏州大学金螳螂建筑与城市环境学院院长　吴永发

绿色轨道交通建筑组

  组　　长：北京城建设计发展集团股份有限公司院长　王汉军

  副组长：北京城建设计研究总院总工程师　杨秀仁

     中建一局（集团）有限公司副总工程师　黄常波

  秘书长：北京城建设计研究总院副总工程师　刘京

绿色小城镇组

  组　　长：清华大学建筑学院副院长　朱颖心

  副组长：中建科技集团有限公司副总经理　李丛笑

  秘书长：清华大学建筑学院教授　杨旭东

绿色物业与运营组

  组　　长：天津城市建设大学副校长　王建廷

  副组长：新加坡建设局国际开发署高级署长　许麟济

     天津天房物业有限公司董事长　张伟杰

     中国建筑科学研究院有限公司环境与节能工程院副院长　路宾

     广州粤华物业有限公司董事长、总经理　李健辉

     天津市建筑设计院总工程师　王东林

绿色建筑软件和应用组

  组　　长：建研科技股份有限公司副总裁　马恩成

  副组长：清华大学教授　孙红三

     欧特克软件（中国）有限公司中国区总监　李绍建

  秘书长：北京构力科技有限公司经理　张永炜

绿色医院建筑组

  组　　长：中国建筑科学研究院有限公司建筑环境与节能院副院长　邹瑜

  副组长：中国中元国际工程有限公司院长　李辉

     天津市建筑设计院正高级建筑师　孙鸿兴

  秘书长：中国建筑科学研究院有限公司建筑环境与节能院副研究员　袁闪闪

建筑室内环境组

  组　　长：重庆大学城市建设与环境学院院长　李百战

  副组长：清华大学建筑学院教授　林波荣

     中建科技集团有限公司副总工程师　朱清宇

     西安建筑科技大学副主任　王怡

  秘书长：重庆大学城市建设与环境学院教授　丁勇

绿色建筑检测组

  组　　长：国家建筑工程质量监督检验中心主任　王贡

  副组长：广东省建筑科学研究院集团股份有限公司　副总经理

秘书长：国家建筑工程质量监督检验中心　袁扬

建筑工业化组

　　组　　长：万科企业股份有限公司副总裁　王蕴

　　副组长：中国建筑科学研究院建研科技股份有限公司副总裁　王翠坤

　　　　　　南京长江都市建筑设计股份有限公司董事长　汪杰

建筑废弃物资源化利用组

　　组　　长：广东省滨海土木工程耐久性重点实验室主任、教授　邢锋

　　副组长：中城建恒远新型建材有限公司董事长　邓兴贵

　　秘书长：深圳市华威环保建材有限公司研究室主任　李文龙

生态园林学组

　　组　　长：中国城市建设研究院副院长　王盘岩

　　副组长：上海市园林科学规划研究院院长　张浪

　　秘书长：王香春

五、绿色建筑基地

北方地区绿色建筑基地

　　依托单位：中新（天津）生态城管理委员会

华东地区绿色建筑基地

　　依托单位：上海市绿色建筑协会

南方地区绿色建筑基地

　　依托单位：深圳市建筑科学研究院有限公司

西南地区绿色建筑基地

　　依托单位：重庆市绿色建筑专业委员会

附录 2 中国城市科学研究会绿色建筑研究中心简介

Appendix 2 Brief introduction to CSUS Green Building Research Center

中国城市科学研究会绿色建筑研究中心（CSUS Green Building Research Center）成立于 2009 年，是我国重要的绿色建筑评价与推广机构，同时也是面向市场提供绿色建筑相关技术服务的综合性技术服务机构，在全国范围内率先开展了健康建筑标识、既有建筑绿色改造标识以及绿色生态城区评价业务，为我国绿色建筑发展贡献了巨大力量。

绿色建筑研究中心的主要业务有：绿色建筑标识评价（包括普通民用建筑、既有建筑、工业建筑等）；健康建筑标识评价；绿色生态城区标识评价；绿色建筑、健康建筑、超低能耗建筑等相关标准编制、课题研究、教育培训、行业推广等。

标识评价方面：截至 2017 年底，中心共开展了 1574 个绿色建筑标识评价（包括 70 个绿色建筑运行标识，1504 个绿色建筑设计标识），其中包括香港地区 15 个、澳门地区 1 个绿色建筑标识评价；51 个绿色工业建筑标识评价（包括 8 个绿色工业建筑运行标识，43 个绿色工业建筑设计标识）；10 个既有建筑绿色改造标识评价；19 个健康建筑标识评价（包括 1 个运行健康建筑运行标识，18 个健康建筑设计标识）。

信息化服务方面：截至 2017 年底，中心自主研发的绿色建筑在线申报系统已累积评价项目 608 个，并已在北京、江苏、上海、宁波、贵州等地方评价机构投入使用；建立健康建筑微信公众号，发布健康建筑标识评价情况、评价技术问题、评价的信息化手段等内容；自主研发了绿色建筑标识评价 app 软件"中绿标"（Android 和 IOS 两个版本）以及绿色建筑评价桌面工具软件（PC 端评价软件），具有绿色建筑咨询、项目管理、数据共享等功能。

标准编制及科研方面：中心主编或参编国家、行业及团体标准《健康建筑评价标准》《绿色建筑评价标准》《绿色工业建筑评价标准》《绿色建筑评价标准（香港版）》《既有建筑绿色改造评价标准》《健康社区评价标准》等；主持或参与国家"十三五"课题、住建部课题、国际合作项目、中国科学技术协会课题《绿色建筑标准体系与标准规范研发项目》《基于实际运行效果的绿色建筑性能后评估方法研究及应用》《可持续发展的新型城镇化关键评价技术研究》《绿色建筑运行管理策略和优化调控技术》等。

国际交流合作方面： 2017 年，中心与德国 DGNB、法国 HQE 评价标识的管理机构建立了合作伙伴关系，相互背书并启动了双认证评价机制，申报项目通过评价后，可同时获得两国的绿色建筑标识认证。同时，中心继续同德国能源署 DENA 进行技术合作，共同牵头成立了学会标准《超低能耗建筑评价标准》编制组并启动编制工作。

绿色建筑研究中心有效整合资源，充分发挥有关机构、部门的专家队伍优势和技术支撑作用，按照住房和城乡建设部和地方相关文件要求开展绿色建筑评价工作，保证评价工作的科学性、公正性、公平性，创新形成了具有中国特色的"以评促管、以评促建"以及"多方共享、互利共赢"的绿建管理模式，已经成为我国绿色建筑标识评价以及行业推广的重要力量。并将继续在满足市场需求、规范绿色建筑评价行为、引导绿色建筑实施、探索绿色建筑发展等方面发挥积极作用。

联系地址：北京市海淀区三里河路 9 号院（住建部大院）
　　　　　中国城市科学研究会西办公楼 4 楼（100835）
电　　话：010-58933142
传　　真：010-58933144
E-mail：gbrc@csus-gbrc.org
网　　址：http：www.csus-gbrc.org

附录 3　绿色建筑联盟简介
Appendix 3　Brief introduction to Green Building Alliance

1　热带及亚热带地区绿色建筑联盟

为了探讨热带、亚热带地区绿色建筑发展面临的共性问题，推动热带及亚热带地区绿色建筑的快速深入发展，在中国绿色建筑委员会和新加坡绿色建筑协会的倡议下，2010 年 12 月 6～7 日，新加坡、马来西亚、印度尼西亚等热带及亚热带地区国家和中国内地及港澳台地区的近 300 名专家、学者汇聚深圳，隆重召开热带及亚热带地区绿色建筑联盟成立大会，并同期举办第一届热带及亚热带地区绿色建筑技术论坛，分享绿色建筑成果和经验。深圳市副市长张文、中国绿色建筑委员会主任王有为、新加坡绿色建筑委员会第一副主席戴礼翔分别致辞，宣告联盟正式成立。国家住房和城乡建设部仇保兴副部长在大会上作专题报告。

第二届热带、亚热带地区绿色建筑联盟大会于 2012 年 9 月 13～16 日在新加坡召开。李百战副主任代表中国绿建委致辞，回顾了热带及亚热带地区绿色建筑委员会联盟成立大会暨第一届绿色建筑技术论坛的精彩时刻，并对本届论坛主办方新加坡绿色建筑委员会表示了感谢。之后与会专家主要围绕热带、亚热带地区绿色建筑设计、遮阳技术、自然通风与湿度控制、立体绿化和建筑碳排放计算等五个主题进行了交流研讨。

第三届热带、亚热带地区绿色建筑联盟大会于 2012 年 7 月 4～6 日在马来西亚首都吉隆坡国际会议中心成功举行。来自马来西亚、中国、新加坡、印度尼西亚绿色建筑委员会和世界绿色建筑委员会的代表，以及这些国家的专家、学者和建筑师、工程师近千人出席大会。本届大会的主题是"自然热带、真正创新"，上午为大会综合论坛，下午分设 5 个分论坛：建筑仿生、热带创新、绿色管理、绿色收益和绿色建筑案例。

第四届热带、亚热带绿色建筑联盟大会暨海峡绿色建筑与建筑节能研讨会于 2013 年 6 月 19～20 日在福州召开。本届大会由中国绿色建筑与节能委员会和新加坡绿色建筑委员会主办，由福建省建筑科学研究院为主承办，亚热带地区各兄弟省市绿建委协办，得到了福建省住房和城乡建设厅的大力支持。来自新加坡、马来西亚、中国香港地区、中国台湾地区以及广东、广西、海南、深圳等省市代表近 300 名参加交流会。大会围绕"因地制宜·绿色生态"的主题展开 24 场精彩报告。

第五届热带、亚热带绿色建筑联盟大会（即夏热冬暖地区绿色建筑技术论坛）在于 2015 年 12 月 3～4 日在南宁举行，来自夏热冬暖地区的建设主管部门负责人、国内绿色建筑领域专家、学者和专业技术人员近 400 人参加会议。大会设"绿色建筑技术与实践"及"绿色生态城区建设与实践"2 场分论坛，邀请了 18 位演讲嘉宾进行交流研讨。

第六届热带、亚热带（夏热冬暖）地区绿色建筑技术论坛于 2016 年 12 月 7 日在广州盛大召开，主题围绕："绿色建设·生态城镇"。本次活动旨在以国际视野探讨建设全领域全过程的"绿色化"，充分挖掘热带、亚热带城乡建筑的绿色要素，创造适应热带、亚热带特别是岭南地区气候环境和适宜人居的绿色城乡绿色建设。

第七届热带、亚热带（夏热冬暖）地区绿色建筑技术论坛暨大型建筑综合体智慧运营研讨会于 2017 年 11 月 28～30 日在澳门召开，来自全国各地及澳门地区、香港地区、台湾地区和新加坡绿色建筑相关领域的专家学者及企业单位等 230 多位代表参加会议。本次会议的主题是"突出公建节能、强调智慧运营"。

2 夏热冬冷地区绿色建筑联盟

2011 年 10 月，在中国绿色建筑与节能委员会的积极倡议和各相关地区的共同响应下，在江苏南京联合成立了"夏热冬冷地区绿色建筑委员会联盟"。该联盟已成为研究探讨相同气候区域绿色建筑共性问题及加强国内国际相关机构和组织交流与合作的重要平台，并将对推动夏热冬冷地区绿色建筑与建筑节能工作的健康发展产生深远的影响。

第二届夏热冬冷地区绿色建筑联盟大会于 2012 年 9 月 13～14 日在上海举行。此次大会以"研发适宜技术、推进绿色产业、注重运行实效"为主题，展示作为配合会议的实体呈现，将结合优秀案例与运营效果，健康推进夏热冬冷地区建筑节能技术的发展与实际应用。此次大会吸引 600 余位来自政府主管部门、国际国内绿建专家、国内领先科研机构院校知名学者、建筑领域知名企业代表、主流媒体专业人士参会。

第三届夏热冬冷地区绿色建筑联盟大会于 2013 年 10 月 25 日在重庆召开。大会邀请了包括英国工程院院士、联合国教科文组织副主席、美国总统顾问、国际著名期刊主编在内的，来自美国、英国、芬兰、日本、丹麦、葡萄牙、新西兰、塞尔维亚、埃及、韩国以及中国香港等近 20 个国家和地区的 100 余位（其中境外专家 40 余位）知名专家、建筑领域知名企业代表，共计 400 余名专家、学者代表出席了本次大会。大会共设"可持续建筑环境""生态环境""绿色生态城区建设""既有建筑绿色改造"和"绿色建筑技术"五个分论坛。

第四届夏热冬冷地区绿色建筑联盟大会于 2014 年 11 月 6 日在湖北武汉召开。来自北京、上海、浙江、江苏、湖南、安徽、湖北、新疆等省市的专家和企业代表，以及来自意大利、澳大利亚、日本等国家和地区的 200 余名嘉宾参加了本次会议。本届大会的主题为"以人为本，建设低碳城镇，全面发展绿色建筑"，大会设"综合论坛"和"绿色生态城镇建设""绿色建材发展应用""长江流域采暖探讨、绿色建筑设计研究""既有建筑绿色改造绿色施工技术实践"四个分论坛。会议通过交流夏热冬冷地区绿色建筑与建筑节能的最新科技成果，研究探讨了夏热冬冷地区绿色建筑发展面临的共性问题，推动了夏热冬冷地区绿色建筑与建筑节能工作的快速发展，加强国内外相同气候区的有关单位和组织的交流与合作。

第五届夏热冬冷地区绿色建筑联盟大会于 2015 年 10 月 23~24 日在浙江绍兴召开，有来自 19 个省市和境外的 680 余位代表参加。此次大会以"新型建筑工业化促绿色建筑发展"为主题，设置了新型建筑工业化、绿色建筑技术与产品、建筑可再生能源应用、绿色校园、绿色建筑实践 5 个专业 6 个分论坛。

第六届夏热冬冷地区绿色建筑联盟大会于 2016 年 9 月 23 日在安徽合肥召开。夏热冬冷地区省、市、县有关住房城乡建设主管部门，从事绿色建筑有关科研院所、房地产、施工、设计等单位约 500 余人参加了会议。本次活动围绕"践行绿色建筑行动，促进城乡建设绿色发展"的主题开展。

第七届夏热冬冷地区绿色建筑联盟大会于 2017 年 11 月 29 日在湖南长沙召开。来自全国从事绿色建筑研究、设计、开发、咨询、施工、运营工作的专业技术、管理人员及相关设备厂商共 500 余人参加了会议。本次会议以"绿色建筑引领工程建设全面绿色发展"为主题，设置了绿色建筑设计与实践、绿色施工与绿色建筑技术、绿色市政与绿色景观 3 个分论坛。

3 严寒和寒冷地区绿色建筑联盟

"严寒和寒冷地区绿色建筑联盟"是我国继"热带及亚热带地区绿色建筑联盟"和"夏热冬冷地区绿色建筑联盟"之后成立的第三个区域型绿色建筑联盟。标志着我国绿色建筑发展从南到北进入了全面区域合作的新阶段。

由中国绿色建筑与节能委员会、天津市城乡建设和交通委员会主办，天津市城市科学研究会绿色建筑专业委员会承办的"严寒和寒冷地区绿色建筑联盟成立大会暨第一届严寒寒冷地区绿色建筑技术论坛"于 2012 年 9 月 27~28 日在天津市隆重举行。来自国内严寒和寒冷地区 16 个省、市、区和加拿大、英国等国家绿色建筑领域的代表 300 余人参加了大会，共同见证严寒和寒冷地区绿色建筑联盟的成立。

第二届严寒和寒冷地区绿色建筑联盟大会于 2013 年 9 月 23 日在沈阳建筑大学举行，本届大会由沈阳建筑大学和辽宁省绿色建筑专业委员会承办。来自严寒和寒冷地区的天津、北京、内蒙古、陕西、河南、辽宁等省市绿色建筑委员会（协会）代表、科研机构、高等院校、政府主管部门的百余名学者和专业技术人员及沈阳建筑大学的 200 余名师生代表参加了活动。芬兰国立技术研究中心（VTT）代表团专家也应邀出席大会。大会设 2 个分论坛：公共机构绿色建造技术理论与实践；北方绿色建筑青年设计师论坛。有 12 位国内专业人士和 2 位芬兰专家在分论坛演讲，研讨内容涉及中国古代绿色建筑观、绿色建筑设计案例、绿色酒店建筑实际运行效果研究、内蒙古和辽宁地区的绿色建筑实践、绿色建筑技术在医院建筑设计中的运用、绿色中小学建设特点、装配式住宅、光伏建筑一体化设计、绿色建筑设计模拟软件应用等。

第三届严寒、寒冷地区绿色建筑联盟大会暨绿色建筑技术论坛于 2014 年 8 月 28~29 日在呼和浩特市成功举行。本届大会由内蒙古绿色建筑协会和内蒙古城市规划市政设计研究院有限公司共同承办。来自严寒、寒冷地区及上海、浙江的绿色建筑和建筑节能专家、学者、专业技术人员以及中国绿色建筑委员会代表共计 150 多人参加大会交流。大会设立"综合论坛"和"绿色建筑设计、运营技术交流""地方绿色建筑协会经验交流"2 个分论坛。

第四届严寒、寒冷地区绿色建筑联盟大会暨绿色建筑技术论坛于 2015 年 11 月 24~25 日在天津中新生态城举办。此次大会邀请了中国城市科学研究会、新加坡建设局、德国被动房研究所及北方地区各省市建设主管部门领导，从事绿色建筑和建筑节能的专家、学者到会。此外，吸引了来自绿色建筑行业相关科研机构、大专院校、绿色建筑项目设计和建设单位、房地产开发、勘察设计、施工监理、物业运营等有关企业、相关建材产品和设备生产商等代表共计 300 余人参加大会。此届大会围绕绿色建筑综合技术、被动房及建筑工业化、绿色建筑发展经验交流等主题进行了研讨交流。

第五届严寒、寒冷地区绿色建筑联盟大会暨绿色建筑技术论坛于 2016 年 10 月 27 日在陕西西安召开，活动以"发展绿色建筑，构建宜居城市"为主题开展学术交流活动。来自全国各地的绿色建筑专委会和建筑节能协会、建筑科研机构、大专院校、国内外绿色建筑和建筑节能领域的技术集成单位、绿色建筑相关领域的勘察、设计、房地产开发、监理施工、建筑材料和设备生产等企业的 200 多位代表参加会议。

第六届严寒寒冷地区绿色建筑联盟大会暨"中国建筑学会建筑物理分会绿色建筑技术专业委员会学术年会"于 2017 年 8 月 24 日在哈尔滨召开，来自 10 个省、2 个直辖市的 100 多位专家学者参加了此次会议。本次大会围绕"推进绿色建筑发展，改善城乡人居环境"展开，并在"评价标准与指标体系研究""绿色城乡环境营造""绿色建筑设计研究""绿色建筑技术应用以及绿色建材发展应用"等方向设置了分论坛。

附录4 2017年度全国绿色建筑
创新奖获奖项目
Appendix 4 Projects of 2017 National Green
Building Innovation Award

序号	项目名称	主要完成单位	主要完成人	获奖等级
1	卧龙自然保护区中国保护大熊猫研究中心灾后重建项目	四川卧龙国家级自然保护区管理局、中国建筑科学研究院建筑设计院、四川省建筑设计研究院、北京雨人润科生态技术有限责任公司	李果、曾捷、曾宇、侯毓、付志勇、车伍、许荷、裴智超、李建琳、赵彦革、孙虹、霍一峰、盛晓康、赵杨、王永峰、王家良、熊婧彤、张伟、苟世兴、贺刚	一等奖
2	陕西省科技资源中心	中联西北工程设计研究院有限公司	倪欣、刘涛、梁晓光、孙建华、王福松、邢超、王翼、郑琨、郑锐、杨潇然、来永攀、晁磊、覃夷简、魏锋、陈幸、张昊、李欣、张璇、孙志群、王欣	一等奖
3	上海自然博物馆（上海科技馆分馆）	上海科技馆、同济大学建筑设计研究院（集团）有限公司	李岩松、徐晓红、丁洁民、陈剑秋、车学娅、汪铮、贾海涛、雷涛、张鸿武、郑毅敏、杨民、钱必华、蔡英琪、严志峰、贾坚、高一鹏、李学平、刘魁、钱梓楠、王颖	一等奖
4	深圳证券交易所营运中心	深圳证券交易所、广东省建筑科学研究院集团股份有限公司、深圳市建筑设计研究总院有限公司	谢士涛、周荃、洪波、彭向、丁可、宗海志、程瑞希、吴超、圣超、章永忠、周祁、余书法、李百钢、周全、蔡剑、张昌佳、张真江、余凯伦、杜文淳、刘倩	一等奖
5	深圳市嘉信蓝海华府（中英街壹号）	深圳市中银信置业有限公司、深圳市马特迪扬绿色科技发展有限公司、深圳市百悦千城物业管理有限公司	杨洪祥、林志忠、李汉华	一等奖

序号	项目名称	主要完成单位	主要完成人	获奖等级
6	广州发展中心大厦	广州发展新城投资有限公司、广东省建筑科学研究院集团股份有限公司、广州市设计院、德国 GMP 国际建筑设计有限公司	冉涛、周荃、郭明卓、李艳华、余凯伦、吴云峰、麦粤帮、田光志、路建岭、常煜、陈慧敏、江飞飞、徐颖华、周全、林心关、宁玲、张真江、王安琪、王丽娟、麦坚强	一等奖
7	山东济南中建和鑫（凤栖第）项目1～7号楼	山东中建房地产开发有限公司、中国建筑科学研究院建筑设计院	左臣华、岳峰、刘琛、刁一桐、余常建、董光跃、曾宇、许荷、侯毓、赵彦革、裴智超、田森、霍一峰	一等奖
8	深圳壹海城北区1、2、5号地块（01栋、02栋A座、02栋B座、二区商业综合体）	深圳市万科滨海房地产有限公司、深圳万都时代绿色建筑技术有限公司	何飞、陆荣秀、张海涛、薛涛、唐正才、王晓宇、叶志彬、王茂伟、项多钢、甘生宇、沈爱民、赵俭、杨业标、朱怀涛、荣庆兴、周明志、萧仕媚、朱晓霞、杭菁、陈威	一等奖
9	北京用友软件园2号研发中心	用友网络科技股份有限公司、深圳市建筑科学研究院股份有限公司、北京艾科城工程技术有限公司	黄贵、朱群、李莹莹、李晓瑞、刘闪闪、吉淑敏、傅小里、周海峰、杜海龙、徐小伟	一等奖
10	江苏省水文地质工程地质勘察院（淮安）基地综合楼	江苏省水文地质工程地质勘察院、中国建筑科学研究院天津分院、淮安市广厦建筑设计有限责任公司、江苏中淮建设集团有限公司	徐祥、高长岭、李友龙、张丹、丁加宏、周海珠、魏慧娇、葛希松、雒婉、林丽霞、徐海涟、徐海滨、张建平、徐娟、杨晓荣	二等奖
11	天津大学新校区第一教学楼	天津大学、中国建筑科学研究院天津分院、中国核工业中原建设有限公司、天津华汇工程建筑设计有限公司	刘东志、周恺、刁可、高志红、高峰、刘宇、贺芳、吴岳、冉小丽、魏巍、厉光志、张齐兵、颜繁明、张建国、王海涛	二等奖
12	扬州华鼎星城一、二期	江苏能恒置业有限公司	顾宏才、周宇、季正如、陈可正、冯庆宜、步金龙、王桂发、许杰、詹仁强、方宏生、洪立兵、韩春兵、刘加培	二等奖

序号	项目名称	主要完成单位	主要完成人	获奖等级
13	丰台区长辛店北部居住区一期（南区）居住项目B53地块1～6号住宅楼	北京万年基业房地产开发有限公司、深圳市建筑科学研究院股份有限公司、北京艾科城工程技术有限公司、北京市中城深科生态科技有限公司、北京兴邦物业管理有限责任公司	刘闪闪、李晓瑞、李冰、刘征、李建民、武彧、李莹莹、谢晨辉、常正美、朱庆兵、崔莉、张海涛、许海龙、张立春、孙庆	二等奖
14	联合国工发组织国际太阳能中心科研教学综合楼	甘肃省科学院自然能源研究所、甘肃绿色建筑设计研究院	喜文华、刘叶瑞、徐平、封银平、李世民、何炜、王亚刚、杨一栋、康宏、刘孝敏、吴红梅	二等奖
15	河北省建筑科技研发中心1号木屋	河北省建筑科学研究院、河北建研建筑设计有限公司	强万明、赵士永、边智慧、句德胜、卢振生、刘士龙、康熙、马超、李沫、佟志美、李振兴、牛思佳、国贤发、张云朋、郭建涛	二等奖
16	中新天津生态城公屋展示中心	天津生态城公屋建设有限公司、中国建筑科学研究院天津分院、天津天孚物业管理有限公司	祁振峰、周海珠、胡宇丹、杨忠治、倪海峰、田露、陈华、杜涛、杨哲轩、惠超微、董妍博、肖春峰、孟凯、管庆友、王兴	二等奖
17	中洋高尔夫公寓	江苏中洲置业有限公司、江苏省住房和城乡建设厅科技发展中心	钱晓明、储开平、王登云、刘彩虹、胡永彪、李湘琳、王华、于道全、邢晓熙、刘加华、邓华、祝侃、尹海培、丁杰、丁欣之	二等奖
18	深圳市天安云谷产业园一期（1栋，2栋）	深圳天安骏业投资发展有限公司	杨毅、蒋正宇、罗晓玉、李库、林嘉	二等奖
19	石家庄铁道大学基础教学楼	石家庄铁道大学、中国建筑科学研究院天津分院、石家庄天源冷暖技术开发有限公司、中铁建安工程设计院有限公司	梁亮、高力强、谷玉荣、韩志军、李晓萍、李聚友、康忠山、王晓放、封文娜、夏志刚、裴祥友、张清亮、常远、杨彩霞、王雯翡	二等奖

序号	项目名称	主要完成单位	主要完成人	获奖等级
20	北京通州万达广场东区大商业项目	北京通州万达广场商业管理有限公司、清华大学建筑学院、北京清华同衡规划设计研究院有限公司	王志彬、李晓峰、于伯达、郑旭、谢杰、陈娜、冯莹莹、马凤岐、杨卓、时兵、侯晓娜、孙滨、王倩、王弘成、谢笑坤	二等奖
21	上海三湘海尚名邸项目（一期）	上海湘南置业有限公司、上海市建筑科学研究院	李力群、安宇、李芳、宋晶、姚璐、秦岭、袁永东、王东、林姗、刘晓燕、王一鹏、江臻、王魁星、余洋、王瑞璞	二等奖
22	扬中菲尔斯金陵大酒店	江苏成达菲尔斯酒店管理有限公司、南京市建筑设计研究院有限责任公司	张建忠、杜仁平、陈瑾、郝彬、贺孟春、吴桐、潘赞帅、崇宗琳、吴栋、包庆裕、马浩天、史书元、凌菁、陆洁婷	二等奖
23	上海大宁金茂府住宅项目（西区）	方兴置业（上海）有限公司、上海市建筑科学研究院	关翀、张颖、杨振宇、李芳、林姗、王毅、卫丹、秦岭、王东、姚璐、吴一沁、张文勇、刘斌、孙传波、李坤	二等奖
24	杭政储出(2009)53号地块商品住宅—紫郡东苑B区11号、12号楼	浙江运河协安置业有限公司、浙江大学、浙江世贸建筑科技研究院有限公司、浙江世贸房地产开发有限公司	崔新明、廖春波、葛坚、倪宏演、李敏妃、陈崇品、陈宏	二等奖
25	浙江大学医学院附属妇产科医院科教综合楼	浙江大学医学院附属妇产科医院、浙江现代建筑设计研究院有限公司、浙江联泰建筑节能科技有限公司	周海强、李晨、曾国良、韩德仁、侯会芹、谢作产、金羽佳、杨晓龙、徐智慧、刘秀会、王栋、黄胜兰	二等奖
26	北京用友软件园1、5号研发中心	用友网络科技股份有限公司、深圳市建筑科学研究院股份有限公司、北京艾科城工程技术有限公司	黄贵、朱群、李莹莹、李晓瑞、刘闪闪、吉淑敏、傅小里、周海峰、杜海龙、徐小伟	二等奖
27	长沙公共资源交易中心建设项目	长沙公共资源交易中心、深圳市建筑科学研究院股份有限公司、湖南天福项目管理有限公司	石萱荣、张福新、吉淑敏、李晓瑞、李强、李莹莹、徐小伟、杜海龙	二等奖

序号	项目名称	主要完成单位	主要完成人	获奖等级
28	天津梅江华厦津典川水园	天津华厦建设发展股份有限公司、天津市房屋鉴定建筑设计院、天津住宅科学研究院有限公司、天津住宅集团建设工程总承包有限公司、天津华厦物业管理发展有限公司、天津华惠安信装饰工程有限公司	史增光、刘海峰、康健、高智泉、李胜英、汪磊磊、范萌、李萍、黄鑫、冯云、刁晓翔、刘冠南、徐冬玲、李增玺、张波	二等奖
29	南通市建筑工程质量检测中心综合实验楼	南通市建筑工程质量检测中心、江苏省邮电规划设计院有限责任公司、江苏省住房和城乡建设厅科技发展中心	曾晓建、秦颖荣、王登云、冒俊、张启伟、朱晓旻、李湘琳、罗磊、陈普辉、邢晓熙、吴大江、丁杰、祝一波、丁欣之、徐国芳	二等奖
30	北京市海淀区温泉镇 C07、C08 地块限价商品住房项目	北京宝晟住房股份有限公司、北京天鸿圆方绿色建筑科技研发中心有限公司	黄文涛、金炎、曹泽新、王聪、吴俊、张兰双、杨冬、张国金、王喆、曹钢	二等奖
31	天津京蓟圣光万豪酒店	天津圣光投资集团有限公司、中国建筑科学研究院天津分院	孙志君、周海珠、张雅华、杨彩霞、叶铭、袁继强、周立宁、田露、徐迎春、董妍博、李以通、陈轲、魏兴、尹建、张成昱	二等奖
32	上海松江国际生态商务区 15-2 地块（信达蓝爵）	上海松江信达银泰房地产开发有限公司、上海市建筑科学研究院	赵贤良、葛曹燕、邱喜兰、艾洁、方舟、范宏武、钱伟、马伟斌、侯兴华、李悦、季亮、张蓉、李伟春、王瑞璞、廖琳	二等奖
33	广西妇女儿童医院	广西远定节能科技有限公司	覃逢健、覃彦铭、黄晶晶、方娴	三等奖
34	常州金东方颐养园老年公寓一期	常州市武进区金东方颐养中心、江苏省绿色建筑工程技术研究中心有限公司	张卫锋、杨阳、吴云波	三等奖

序号	项目名称	主要完成单位	主要完成人	获奖等级
35	北京市昌平区回龙观文化居住区 F05 区 4～17 号楼	北京城市开发集团有限责任公司、北京天鸿圆方绿色建筑科技研发中心有限公司	毕晔、蔡又唯、朱钧、金炎、曹泽新、张斌、吴俊、王秋生、刘军、张兰双	三等奖
36	新疆石河子市 52 小区天富春城	石河子开发区天富房地产开发有限责任公司	王惠英、游新民、黄江、陈涛	三等奖
37	深圳万科第五园（七期）1～3、25～29 栋	深圳市万科房地产有限公司、深圳市建筑科学研究院股份有限公司	陆荣秀、刘鹏、严维锋、甘生宇、冶俊超、马晓雯、吴敏捷、田智华、黄明敏、王磊	三等奖
38	昆山花桥项目 1 号地块 51～53 号楼	昆山万科房地产有限公司、南京长江都市建筑设计股份有限公司	陈思、陆巍、高华国、吴敦军、韩晖、韦佳、卞维锋、江祯蓉、孙菁、刘婧芬	三等奖
39	杭州钱江新城南星单元（SC06）D-08 地块（勇进中学）	浙江大学城市学院、杭州市钱江新城建设管理委员会、北京师范大学附属杭州中学	俞顺年、龚敏、陈松、扈军、应小宇、林宷、朱炜、胡晓军	三等奖
40	中房玺云台南区一二期项目	宁夏中房实业集团股份有限公司	龚帆、杨柳、左龙、王军、林永洪、黄学经、张世杰	三等奖
41	丰台区长辛店北部居住区一期（南区）居住项目 B45、B57 地块	北京万年基业房地产开发有限公司、深圳市建筑科学研究院股份有限公司、北京艾科城工程技术有限公司、北京市中城深科生态科技有限公司、北京兴邦物业管理有限责任公司	刘闪闪、李冰、李莹莹、刘征、李建民、武彧、李晓瑞、谢晨辉、常正美、朱庆兵	三等奖
42	大陆汽车系统（常熟）有限公司厂房工程	大陆汽车（常熟）有限公司、中国建筑科学研究院上海分院	姚雪花、祝磊、余栋、张崟、邵文晞、魏本钢、缪裕玲	三等奖
43	嘉峪关市 2015 年德惠西小区公共租赁住房建设项目	嘉峪关市经济适用住房发展中心、嘉峪关市建设局	彭博、徐化民、雷海涛	三等奖
44	海门云起苑项目一期 3～5 号楼	江苏中技天峰低碳建筑技术有限公司、海门市住房和城乡建设局	沈峰英、沈忠、朱永明、狄彦强、黄聪、陆军、周洲、朱石勺、施泉、范华	三等奖

序号	项目名称	主要完成单位	主要完成人	获奖等级
45	内蒙古自治区农牧业科学院研究生楼	中国建筑科学研究院、内蒙古自治区农牧业科学院	狄彦强、康暄、冯禄、王友平、张振国、胡达古拉、甘莉斯、刘永亮、李颜颐、杜二小	三等奖
46	北京市丰台区卢沟桥乡西局村旧村改造项目一期 XJ-03-02 地块 5～8、10 号楼	北京葛洲坝龙湖置业有限公司、北京清华同衡规划设计研究院有限公司、北京天鸿圆方建筑设计有限责任公司	刘晓婵、陈海丰、肖伟、白洋、葛建、张强、都乐、李晋秋、李静、郭东元	三等奖
47	上海虹桥商务区北区 11 号地块 16-01 住宅（11～15 号楼）	上海万树置业有限公司、中国建筑科学研究院上海分院	史昱、张釜、顾飞、邵文晞、魏本钢、缪裕玲	三等奖
48	盐城内港湖 C 地块凤鸣缇香公寓	盐城国民置业有限公司、南京市建筑设计研究院有限责任公司、中国第四冶金建设有限责任公司、江苏万通物业管理有限公司	郭德祥、周再国、马骏、钮春、周同新、张怡、吴晶晶、薛景、戴学华、孙志华	三等奖
49	武汉未来科技城起步区一期 A 区新能源研究院 B、D 楼	武汉未来科技城投资建设有限公司、武汉光谷联合集团有限公司、浙江联泰建筑节能科技有限公司	孔璇、刘岩松、杨晓龙、刘秀会、金羽佳、徐智慧、黄胜兰、王栋、林新新、丁伟翔	三等奖

附录5 中国绿色建筑大事记
Appendix 5 Milestones of China green building development

2016年12月15日，住房和城乡建设部发布行业标准《绿色建筑运行维护技术规范》JGJ/T 391—2016，自2017年6月1日起实施。

2017年1月23日，国家发展改革委、国家能源局、国土资源部印发《地热能开发利用"十三五"规划》（发改能源〔2017〕158号）。

2017年2月21日，国家发展改革委、住房和城乡建设部印发《关于开展气候适应型城市试点工作的通知》，呼和浩特等28个地区作为气候适应型城市建设试点（发改气候〔2017〕343号）。

2017年3月1日，住房和城乡建设部办公厅印发《绿色建筑后评估技术指南》（办公和商店建筑版）（建办科〔2017〕15号）。

2017年3月1日，住房和城乡建设部印发《建筑节能与绿色建筑发展"十三五"规划》（建科〔2017〕53号）。

2017年3月21～22日，"第十三届国际绿色建筑与建筑节能大会暨新技术与产品博览会"在北京顺利召开，主题为"提升绿色建筑质量，促进节能减排低碳发展"。

2017年3月21日，中国城科会绿色建筑与节能委员会第十次全体委员会议在国家会议中心顺利召开。

2017年3月23日，住房和城乡建设部印发《"十三五"装配式建筑行动方案》《装配式建筑示范城市管理办法》《装配式建筑产业基地管理办法》（建科〔2017〕77号）。

2017年3月23日，清华大学可持续建筑学术论坛暨中国绿色建筑与节能委员会绿色建筑理论与实践学组会议在清华大学举办。

2017年4月22日，第48届世界地球日暨大连市绿色建筑科普公益活动在大连市格致中学成功举办，本次活动由中国绿建委教育工作组与大连市绿色建筑行业协会共同主办。

2017年4月27日，科技部、环境保护部、气象局印发《"十三五"应对气候变化科技创新专项规划》（国科发社〔2017〕120号）。

2017年5月16日，财政部、住房和城乡建设部、环境保护部、国家能源局印发《关于开展中央财政支持北方地区冬季清洁取暖试点工作的通知》（财建〔2017〕238号）。

2017年5月27日，住房和城乡建设部办公厅印发《关于征集建筑节能、绿色建筑及可再生能源建筑应用领域推广应用和限制、禁止应用技术提案的通知》（建办科函〔2017〕361号）。

2017年6月14日，住房和城乡建设部办公厅、银监会办公厅印发《关于深化公共建筑能效提升重点城市建设有关工作的通知》（建办科函〔2017〕409号）。

2017年6月24日，第三届全国青年学生绿色建筑知识竞赛在中国绿建委网站成功举办。

2017年7月17日，住房和城乡建设部办公厅印发《关于2016年建筑节能和绿色建筑工作进展专项检查情况的通报》（建办科函〔2017〕491号）。截至2016年底，累计建成节能建筑150亿 m^2；全国城镇累计建设绿色建筑面积12.5亿 m^2，2016年新增绿色建筑5亿 m^2，占城镇新建民用建筑比例超过29%。

2017年7月19日，国家能源局印发《关于可再生能源发展"十三五"规划实施的指导意见》（国能发新能〔2017〕31号）。

2017年7月20日，住房和城乡建设部办公厅印发《公共建筑节能改造节能量核定导则》（建办科函〔2017〕510号）。

2017年8月24日，"第六届严寒寒冷地区绿色建筑联盟大会"在哈尔滨工业大学召开，由中国城科会绿色建筑与节能委员会、黑龙江省土木建筑学会绿色建筑专业委员会等共同主办，会议主题："推进绿色建筑发展，改善城乡人居环境"。

2017年8月24～27日，由中国城科会绿色建筑与节能委员会主办的第三届全国青年绿色建筑夏令营在宁波诺丁汉大学成功举办。

2017年8月29日，住房和城乡建设部公布2017年度全国绿色建筑创新奖获奖项目（建科〔2017〕186号）。

2017年9月6日，住房和城乡建设部、国家发展改革委、财政部、能源局印发《关于推进北方采暖地区城镇清洁供暖的指导意见》（建城〔2017〕196号）。

2017年9月19日，"十三五"国家重点研发计划"绿色建筑及建筑工业化"重点专项"近零能耗建筑技术体系及关键技术开发"项目启动暨实施方案论证会在北京召开。该项目由中国建筑科学研究院牵头负责。

2017年9月21日，中国21世纪议程管理中心在北京组织召开"公共安全风险防控与应急技术装备""绿色建筑及建筑工业化"重点专项启动会，标志着两个专项2017年度立项的56个项目由立项阶段正式进入实施阶段。

2017年10月31日，2017年世界城市日主题活动——2017上海国际城市与建筑博览会在上海国家会展中心成功举办。

2017 年 11 月 5 日，第八届建筑环境可持续发展国际会议（SuDBE2017）在重庆大学成功举办。

2017 年 11 月 9 日，住房和城乡建设部办公厅公布认定的第一批装配式建筑示范城市和产业基地（建办科函〔2017〕771 号）。

2017 年 11 月 17~18 日，中国城科会绿色建筑与节能委员会青年委员会在深圳市召开"2017 年年会暨第九届绿色建筑青年论坛"，会议主题：推进我国绿色建筑与建筑节能事业，推广绿色建筑理念及相关科研与实践成果。本届论坛由深圳大学与深圳建筑科学研究院股份有限公司承办。

2017 年 11 月 27 日，中国城科会绿色建筑与节能委员会在深圳召开"2017 年计划单列市和港澳地区绿色建筑联盟工作交流会"。

2017 年 11 月 28~30 日，"第七届热带、亚热带（夏热冬暖）地区绿色建筑技术论坛暨大型建筑综合体智慧运营研讨会"在澳门召开，本届论坛由中国绿色建筑与节能（澳门）协会主办，主题是：突出公建节能，强调智慧运营。

2017 年 11 月 29~30 日，"第七届夏热冬冷地区绿色建筑联盟大会"在长沙召开，由湖南省建设科技与建筑节能协会绿色建筑专业委员会主办，大会以"绿色建筑引领工程建设全面绿色发展"为主题。

2017 年 12 月 4 日，住房和城乡建设部印发《关于进一步规范绿色建筑评价管理工作的通知》（建科〔2017〕238 号），绿色建筑评价标识实行属地管理。

2017 年 12 月 5 日，国家发展改革委等 10 个部门联合印发《北方地区冬季清洁取暖规划（2017—2021 年)》（发改能源〔2017〕2100 号）。

2017 年 12 月 12 日，住房和城乡建设部发布国家标准《装配式建筑评价标准》GB/T 51129—2017，2018 年 2 月 1 日起实施。